PHP 7 实践指南
O2O 网站与 App 后台开发

陈小龙 编著

清华大学出版社
北京

内 容 简 介

本书由专业的 PHP 开发工程师精心编撰，全书循序渐进地介绍了 PHP 7 编程的基础知识与实战开发技能，初学 PHP 开发的读者通过学习本书能够熟练地进行 PHP 应用程序开发。本书的核心内容包括：PHP 基础语法、函数、面向对象编程、PHP 类、常见的设计模式、正则表达式、PHP 操作图像和文件、MVC 架构思想、ThinkPHP 框架、NoSQL 与 MySQL 等。另外，还介绍了当前热点的 O2O 网站开发和 App 后台开发的关键技术，有助于读者掌握 PHP 在现代 Web 软件开发领域中的应用。

本书是作者在 PHP 7 学习及实际工作项目中的心得体会和系统总结，内容丰富、实用性强。适合 PHP 7 开发新手、使用 PHP 进行各类开发的程序员，也适合作为企业内部培训、培训机构和大专院校的教学参考书。

本书封面贴有清华大学出版社防伪标签，无标签者不得销售。
版权所有，侵权必究。侵权举报电话：010-62782989 13701121933

图书在版编目（CIP）数据

PHP7 实践指南：O2O 网站与 App 后台开发/陈小龙编著. —北京：清华大学出版社，2017（2018.7重印）
ISBN 978-7-302-47028-1

Ⅰ. ①P… Ⅱ. ①陈… Ⅲ. ①PHP 语言－程序设计－指南 Ⅳ. ①TP312.8-62

中国版本图书馆 CIP 数据核字（2017）第 100267 号

责任编辑：王金柱
封面设计：王 翔
责任校对：闫秀华
责任印制：杨 艳

出版发行：清华大学出版社
网　　址：http://www.tup.com.cn，http://www.wqbook.com
地　　址：北京清华大学学研大厦 A 座　　　　　　邮　　编：100084
社 总 机：010-62770175　　　　　　　　　　　　邮　　购：010-62786544
投稿与读者服务：010-62776969，c-service@tup.tsinghua.edu.cn
质 量 反 馈：010-62772015，zhiliang@tup.tsinghua.edu.cn
印 刷 者：北京富博印刷有限公司
装 订 者：北京市密云县京文制本装订厂
经　　销：全国新华书店
开　　本：190mm×260mm　　　　印　张：26　　　　字　数：666 千字
版　　次：2017 年 6 月第 1 版　　　　　　　　　 印　次：2018 年 7 月第 3 次印刷
定　　价：79.00 元

产品编号：069715-01

前　　言

编写本书的目的

在 Web 开发领域，PHP 因免费开源、语法简单属于类 C 风格语言，具有良好的跨平台性而受到广大业内人士的支持。经过多个预发布版本，PHP 5.0 在 2004 年 7 月 13 日发布。该版本使用 Zend 引擎 II，并且加入了新功能，完全支持面向对象。2015 年 12 月 3 日，PHP 7.0.0 GA 发布，性能较 PHP 5.6 提升了两倍，新增了一些操作符和函数的返回类型声明，也增加了对匿名类的支持等。关于 PHP 7 的讨论在网上也逐渐展开。不过到目前为止，国内有关专门介绍 PHP 7 应用开发的书籍还很少，本书的目的就是对现有的 PHP 7 技术进行一个汇总，书中内容是笔者在 PHP 7 学习和实际工作项目中的心得体会和系统总结，希望能够帮助 PHP 7 学习者更好地了解其新特性，并应用于实际开发中。

本书内容简介

本书共分 22 章，从最基础的 HTML 知识和 PHP 开发环境的搭建开始，逐渐深入介绍 PHP 7 的相关特性和开发实践。

第 1 章介绍 PHP 的运行机制和 PHP 7 的新特性，讲解 PHP 程序员必须要学习的 HTML、CSS 和 JavaScript 知识，学习搭建 PHP 的开发环境，并编写第一个 PHP 程序。

第 2 章介绍 PHP 的基础知识，包括 PHP 的数据类型、运算符、变量和常量的知识。

第 3 章讲解 PHP 7 中的各种常用流程控制语句和 foreach 语句与以往版本的不同之处。

第 4 章介绍函数的使用，包括函数参数的传递方式、可变函数、匿名函数等。与 PHP 5 不同的是，PHP 7 中新增了支持参数类型的声明和函数返回值类型的声明。

第 5 章详细介绍 PHP 中的字符串，并着重讲解了在编程中经常用到的一些字符串处理函数。

第 6 章讲解 PHP 数组有关的内容。和字符串一样，数组也是在编程中经常使用的。

第 7 章讲解 PHP 中与时间、日期有关的函数，包括如何设置和获取时间、如何计算两个日期的时间差等。

第 8 章介绍表单，PHP 作为一种动态语言，经常需要收集前端用户传过来的数据，然后与数据库交互，表单是用户填写数据、发起与数据库交互的第一步。

第 9 章介绍类与对象，包括什么是类及类的使用，学会使用类封装一些方法，具备面向对象编程的思想是开发大型网站必不可少的基本功。

第 10 章介绍正则表达式有关的内容，几乎所有的编程语言都支持正则表达式，本章讲解正则表达式的基本内容以及如何在 PHP 中使用正则表达式。

第 11 章介绍 PHP 中的错误异常处理，包括 PHP 7 中新增的错误处理及 Error 类。

第 12 章介绍如何使用 PHP 处理图像，如获取图像信息、复制旋转图像及为图像加水印等。

第 13 章介绍目录文件操作，PHP 有着强大的目录文件操作函数，开发人员可以创建、修改、读取文件，还可以改变文件的属性等。另外，还将介绍与文件上传有关的配置。

第 14 章详细讲解 Cookie 和 Session，介绍它们的基本概念和设置，通过实际案例介绍它们的工作原理和存储机制。

第 15 章介绍 MySQL 数据库的使用，包括数据库的安装和 MySQL 的一些基本操作，以及如何使用 PHP 与 MySQL 交互。本章在编写的时候摒弃了 PHP 5 版本中与 MySQL 连接的 MySQL 扩展，重点介绍 PHP 如何使用 MySQLi 和 PDO 与数据库交互。

第 16 章介绍 Redis 的使用，包括 Redis 的 5 种数据类型，并讲解如何使用 PHP 操作 Redis。

第 17 章介绍 PHP 处理 XML 和 JSON，包括几种创建与读取 XML 的方式，以及 PHP 中 json_encode()和 json_decode()函数的使用。

第 18 章介绍 MVC 思想和国内流行的 ThinkPHP 框架，本章介绍的 ThinkPHP 是最新版本，和以往的版本有许多不同，读者在阅读时需要注意。

第 19 章介绍编程中常用的几种设计模式，包括工厂模式、单例模式、观察者模式和策略模式。

第 20 章基于前端架构打造服务端，介绍如何使用 API 接口与前端交互、传输消息的加解密，以及前端开发中常用的模板 MustacheJs 和 AngularJs。

第 21 章从零开始讲述一个 O2O 网站的开发流程，从需求分析到数据库设计，再到编码实现，以及如何引用支付模块等。

第 22 章介绍当今比较流行的混合式 App 的开发框架，以及如何开发接口程序、如何定义路由等。

本书相关资源

为帮助读者更好地学习 PHP，编者专门为本书创建了一个网站 www.PHP7plus.cn，读者可在网站上学习更多 PHP 程序员应该掌握的知识，包括 MySQL、Nginx、Linux 和架构方面的内容。

读者可以从以下网址获得本书的实例源代码。

下载地址 1：

http://www.PHP7plus.cn/a/PHP7/2017/0307/1376.html

下载地址 2：

http://pan.baidu.com/s/1mi8vbPe（注意区分英文字母大小写和数字）

如果遇到下载问题，请发送邮件至 booksaga@163.com 进行咨询，邮件标题注明"PHP7 实践指南配书资源"。

本书适合的读者

（1）PHP 爱好者。
（2）想了解 PHP 7 新特性的读者。
（3）想进阶的 PHP 程序员。
（4）开设相关课程的大专院校学生。
（5）公司内部培训的学员。

致谢

首先，感谢 PHP 之父 Rasmus Lerdorf，是他创建了这个优秀的编程语言。我们在互联网上浏览的网页很多都是使用 PHP 编写的，希望越来越多的朋友加入 PHP 的学习和开发中，共同将这个优秀的编程语言发扬光大。

其次，感谢清华大学出版社王金柱编辑的大力支持，他在本书的编辑和出版过程中付出了很大心血。

最后，感谢家人和朋友的支持。写作本书需要耗费许多时间，使得我不能经常陪伴家人和朋友，在此表示歉意。尤其感谢我未来的女朋友，是你的延迟出现，让我有了更多时间完成这本书的创作。

在编写本书的过程中，编者一直努力为读者呈现完整的知识体系结构，不过限于水平，书中难免存在疏漏之处，敬请广大读者不吝指正。如果对本书内容有什么建议或疑惑，可通过微信公众号、邮箱或书友群联系编者，编者会尽力给予回复。

微信公众号：chenxiaolong19941024
邮　　　箱：314312298@qq.com
书　友　群：201463512

编　者
2017 年 2 月

目 录

第1章 走进PHP的世界 1
1.1 快速认识PHP 2
1.1.1 PHP语言的的优势 2
1.1.2 PHP的运行机制和原理 3
1.1.3 关于PHP 7 5
1.2 HTML和CSS 6
1.2.1 HTML元素 6
1.2.2 HTML常用标签 7
1.2.3 CSS语法 11
1.2.4 CSS选择器 12
1.2.5 CSS样式 14
1.2.6 CSS框模型 16
1.3 JavaScript简介 18
1.3.1 JavaScript数据类型 18
1.3.2 JavaScript基本语句 21
1.3.3 JavaScript函数和事件 26
1.3.4 常用的JavaScript框架和库 29
1.4 PHP开发环境搭建 30
1.5 代码编辑器 31
1.6 编写第一个PHP程序 32

第2章 PHP语言基础 33
2.1 PHP的数据类型 34
2.2 运算符 37
2.3 变量 42
2.4 常量 45
2.4.1 常量的声明 45
2.4.2 预定义常量 46

第3章 流程控制语句 48
3.1 条件控制语句 49
3.1.1 if条件控制语句 49
3.1.2 switch分支语句 50
3.2 循环控制语句 51
3.2.1 while循环 51
3.2.2 do while循环 52

3.2.3 for 循环 53
3.2.4 foreach 循环 54
3.3 跳转语句 56
3.3.1 break 语句 56
3.3.2 continue 语句 56
3.3.3 goto 语句 56
3.4 包含语句 57
3.4.1 include 语句 57
3.4.2 include_once 语句 59
3.4.3 require 语句 60
3.4.4 require_once 语句 60

第 4 章 函数 61

4.1 函数的使用 62
4.2 函数的参数 62
4.2.1 参数传递方式 62
4.2.2 参数类型声明 64
4.2.3 可变参数数量 66
4.3 函数返回值 67
4.4 可变函数 68
4.5 内置函数 69
4.6 匿名函数 69
4.7 递归与迭代 71

第 5 章 字符串 73

5.1 单引号和双引号的区别 74
5.2 字符串连接符 74
5.3 字符串操作 75
5.3.1 改变字符串大小写 75
5.3.2 查找字符串 75
5.3.3 替换字符串 78
5.3.4 截取字符串 79
5.3.5 去除字符串首尾空格和特殊字符 79
5.3.6 计算字符串的长度 80
5.3.7 转义和还原字符串 80
5.3.8 重复一个字符串 81
5.3.9 随机打乱字符串 82
5.3.10 分割字符串 82

第 6 章 数组 83

6.1 使用数组 84
6.1.1 数组类型 84

	6.1.2	创建数组	85
6.2	二维数组和多维数组		87
	6.2.1	二维数组	87
	6.2.2	多维数组	87
6.3	数组操作		88
	6.3.1	检查数组中是否存在某个值	88
	6.3.2	数组转换为字符串	88
	6.3.3	计算数组中的单元数目	89
	6.3.4	数组当前单元和数组指针	89
	6.3.5	数组中的键名和值	90
	6.3.6	填补数组	93
	6.3.7	从数组中随机取出一个或多个单元	97
	6.3.8	数组排序与打乱数组	97
	6.3.9	遍历数组	100
	6.3.10	数组的拆分与合并	104
	6.3.11	增加/删除数组中的元素	106
	6.3.12	其他常用数组函数	108
6.4	系统预定义数组		112
	6.4.1	$_SERVER	112
	6.4.2	$_GET 和 $_POST 数组	114
	6.4.3	$_FILES 数组	115
	6.4.4	$_SESSION 和 $_COOKIE 数组	116
	6.4.5	$_REQUEST[] 数组	116

第 7 章 时间与日期 117

7.1	设置时区		118
	7.1.1	在配置文件中设置	118
	7.1.2	通过 date_default_timezone_set 函数在文件中设置	118
7.2	获取当前时间		118
7.3	常用时间处理方法		121
	7.3.1	格式化时间显示	121
	7.3.2	计算两个日期间的时间差	124
	7.3.3	从字符串中解析日期时间	124
	7.3.4	日期的加减运算	125
7.4	验证日期		125

第 8 章 表单 127

8.1	表单的种类		128
	8.1.1	文本域及其类型	128
	8.1.2	其他表单类型	131
8.2	get 和 post 方法		133
	8.2.1	获取表单值	134
	8.2.2	处理上传文件	134

第 9 章　类与对象 ... 137

9.1　什么是类 ... 138
9.1.1　声明一个类 ... 138
9.1.2　实例化一个类 ... 139
9.1.3　访问类中成员 ... 139
9.1.4　静态属性和静态方法 ... 141
9.1.5　构造方法和析构方法 ... 142
9.2　封装和继承特性 ... 143
9.2.1　封装特性 ... 144
9.2.2　继承特性 ... 145
9.2.3　通过继承实现多态 ... 146
9.3　魔术方法 ... 147
9.3.1　__set()和__get()方法 ... 147
9.3.2　__isset()和__unset()方法 ... 148
9.3.3　__call() 和 __toString() 方法 ... 150
9.4　自动加载 ... 151
9.4.1　__autoload() 方法 ... 151
9.4.2　spl_autoload_register() 函数 ... 152
9.5　抽象类和接口 ... 153
9.5.1　抽象类 ... 153
9.5.2　接口 ... 154
9.6　类中的关键字 ... 156
9.6.1　final 关键字 ... 157
9.6.2　clone 关键字 ... 157
9.6.3　instanceof 关键字 ... 158
9.6.4　"=="和"===" ... 159

第 10 章　正则表达式 ... 160

10.1　正则表达式的用途 ... 161
10.2　正则表达式的语法 ... 161
10.2.1　正则表达式中的元素 ... 161
10.2.2　替换和子表达式 ... 165
10.2.3　反向引用 ... 166
10.3　在 PHP 中使用正则表达式 ... 167
10.3.1　匹配与查找 ... 167
10.3.2　搜索与替换 ... 171
10.3.3　分割与转义 ... 173

第 11 章　错误异常处理 ... 175

11.1　异常处理 ... 176
11.1.1　异常类 ... 176
11.1.2　创建自己的异常类 ... 178

11.2	错误有关配置	179
	11.2.1 错误级别配置	179
	11.2.2 记录错误	180
	11.2.3 自定义错误处理函数	181
11.3	PHP 7 中的错误处理	182

第 12 章 图像处理 ... 184

12.1	获取图像信息	185
12.2	图像绘制	187
	12.2.1 创建画布	187
	12.2.2 定义颜色	188
	12.2.3 绘制图形	190
	12.2.4 绘制文字	193
12.3	图片处理	196
	12.3.1 复制图像	196
	12.3.2 旋转图像	197
	12.3.3 图像水印	198
12.4	图像验证码	199

第 13 章 目录文件操作 ... 201

13.1	目录	202
	13.1.1 判断文件类型	202
	13.1.2 创建和删除目录	202
	13.1.3 打开读取和关闭目录	203
	13.1.4 获得路径中目录部分	206
	13.1.5 目录磁盘空间	206
13.2	文件操作	207
	13.2.1 打开文件	207
	13.2.2 读取文件	208
	13.2.3 获得文件属性	209
	13.2.4 复制/删除/移动/重命名文件	211
13.3	文件指针	213
13.4	文件上传	215
	13.4.1 上传文件配置	215
	13.4.2 上传文件示例	216

第 14 章 Cookie 与 Session ... 217

14.1	Cookie 详解	218
	14.1.1 Cookie 的基本概念和设置	218
	14.1.2 Cookie 的应用和存储机制	221
14.2	Session 详解	222
	14.2.1 Session 的基本概念和设置	222

14.2.2　Session 的工作原理和存储机制 ･･････････････････････････････････ 223
　　14.2.3　使用 Redis 存储 Session ･･････････････････････････････････････ 223

第 15 章　MySQL 数据库的使用 ･･ 228

15.1　MySQL 数据库基础 ･･ 229
15.2　操作 MySQL 数据库 ･･･ 231
　　15.2.1　创建数据库 ･･ 231
　　15.2.2　显示数据库 ･･ 232
　　15.2.3　选择数据库 ･･ 232
　　15.2.4　删除数据库 ･･ 232
15.3　MySQL 数据类型 ･･･ 233
　　15.3.1　数值类型 ･･ 233
　　15.3.2　日期和时间类型 ･･ 233
　　15.3.3　字符串类型 ･･ 234
15.4　操作 MySQL 数据表 ･･･ 235
　　15.4.1　创建数据表 ･･ 235
　　15.4.2　查看数据表结构 ･･ 236
　　15.4.3　更改数据表结构 ･･ 237
　　15.4.4　删除数据表 ･･ 239
15.5　操作 MySQL 数据 ･･･ 239
　　15.5.1　插入数据 ･･ 240
　　15.5.2　更新数据 ･･ 240
　　15.5.3　删除数据 ･･ 241
　　15.5.4　查询数据 ･･ 241
15.6　MySQL 图形化管理工具 ･･･ 245
15.7　PHP 操作 MySQL 数据库 ･･ 247
　　15.7.1　MySQLi 连接操作数据库 ････････････････････････････････････ 247
　　15.7.2　PDO 连接操作数据库 ･･･････････････････････････････････････ 250

第 16 章　PHP 与 Redis 数据库 ･･ 254

16.1　关系型数据库与非关系型数据库 ････････････････････････････････････ 255
16.2　Redis 的安装使用 ･･･ 255
16.3　Redis 数据类型 ･･･ 258
　　16.3.1　string ･･･ 259
　　16.3.2　list ･･ 262
　　16.3.3　hash ･･ 267
　　16.3.4　set ･･ 270
　　16.3.5　zset ･･･ 274
16.4　Key 操作命令 ･･･ 279
16.5　PHP 操作 redis ･･ 282
　　16.5.1　安装 php-redis 扩展 ･･･ 282
　　16.5.2　在 PHP 中使用 Redis ･･ 284

第 17 章　PHP 处理 XML 和 JSON ... 285

17.1　生成 XML ... 286
17.1.1　由字符串或数组遍历生成 XML ... 286
17.1.2　通过 DOM 生成 XML ... 288
17.1.3　通过 PHP SimpleXML 生成 XML ... 289

17.2　解析 XML ... 290
17.2.1　通过 DOM 解析 XML ... 290
17.2.2　通过 PHP SimpleXML 解析 XML ... 291

17.3　json 的使用 ... 293

第 18 章　MVC 与 ThinkPHP 框架 ... 295

18.1　PHP MVC 概述 ... 296
18.2　常用的 PHP 框架 ... 296
18.3　ThinkPHP 的使用 ... 297
18.3.1　开始开发 ... 297
18.3.2　入口文件与路由 ... 300

18.4　ThinkPHP 控制器 ... 302
18.4.1　创建控制器 ... 302
18.4.2　跳转和重定向 ... 303

18.5　使用数据库 ... 305
18.5.1　连接数据库 ... 305
18.5.2　查询构造器 ... 307
18.5.3　增加/删除/更新数据 ... 312

18.6　模型 ... 314
18.6.1　模型定义 ... 314
18.6.2　基本操作 ... 316

18.7　模板 ... 320
18.7.1　模板赋值与变量输出 ... 320
18.7.2　使用函数和运算符 ... 323
18.7.3　模板标签 ... 324

第 19 章　PHP 设计模式 ... 328

19.1　什么是设计模式 ... 329
19.2　工厂模式 ... 331
19.3　单例模式 ... 334
19.4　观察者模式 ... 336
19.5　策略模式 ... 338

第 20 章　基于前端架构打造服务端 ... 340

20.1　构建一个 API 的世界 ... 341
20.1.1　简述 API 接口 ... 341
20.1.2　API 接口签名验证 ... 341

20.2 传输消息的加解密 ... 343
    20.2.1 单向散列加密 ... 343
    20.2.2 对称加密 ... 343
    20.2.3 非对称加密 ... 348
20.3 使用 Ajax 进行交互 ... 351
    20.3.1 Ajax 的介绍 ... 351
    20.3.2 Ajax 的使用 ... 354
20.4 前端模板和框架 ... 356
    20.4.1 MustacheJs 介绍 ... 356
    20.4.2 AngularJS 介绍 ... 359

第 21 章 实战：O2O 平台网站开发 ... 361

21.1 需求分析 ... 362
21.2 网站概览 ... 362
    21.2.1 网站功能 ... 362
    21.2.2 网站预览 ... 362
21.3 数据库设计 ... 364
    21.3.1 数据库建表 ... 364
    21.3.2 连接数据库 ... 368
21.4 使用 ThinkPHP 搭建项目框架 ... 368
    21.4.1 应用目录 ... 368
    21.4.2 引入 PHPMailer 类库 ... 369
    21.4.3 引入 Ping++ 支付模块 ... 371
21.5 项目代码编写 ... 374
    21.5.1 注册登录 ... 374
    21.5.2 下单购买 ... 381
    21.5.3 用户中心 ... 387

第 22 章 实战：开发一个 App 后台 ... 392

22.1 App 开发概述 ... 393
    22.1.1 混合式 App 开发框架 ... 393
    22.1.2 PHP 在 App 开发中的应用 ... 394
22.2 App 开发中的 json 数据 ... 395
22.3 接口开发 ... 396
    22.3.1 定义路由与封装基类方法 ... 396
    22.3.2 实现接口功能代码 ... 398

第 1 章 走进 PHP 的世界

PHP（Hypertext Preprocessor，超文本预处理器）是一种通用开源脚本语言，语法吸收了 C 语言、Java 和 Perl 的特点，利于学习、使用广泛，主要适用于 Web 开发领域。PHP 独特的语法混合了 C、Java、Perl 以及 PHP 自创的语法，它可以比 CGI 或 Perl 更快速地执行动态网页。与其他编程语言相比，PHP 是将程序嵌入到 HTML（标准通用标记语言下的一个应用）文档中去执行，执行效率比完全生成 HTML 标记的 CGI 要高许多。PHP 还可以执行编译后代码，编译可以达到加密和优化代码运行，使代码运行更快。

2015 年 6 月官方发布了 PHP 7 Alpha 1 版本，同年 12 月 3 日发布 GA 版本，PHP 7 的发布对于 PHP 来说是具有里程碑意义的。在性能上，PHP 7 的执行效率是原来 PHP 5 的两倍左右，和 HHVM 相当。相对于 PHP 5.6.x，PHP 7 多了以下几个主要的新特性：

- 提升性能：PHP 7 速度是 PHP 5.6 的两倍左右。
- 支持 64 位。
- 许多重大错误可以进行异常处理。
- 移除了旧的和不支持的 SAPIs 和扩展。
- null 合并操作符（??）。
- 结合比较运算符（<=>）。
- 标量类型声明。
- 匿名类。

当然，PHP 7 相对于以前的版本还有很多不同之处，但是大部分是兼容以前版本的，所以大多情况下无须修改代码就可以迁移到 PHP 7。

1.1 快速认识PHP

网页的本质是超文本标记语言，即HTML，通过结合Web技术可以创建出功能强大的网站应用。我们所能看到的一个个网页可以通过浏览器查看源代码的方式看到这些超文本标记语言。在网页之间通过超链接的方式进行切换，使用一些HTML标记来表现网页形式装载资源等。一个网页也是一个文件，一般是以HTML或者HTM作为文件扩展名，可以使用Windows下的记事本或者其他专业编辑器编写HTML代码，比如Dreamweaver、Notepad++、Sublime等常用软件。一些编辑器还提供代码审查的功能，在编写过程中可以提示语法信息并提供自动补全机制，极大地提高了工作效率。

网络技术的发展非常迅速，在Web 1.0时代，人们主要是阅读网站上的内容，而网站内容一般由一些具体的组织生产，用户不参与网站内容的制作，这是由网站到用户的单向行为。在这一时期网站的表现形式多以门户网站为主。门户网站的出现极大地改变了人们获取信息的方式，用户可以免费从网站上获取信息，而网站可以通过出售广告位进行盈利。这一时期的门户网站代表有新浪、雅虎、网易等，用户可以免费从网站上获取信息。进入Web 2.0时代，CGI的出现给网站增多了许多动态特性，CGI可以通过接受HTML表单的数据，在服务器端进行处理，并可以将其写入硬盘存储下来，然后将处理结果返回给Web浏览器。这时候用户也可以参与到网站内容的创造中来，用户可以通过填写表单数据提交给网站服务器，这样其他人就可以通过互联网访问到这个用户创建的内容。在Web 2.0时代，实现了网站和用户之间的互动，网站的内容可以基于用户提供，实现了两者的双向交流。人们热衷于创建自己的博客，积极地在网络世界里创造内容。互联网上的内容丰富起来了，开发网站的技术也在不断地演进，JavaScript的广泛应用使得开发者可以在网站上实现绚丽且更优秀的用户体验效果。Ajax可以在不更新整个页面的情况下维护数据，减少了客户端和服务器之间的数据交换量，通过JavaScript结合CSS实现的网页样式变化使得网页看起来更加美观。

大家对于现在处于Web 2.0还是Web 3.0时代有着很大争议，笔者更倾向于我们正处在Web 3.0时代的初期阶段。在这个时代，HTML 5和CSS 3的发布使得网页的效果更加绚丽，同时人们不仅可以生产网站内容，还可以通过简单的类似搭积木的形式生产程序，移动互联网发展迅速，各种移动应用层出不穷，Web App的出现加快了这一进程，开发者可以通过编写HTML代码开发出媲美原生应用的移动应用程序。大数据和云计算作为基础服务得到广泛应用，人工智能技术也成为人们热衷研究的方向，其最终目的是建立一个可以模仿人类进行学习思辨的网络。在Web 3.0时代，随着数据的极速增加，网站的访问速度成为人们首要关心的问题，我们需要从庞大的数据量中找到有用的数据，这时对数据库存储的要求加大，出现了非关系型数据库、缓存数据库，负载均衡技术被广泛用来解决网站并发量问题。

1.1.1 PHP语言的的优势

PHP语言主要有以下几点优势：

（1）PHP学习入门快、开发成本低，语法相对简单，并且提供了丰富的类库，如用于图像处理的 GD 库、各种加密扩展（如 OpenSSL 和 Mcrypt 等），可以很方便地直接使用。很多库默认在安装 PHP 环境的时候都是自带的。

（2）PHP 结合 Linux、Nginx 或 Apache、MySQL 可以方便快捷地搭建一套系统，PHP 还支持直接调用系统命令，这样便可以用代码完成许多操作 Linux 的工作，如打包压缩、复制粘贴、重命名、执行 Linux 中 grep 查询筛选等。Nginx 是一个非常优秀的 Web 服务器软件，Nginx 可接收客户端请求，将 PHP 文件发送给 PHP 程序执行，Nginx 中的 PHP 采用 fastCGI 的形式运行脚本。

（3）PHP 支持使用 MySQL、MSSQL、Lite 等多种数据库，其中与 MySQL 的结合使用最为流行。PHP 提供了 3 种连接 MySQL 的扩展，包括 MySQL 扩展、MySQLi 扩展和 PDO 扩展，MySQL 扩展在 PHP 5.5 及以后的版本中不再支持，MySQLi 是 PHP 推出的专门用于链接 MySQL 的更加安全高效的扩展，并且提供了更高级的一些操作，完全支持面向对象。PDO 扩展是 PHP 推出的链接 MySQL 和其他类型的数据库的一种统一解决方案，可移植性很高，使用它可以灵活方便地切换不同类型的数据库，而不需变动更多的代码。

（4）PHP 是解释执行的脚本语言，写完程序以后可以立即执行，不像 C、Java、C++等其他语言需要编译再执行，这使得 PHP 的开发效率更高。

（5）PHP 中使用的配置文件相对简单，与 PHP 运行有关的配置文件常用的只有 php-fpm.conf 和 php.ini 两个，并且配置参数也简单易懂。更改了 PHP 的配置文件不需要重新启动即可继续运行，因为 PHP 每次运行程序前都会主动加在配置文件中，这比 Java 等其他语言方便多了。

（6）PHP 作为最流行、使用最为广泛的 Web 开发语言，有着丰富的生态圈，有许多著名的开源框架可供使用，如官方的 Zend Frameworl、CakePHP、Yaf、symfony 等，开源论坛有 Discuz!、PHPwind 等，开源博客 WordPress，开源网店系统如 Ecshop、ShopEx 等，开源的 SNS 系统如 UCHome、ThinkSNS 等。基于这些优秀的开源系统，可以方便快速地搭建一套 Web 站点。另外，活跃的社区氛围也能帮助开发人员快速解决开发中遇到的问题。

（7）结合 LVS 负载均衡、消息队列、数据库主从等技术，PHP 能够支持一般大型网站的应用，满足绝大多数场景下的应用开发。

（8）PHP 本身是由 C 语言开发的，在一些对性能有严苛要求的情况下，还可以使用 C 语言编写 PHP 的扩展来提升程序的执行速度，使用 PHP 完成主要业务的代码编写，使用 C 完成性能提升的需求，这使得可以保证软件开发效率的同时兼顾执行效率。在这种对软件开发速度和程序执行性能有极致追求的情况下，如果是其他语言，可能会让你束手无策，或者推倒重来。

（9）国内的许多大公司，如百度、淘宝、360 等公司都广泛地使用 PHP 作为开发语言，在具体实践中已经取得了很大成功，有许多成功的经验可供借鉴。

1.1.2 PHP 的运行机制和原理

PHP 由内核 Zend 引擎和扩展层组成，PHP 内核负责处理请求、完成文件流错误处理等操作，Zend 引擎可以将 PHP 程序文件转换成可在虚拟机上运行的机器语言，扩展层提供一些应用层操作需要的函数类库等，比如数组和 MySQL 数据库的操作等。

Zend 引擎是用 C 语言实现的，将 PHP 代码通过词法语法解析成可执行的 Opcode 并实现相应的处理方法和基本的数据结构进行内存分配和管理等，对外提供相应的可供调用的 API 方法。Zend 引擎是 PHP 的核心，所有的外围功能都是围绕它实现的。扩展层通过组件的方式提供各种基础服务、内置函数、标准库都是通过它实现的。用户也可以编写自己的扩展来实现特定的需求。服务端应用编程接口（Server Application Programming Interface，SAPI），通过一系列钩子函数使得 PHP 可以和外围交互数据。我们平时编写的 PHP 程序就是通过不同的 SAPI 方式得到不同的应用模式，如通过 WebServer 实现的 Web 应用和在命令行下运行的脚本等。

一段 PHP 程序被执行的时候会先被解析成 opcode 指令，然后在虚拟机中按顺序执行，由于 PHP 本身是用 C 语言开发的，所以其在执行的时候调用的都是 C 的函数。Opcode 是 PHP 程序执行的最基本单位。

Hash Table 是 Zend 的核心数据结构，实现了 PHP 里几乎所有的功能，支持 key->value 查询，添加删除的复杂度是 $O(1)$，支持线性遍历和混合类型。在 Hash Table 中既有 key->value 形式的散列结构，也有双向链表模式，使得它能够非常方便地支持快速查找和线性遍历。Zend 的散列结构是典型的 hash 表模型，通过链表的方式来解决冲突。Zend 的 Hash Table 是一个自增长的数据结构，当 hash 表数目满了之后，其本身会动态以 2 倍的方式扩容并重新布置元素位置，初始大小均为 8。另外，在进行 key->value 快速查找的时候，Zend 本身还做了一些优化，通过空间换时间的方式加快速度。比如在每个元素中都会用一个变量 nKeyLength 标识 key 的长度以做快速判定。Zend Hash Table 通过一个链表结构实现了元素的线性遍历。理论上，做遍历使用单向链表就够了，双向链表的使用主要目的是为了快速删除链表元素，避免遍历。

PHP 是一门弱类型语言，本身不严格区分变量的类型。PHP 在变量声明的时候不需要指定类型。PHP 在程序运行期间可能进行变量类型的隐示转换。和其他强类型语言一样，程序中也可以进行显示的类型转换。Zval 是 Zend 中另一个非常重要的数据结构，用来标识并实现 PHP 变量。

Zval 主要由以下 3 部分组成。

- Type 指定了变量所述的类型（整数、字符串、数组等）。
- refcount&is_ref 用来实现引用计数。
- value 核心部分，存储了变量的实际数据。

Zval 用来保存一个变量的实际数据。因为要存储多种类型，所以 Zval 是一个 union，也由此实现了弱类型。

引用计数在内存回收、字符串操作等地方使用非常广泛。PHP 中的变量就是引用计数的典型应用。Zval 的引用计数通过成员变量 is_ref 和 ref_count 实现。通过引用计数，多个变量可以共享同一份数据，避免频繁复制带来的大量消耗。

在进行赋值操作时，Zend 将变量指向相同的 Zval，同时 ref_count++，在 unset 操作时，对应的 ref_count-1。只有 ref_count 减为 0 时才会真正执行销毁操作。如果是引用赋值，Zend 就会修改 is_ref 为 1。

PHP 变量通过引用计数实现变量共享数据，当试图写入一个变量时，Zend 若发现该变量指向的 Zval 被多个变量共享，则为其复制一份 ref_count 为 1 的 Zval，并递减原 Zval 的 refcount，这个过程称为"Zval 分离"。可见，只有在有写操作发生时 Zend 才进行复制操作，因此也叫 copy-on-write（写时复制）。

对于引用型变量，其要求和非引用型相反，引用赋值的变量间必须是捆绑的，修改一个变量就修改了所有捆绑变量。

1.1.3　关于 PHP 7

相较于以前的版本，PHP 7 在语法层面和底层架构层面都有了一些改进。在语法层面的改进主要是增加了一些新特性、移除了一些扩展、改变了错误异常处理等。在底层结构方面，改变了存储各种变量的 Zval 和 Zend_String 结构体、优化了 Zend Array 的 Hash Table、改进了函数的调用机制等。这些底层结构的改进大幅提升了 PHP 的执行效率，使得其执行速度比 PHP 5 高出一倍左右。

PHP 是一个弱类型的语言，不过在 PHP 7 中支持了变量类型的定义，引入了一个开关指令 declare(strict_type=1);。这个指令一旦开启，就会强制当前文件下的程序遵循严格的函数传参类型和返回类型。不开启 strict_type，PHP 将会尝试转换成要求的类型，开启之后，PHP 不再做类型转换，类型不匹配就会抛出错误。要使用严格模式，一个 declare 声明指令必须放在文件的顶部，这意味着严格声明标量是基于文件可配的。这个指令不仅影响参数的类型声明，还影响到函数的返回值声明。

PHP 7 中的新特性主要有以下几点：

（1）标量类型声明。
（2）函数返回值类型声明。
（3）新增 null 合并运算符。
（4）新增组合比较符。
（5）支持通过 define()定义常量数组。
（6）新增支持匿名类。
（7）支持 Unicode codepoint 转译语法。
（8）更好的闭包支持。
（9）为 unserialize()提供过滤。
（10）新增加 IntlChar 类。
（11）支持 use 语句，从同一个 namespace 导入类、函数和常量。
（12）新增整除函数 intdiv()。
（13）session_start()支持接收数组参数。

除了以上列举的 13 点新特性之外，还有其他一些变更，读者可到 http://php.net/manual/zh/migration70.new-features.php 查看有关 PHP 7 新特性的详细变更和示例。

另外，在 PHP 7 中，很多致命错误以及可恢复的致命错误都被转换为异常来处理了。这些异常继承自 Error 类，此类实现了 Throwable 接口（所有异常都实现了这个基础接口）。

这也意味着，当发生错误的时候，以前代码中的一些错误处理的代码将无法被触发。因为在 PHP 7 版本中，已经使用抛出异常的错误处理机制了。（如果代码中没有捕获 Error 异常，就会引发致命错误）。

在 2013 年的时候，惠新宸和 Dmitry（PHP 语言内核开发者之一）就曾经在 PHP 5.5 的版本上做过一个 JIT（Just In Time，即时编译，一种软件优化技术）的尝试。PHP 5.5 的原来的执行流程是将 PHP 代码通过词法和语法分析编译成 opcode 字节码，然后 Zend 引擎读取这些 Opcode 指令，逐条解析执行。他们在 Opcode 环节后又引入了类型推断（TypeInf），然后通过 JIT 生成

ByteCodes 再执行。采用这种技术优化 PHP 的效率在实际项目中并没有取得明显的效果，于是他们重新设计了 PHP 的底层语言结构。Zval 是存储 PHP 中变量的载体，是一个 C 语言实现的结构体（struct），PHP 5 的 Zval 在内存中占据 24 个字节，而在 PHP 7 中优化后的 Zval 只占 16 个字节，这样变量的存储变得非常简单和高效。PHP 7 优化了数组的 Hash Table 实现，PHP 5 的数组存储形式是一个支持双向链表的 HashTable，不仅支持通过数组的 key 来做 Hash 映射访问元素，也能通过 foreach 以访问双向链表的方式遍历数组元素。当我们通过 key 值访问一个元素内容的时候，有时需要 3 次的指针跳跃才能找对需要的内容。最重要的一点是这些数组元素的存储分散在各个不同的内存区域，在 CPU 读取的时候，因为它们就很可能不在同一级缓存中，会导致 CPU 不得不到下级缓存甚至内存区域查找，也就是引起 CPU 缓存命中下降，进而增加更多的耗时。优化后的 Zend Array 最大的特点是整块的数组元素和 hash 映射表全部连接在一起，被分配在同一块内存中。如果是遍历一个整型的简单类型数组，效率会非常快，因为数组元素（Bucket）本身是连续分配在同一块内存里，并且数组元素的 Zval 会把整型元素存储在内部，也不再有指针外链，全部数据都存储在当前内存区域内。当然，最重要的是它能够避免 CPU 缓存命中率下降。另外，PHP 7 还改进了函数的调用机制，通过优化参数传递的环节减少了一些指令，提高执行效率。

1.2 HTML 和 CSS

HTML（HyperText Markup Language，超文本标记语言）是一种用于创建网页的标准标记语言。HTML 是一种基础技术，常与 CSS、JavaScript 一起被众多网站用于设计令人赏心悦目的网页、网页应用程序以及移动应用程序的用户界面。网页浏览器可以读取 HTML 文件，并将其渲染成可视化网页。HTML 描述了一个网站的结构语义随着线索的呈现使之成为一种标记语言，而非编程语言。

HTML 元素是构建网站的基石。HTML 允许嵌入图像与对象，并且可以用于创建交互式表单，被用来结构化信息——例如标题、段落和列表等，也可用来在一定程度上描述文档的外观和语义。HTML 的语言形式为尖括号包围的 HTML 元素（如<html>），浏览器使用 HTML 标签和脚本来诠释网页内容，但不会将它们显示在页面上。

层叠样式表（Cascading Style Sheets，CSS）是一种可以用来控制网页样式（字体间距、背景颜色、元素大小等）的计算机语言。通过丰富的选择器可以选择 HTML 上的特定元素，给其增加不同的样式，丰富网页的表现形式。

1.2.1 HTML 元素

HTML 文档由 HTML 元素定义。HTML 标签一般是闭合的，开始标签常被称为起始标签（opening tag），结束标签常称为闭合标签（closing tag）。元素的内容是开始标签与结束标签之间的内容，某些 HTML 元素具有空内容（empty content），空元素在开始标签中进行关闭（以开始标签的结束而结束），大多数 HTML 元素可拥有属性。

```
<!DOCTYPE html>
<html>
<title>
这里是网站标题
</title>
<body>
<a href="http://www.baidu.com">单击进入百度</a>
</body>
</html>
```

以上文本包含 4 个 HTML 标签，分别是 html、title、body、a，其中 a 标签具有属性 href，将以上文本保存为以.html 为后缀的文件，在浏览器打开并单击文字部分便会跳转至百度首页。

1.2.2　HTML 常用标签

1. 标题

标题标签有 6 个，分别是 h1、h2、h3、h4、h5、h6，使用方式如下：

```
<h1>这是 h1 标题</h1>
<h2>这是 h2 标题</h2>
<h3>这是 h3 标题</h3>
<h4>这是 h4 标题</h4>
<h5>这是 h5 标题</h5>
<h6>这是 h6 标题</h6>
```

从 h1 到 h6 标题中的字越来越小，浏览器会自动在标题的前后添加空行，如图 1-1 所示。

图 1-1

2. 段落

段落标签为<p>，使用方法如下：

```
<p>这是一个段落</p>
<p>这是第二个段落</p>
```

浏览器会自动在每个段落标签的结尾自动换行，和标题标签一样。

3. 换行

有些标签可以实现自动换行，有些标签不行。如果想要换行，可以使用标签
。

```
<!DOCTYPE html>
<html>
<title>
这里是网站标题
</title>
<body>
实现中国的伟大复兴<br/>
```

是我们每个人的责任
</body>
</html>

文本将会在"复兴"后换行,如图1-2所示。

4. 文本格式化标签

以下代码展示文本格式化标签:

```
<b>b 标签加粗字体</b><br/>
<em>em 定义着重文字</em><br/>
<i>i 定义斜体字</i><br/>
<small>small 中的字体比较小</small><br/>
<strong>strong 加重字体</strong><br/>
下标<sub>sub 定义下标</sub><br/>
上标<sup>sup 定义上标</sup><br/>
<ins>ins 定义插入字</ins><br/>
<del>del 删除文字标志</del><br/>
```

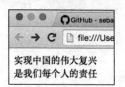

图 1-2

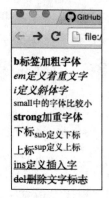

图 1-3

代码显示结果如图1-3所示。

5. 超链接

```
<a href="http://www.baidu.com" target="_blank">单击进入百度</a>
```

href 属性定义打开的链接地址,target 属性定义打开链接的方式。

- _blank 在一个新的页面打开链接。
- _self 在当前页面打开链接。
- _parent 在父框架集中打开。
- _top 在整个窗口中打开。

如果 target 的值是某个框架的名字,那么将会在此框架中打开链接。<a>标签的 id 属性可创建一个 HTML 文档标记。

```
<a id="tip">标记</a>
<a href="#tip">单击此处跳到标记</a>
```

如果文本比较长,可以使用此属性快速回到指定位置。

6. 图像

图像标签 img 用于在网页中插入图片。

```
<img src="img.jpg"  alt="图像说明"  width="100px"  height="100px"  >
```

src 定义图像的位置,可以是本地存储的图片资源,也可以是网络上的图片,width 和 height 分别定义图片的宽和高,alt 是在当图片加载失败时显示的文字说明。

7. 表格

表格标签有很多个，常用的有：<table>定义表格、<tbody>定义表格主体、<th>定义表头、<tr>定义行、<td>定义单元格。数据单元格可以包含文本、图片、列表、段落、表单、水平线、表格等。

```
<table border="2">
<tbody>
<tr><th>姓名</th><th>年龄</th><th>性别</th></tr>
<tr><td>陈小龙</td><td>22</td><td>男</td></tr>
<tr><td>李菁</td><td>20</td><td>女</td></tr>
</tbody>
</table>
```

以上代码效果如图 1-4 所示。

8. 列表

HTML 支持有序、无序和定义列表。示例代码如下：

```
<ul>
<li>项目概述一</li>
<li>项目概述二</li>
</ul>
<ol type="a">
<li>第一个条件</li>
<li>第二个条件</li>
</ol>
<dl>
<dt>陈小龙</dt>
<dd>帅气潇洒的 90 后伪文青</dd>
<dt>李菁</dt>
<dd>可爱机灵的 90 后真少女</dd>
</dl>
```

效果如图 1-5 所示。其中，type 属性定义列表前的标记，默认有序列表前标记使用阿拉伯数字。

图 1-4

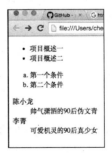

图 1-5

9. <div>和<span>

HTML <div>元素是块级元素，是可用于组合其他 HTML 元素的容器。<div>元素没有特定的含义。除此之外，由于它属于块级元素，因此浏览器会在其前后显示折行。如果与 CSS 一同使用，<div>元素可用于对大的内容块设置样式属性。<div>元素另一个常见的用途是文档布局。

HTML <span>元素是内联元素，可用作文本的容器。<span>元素也没有特定的含义。当与 CSS 一同使用时，<span>元素可用于为部分文本设置样式属性。

说明：大多数 HTML 元素被定义为块级元素或内联元素。块级元素在浏览器显示时，通常会以新行来开始（和结束），如<h1>、<p>、<ul>、<table>。内联元素在显示时通常不会以新行开始，如<b>、<td>、<a>、<img>。

```
<h3>这是标题</h3>
<div style="color:#00FF00">
    div 元素包含的内容，这是一个块元素
</div>
<span style="font-size:20px">span 包含的内容</span>
```

效果如图 1-6 所示。

图 1-6

10. 表单

HTML 表单用来搜集用户的输入，可将用户输入发送给后端程序进行处理。表单使用<form>来设置。常用表单元素的代码如下：

```
<form action="register.php" method="post">
文本域：<input type="text" name="username"> <br/>
密码字段：<input type="password" name="password"><br/>
单选按钮:<input type="radio" name="sex" value="male">male
<input type="radio" name="sex" value="female">   female<br/>
复选框：<input type="checkbox" name="hobby" value="bike">
<input type="checkbox" name="hobby" value="car">
<br/>
下拉列表<select name="address">
<option value="1">北京</option>
<option value="2" selected>上海</option>
</select><br/>
多行文本域<textarea name=""></textarea><br/>
提交按钮<input type="submit" value="提交">
</form>
```

表单的 action 设置当单击 type="submit"的按钮时表单中数据提交到的地址，method 设置提交的方式，有 post 和 get 两种。value 设置表单元素的值，name 用来区别不同的表单数据名称，后端程序接收数据需要用到此字段，如用 PHP 接收本例中文本域值则使用$_POST['username']，多个单选按钮的 name 值保持一致，说明这些按钮为同一组，同理复选框也是这样。<select>表单标签的<option>中加 selected 表示默认选中该项值。以上代码显示效果如图 1-7 所示。

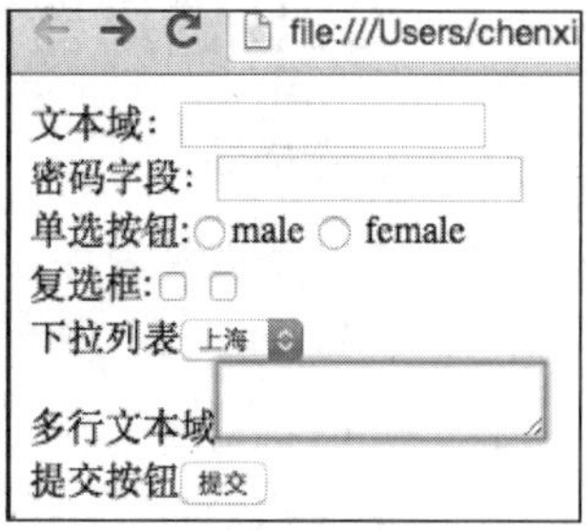

图 1-7

1.2.3 CSS 语法

可以直接在 HTML 标签内部以内联式的形式应用 CSS，也可以在当前 HTML 文件的 head 部分写 CSS 代码，还可以用 link 引入外部的 CSS 文件。

内联式：

```
<div style="color:red">文字内容</div>
```

内部样式表：

```
<!DOCTYPE html>
<html>
<title>
这里是网站标题
</title>
<style type="text/css">
h1 {color:orange;}
.txt{font-family:"Times New Roman";font-size:20px;}
</style>
<body>
<h1>h1 内容，由标签选择器控制样式</h1>
<p class="txt">p 标签内容，由类选择起控制样式</p>
</body>
</html>
```

还可以使用<link rel="stylesheet" type="text/css" href="mystyle.css">引入外联式样式表。

CSS 规则由两个主要的部分构成：选择器及一条或多条声明。

使用选择器选择需要改变样式的元素，每条声明由一个属性和一个值组成，属性和值用冒号分隔，每条声明之间用分号分隔：

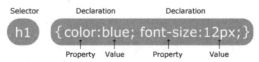

1.2.4 CSS 选择器

1. 元素选择器

文档的元素就是一种选择器,如果设置 HTML 的样式,选择器通常会是某个 HTML 元素,比如:p、h1、em、a,甚至可以是 HTML 本身:

```
html {color:black;}
p {color:blue;}
h2 {color:silver;}
```

这样相应的 HTML 元素标签里的内容就会应用这些样式。

2. 类选择器

类选择器允许以一种独立于文档元素的方式来指定样式,既可以单独使用,也可以与其他元素结合使用。为了使用类选择器,必须为元素指定一个 class 值。

```
<h1 class="important">标题使用 important 类控制样式</h1>
<p class="important">段落也使用 important 类控制样式</p>
```

然后在 CSS 代码中这样写:

```
.important {color:red;}
```

注意,在 CSS 类名前有一个点号(.)。这样<h1>里的文字就会变成红色了。

3. ID 选择器

ID 选择器和类选择器类似,同样需要给 HTML 元素定义一个 ID 值,然后在 CSS 中使用#ID 值的形式定义样式。

```
<h1 id="important">
标题使用 important 类控制样式
</h1>
```

CSS 中使用如下代码:

```
#important {color:red;}
```

和类选择器不同的是,HTML 元素中 ID 的值不能重复。

4. 属性选择器

属性选择器可以根据元素的属性及属性值来选择元素。如果希望把包含标题(title)的所有元素变为红色,可以写作:

```
*[title] {color:red;}
```

还可以根据多个属性进行选择,只需将属性选择器链接在一起即可。例如,为了将同时有 href 和 title 属性的 HTML 超链接的文本设置为红色,可以这样写:

```
a[href][title] {color:red;}
```

除了选择拥有某些属性的元素，还可以进一步缩小选择范围，只选择有特定属性值的元素。例如，假设希望将指向 Web 服务器上某个指定文档的超链接变成红色，可以这样写：

```
a[href="http://www.w3school.com.cn/about_us.asp"] {color: red;}
```

关于属性选择器的用法较为丰富，包括可以选择匹配以指定值开头或结尾的元素，使用方式较为灵活。由于篇幅原因，本书不做介绍，读者可自行查阅相关资料。

5. 后代选择器

后代选择器可以选择作为某元素后代的元素，比如我们希望 div 块中使用 h1 标签包裹的文字为红色，而该 div 内其他元素内容不受影响：

```
div h1{color:red}
```

在后代选择器中，规则左边的选择器一端包括两个或多个用空格分隔的选择器。选择器之间的空格是一种结合符（combinator）。

6. 子元素选择器

与后代选择器相比，子元素选择器（child selectors）只能选择作为某元素子元素的元素。如果不希望选择任意后代元素，而是希望缩小范围，只选择某个元素的子元素，就可以使用子元素选择器。

例如，希望选择只作为 h1 元素子元素的 strong 元素，可以这样写：

```
h1 > strong {color:red;}
```

这个规则会把第一个 h1 下面的两个 strong 元素变为红色，但是第二个 h1 中的 strong 不受影响：

```
<h1>This is <strong>very</strong> <strong>very</strong> important.</h1>
<h1>This is <em>really <strong>very</strong></em> important.</h1>
```

7. 相邻兄弟选择器

如果需要选择紧接在另一个元素后的元素，而且二者有相同的父元素，就可以使用相邻兄弟选择器。

```
h1+p {color:red}
```

上述选择器只会把 p 元素内容变为红色，而 h1 标签内容不受影响。

8. 伪类选择器

伪类选择器的语法：

```
selector : pseudo-class {property: value}
```

例如：

```
a:link {color: #FF0000}        /* 未访问的链接 */
p:first-child {color:red;}     /* 匹配第一个 p 元素 */
<p>第一个</p><p>第二个</p>
```

即"第一个"3个字会变成红色。

1.2.5 CSS 样式

1. 背景

CSS 允许应用纯色和图片作为背景，例如：

```
p {background-color: red;}                    /* 把 p 元素背景设为红色 */
div{background-image:url('img.jpg'); }         /* 将图片设为 div 的背景 */
```

另外，可以通过 background-repeat 设置背景图片的重复样式，使用 background-position 设置背景图片位置、background-attachment 设置背景关联。

2. 文本

使用 text-indent 属性可以实现文本缩进。例如：

```
p{text-indent:5em;}
```

还可以使用 word-spacing 属性改变字（单词）之间的标准间隔，其默认值 normal 与设置值为 0 是一样的。

还可以使用 letter-spacing 属性，其与 word-spacing 的区别在于，letter-spacing 修改的是字符或字母之间的间隔。

还有许多与文本有关的属性，请读者自行查阅资料。

3. 字体

字体属性描述如表 1-1 所示。

表1-1　字体属性说明

属　性	描　述	值　说　明
font	简写属性，作用是把所有针对字体的属性设置在一个声明中	可设置复合值，如： Georgia 12px red
font-family	设置字体系列	包括但不限于以下字体： Times，TimesNR，New Century Schoolbook，Georgia，New York，serif
font-size	设置字体的尺寸	如 12px、12em、2cm 等
font-style	设置字体风格	有 4 个值： • normal——文本正常显示 • italic——文本斜体显示 • oblique——文本倾斜显示 • inherit——继承父元素字体样式
font-variant	以小型大写字体或者正常字体显示文本	有 3 个值： • small-caps——采用不同大小的大写字母 • normal——正常显示 • inherit——继承父元素字体

(续表)

属性	描述	值说明
font-weight	设置字体的粗细	可以是 Normal、bold、bolder、lighter、inherit，还可以是数字，如 100、200、125

4．列表

CSS 列表属性允许放置、改变列表项标志，或者将图像作为列表项标志。列表属性描述如表 1-2 所示。

表1-2 列表属性说明

属性	描述	值说明
list-style	简写属性，用于把所有用于列表的属性设置于一个声明中	可以按照以下顺序写属性值： list-style:square inside url('/i/arrow.gif');
list-style-image	将图像设置为列表项标志	示例如下： list-style-image:url('/i/arrow.gif')
list-style-position	设置列表中列表项标志的位置	可取以下 3 个值： • inside——列表项目标记放置在文本以内，且环绕文本根据标记对齐。 • outside——默认值，保持标记位于文本的左侧。列表项目标记放置在文本以外，且环绕文本不根据标记对齐 • inherit——规定应该从父元素继承 list-style-position 属性的值
list-style-type	设置列表项标志的类型	

5．表格

CSS 表格属性可以改善表格的外观，属性说明如表 1-3 所示。

表1-3 表格属性说明

属性	描述	值说明
border-collapse	设置是否把表格边框合并为单一边框	有 3 个值： • separate——默认值，边框会被分开，不会忽略 border-spacing 和 empty-cells 属性 • collapse——如果可能，边框会合并为一个单一的边框，忽略 border-spacing 和 empty-cells 属性 • inherit——规定应该从父元素继承 border-collapse 属性的值
border-spacing	设置分隔单元格边框的距离	使用 px、cm 等单位，不允许使用负值。如果定义一个 length 参数，那么定义的是水平和垂直间距；如果定义两个 length 参数，那么第一个设置水平间距，第二个设置垂直间距
caption-side	设置表格标题的位置	有 3 个值： • top——默认值。把表格标题定位在表格之上 • bottom——把表格标题定位在表格之下 • inherit——规定应该从父元素继承 caption-side 属性的值

（续表）

属 性	描 述	值 说 明
empty-cells	设置是否显示表格中的空单元格	有3个值： • hide——不在空单元格周围绘制边框 • show——在空单元格周围绘制边框。默认值 • inherit——规定应该从父元素继承 empty-cells 属性的值
table-layout	设置显示单元、行和列的算法	有3个值： • automatic——默认。列宽度由单元格内容设定 • fixed——列宽由表格宽度和列宽度设定 • inherit——规定应该从父元素继承 table-layout 属性的值

1.2.6　CSS 框模型

CSS 框模型（Box Model）规定了元素框处理元素内容、内边距、边框和外边距的方式。CSS 框模型示意图如图 1-8 所示。

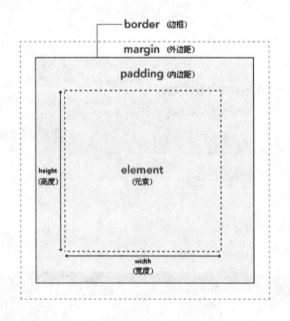

图 1-8

元素框的最内部分是实际的内容，直接包围内容的是内边距。内边距呈现了元素的背景。内边距的边缘是边框。边框以外是外边距，外边距默认是透明的，因此不会遮挡其后的任何元素。内边距、边框和外边距都是可选的，默认值是零。但是，许多元素将由用户代理样式表设置外边距和内边距。可以通过将元素的 margin 和 padding 设置为零来覆盖这些浏览器样式。这可以分别进行，也可以使用通用选择器对所有元素进行设置。Border、margin、padding 都有对应的 top、right、bottom、left。除此之外，border 还可以设置 style 和 color。

内边距 padding 的说明如表 1-4 所示。

表1-4 内边距

属性	描述	值说明
padding	简写属性，作用是在一个声明中设置元素的所有内边距属性	• 可以是 auto 自动计算内边距 • 可以是具体单位计的内边距值，px、cm，默认是 0px • 可以使用%规定基于副元素宽度的百分比 • 可以使用 inherit 表示继承父元素的内边距
padding-bottom	设置元素的下内边距	• 可以是具体单位计的内边距值，px、cm，默认是 0px • 可以使用%规定基于副元素宽度的百分比 • 可以使用 inherit 表示继承父元素的内边距
padding-left	设置元素的左内边距	• 可以是具体单位计的内边距值，px、cm，默认是 0px • 可以使用%规定基于副元素宽度的百分比 • 可以使用 inherit 表示继承父元素的内边距
padding-right	设置元素的右内边距	• 可以是具体单位计的内边距值，px、cm，默认是 0px • 可以使用%规定基于副元素宽度的百分比 • 可以使用 inherit 表示继承父元素的内边距
padding-top	设置元素的上内边距	• 可以是具体单位计的内边距值，px、cm，默认是 0px • 可以使用%规定基于副元素宽度的百分比 • 可以使用 inherit 表示继承父元素的内边距

关于外边距的属性说明如表 1-5 所示。

表1-5 外边距

属性	描述	值说明
margin	可以是具体单位计的外边距值，px、cm、默认是 0px；可以使用%规定基于副元素宽度的百分比；可以使用 inherit 表示继承父元素的外边距	• auto——浏览器计算外边距 • length——规定以具体单位计的外边距值，比如 px、cm 等，默认值是 0px • %——规定基于父元素宽度百分比的外边距 • inherit——规定应该从父元素继承外边距
margin-bottom	设置元素的下外边距	• auto——浏览器计算外边距 • length——规定以具体单位计的外边距值，比如 px、cm 等，默认值是 0px • %——规定基于父元素宽度百分比的外边距 • inherit——规定应该从父元素继承外边距
margin-left	设置元素的左外边距	• auto——浏览器计算外边距 • length——规定以具体单位计的外边距值，比如 px、cm 等，默认值是 0px • %——规定基于父元素宽度百分比的外边距 • inherit——规定应该从父元素继承外边距

(续表)

属性	描述	值说明
margin-right	设置元素的右外边距	• auto——浏览器计算外边距 • length——规定以具体单位计的外边距值，比如px、cm等，默认值是0px • %——规定基于父元素宽度百分比的外边距 • inherit——规定应该从父元素继承外边距
margin-top	设置元素的上外边距	• auto——浏览器计算外边距 • length——规定以具体单位计的外边距值，比如px、cm等，默认值是0px • %——规定基于父元素宽度百分比的外边距 • inherit——规定应该从父元素继承外边距

1.3 JavaScript 简介

JavaScript 是一种广泛用于客户端的语言，可插入 HTML 页面，常用来进行网页表单验证、实现网页的动态效果和网页交互等。伴随 JavaScript 诞生了很多优秀的框架，比如 jQuery、AngularJs 等。近年来，随着前端技术的快速发展，JavaScript 越来越受开发者青睐。

在 HTML 文件中，JavaScript 代码必须写在<script>和</script>之间，如果是采取引入外部 JavaScript 文件的形式，即在 HTML 文件中写入<script src='xxs.js'></script>，则在该 JavaScript 文件中不加入<script>标签。

1.3.1 JavaScript 数据类型

JavaScript 有字符串（string）、数字（number）、布尔（boolean）、数组（array）、对象（object）、空（null）、未定义（undefined）7 种数据类型。JavaScript 拥有动态类型，即相同的变量可用作不同的类型。

1. 字符串

字符串是存储字符的变量。字符串可以是引号中的任意文本，可以使用单引号或双引号，例如：

```
var name= 'chen xiaolong';
var name="chen xiaolong";
```

下面介绍几个常用的字符串函数。

- indexOf () 查找特定字符在字符串中首次出现的位置。

```
var str= 'hello,world';
var n=str.indexOf('l');
```

返回 n 的值为 2。如果没有找到字符串，那么返回值为－1。

- replace() 在字符串中用某些字符替换另一些字符。

```
var str='hello,world';
var newstr=str.replace('world', 'chenxiaolong');
```

此时 newstr 的值为'hello,chenxiaolong'。

- split() 此函数可将字符串转换成数组。

```
var str='a,b,c,d';
var arr=str.split(',');
```

arr 将会变成一个包含 a,b,c,d 的数组。

- slice() 提取字符串中的某一部分,并以新的字符串返回被提取的部分。

```
var str='hello,world';
var newstr=str.slice(2,5);
```

表示提取从 str 字符串的第 2 个位置到第 5 个位置的字符,此时 newstr 的值是'lo'。

- charAt() 返回指定位置的字符。

```
var   str='hello,world';
var newstr=str.charAt(2);
```

此时 newstr 的值是'l'。

2. 数字

数字分为带小数点和不带小数点的两种。

```
var n=11;
var n=11.11;
```

极大和极小的数字可以使用科学技术法(指数)来书写。

```
var n=123e5;    //表示 12300000
var n=123-e5;   //表示 0.00123
```

下面介绍几个常用的 Math 方法。

- Math.ceil() 对一个数进行上舍入。

```
var n=5.1;
var newn=Math.ceil(n);
```

则 newn 的值为 6。

- Math.floor() 对数字进行下舍入。

```
var n=5.6;
var newn=Math.floor(n);
```

此时 newn 的值为 5。

- Math.round()　把数字四舍五入为最接近的整数。

```
var n=Math.round(4.3);
var nn=Math.round(4.6);
```

n 的值为 4，nn 的值为 5。

- Math.max()　返回两个指定数中较大的那个。

```
var n=Math.max(4,8);
```

此时 n 的值为 8。

- Math.cos()　返回一个数字的余弦值。

```
var n=Math.cos(Math.PI);
```

n 的值为 1。Math.PI 表示数学中的 π。

- Math.random()　返回 0 到 1 之间的一个随机数。

```
var n=Math.random();
```

此时 n 的值可能是一个类似 0.6744568887788 值。

3. 布尔值

布尔（逻辑）只能有两个值：true 和 false。

```
var x=true;
var y=false;
```

布尔值常用在条件测试 if 语句中。

4. 数组

数组是 JavaScript 中非常重要且常用的数据类型，可使用下面的代码创建一个数组：

```
var person=new Array();
person[0]='john';
person[1]='ricky';
person[2]='evan';
```

或者用

```
var person=new Array('john','ricky','evan')
```

或者用

```
var person=['john','ricky','evan'];
```

这样 3 种创建数组的方法。

下面介绍几个常用的数组对象方法。

- pop()　删除并返回数组的最后一个元素。

以上面的 person 数组为例，以下所有的例子都使用上面创建的 person 数组。

```
var n=person.pop();
```

此时返回的 n 值为'evan'。

- push() 向数组的末尾添加一个或多个元素，并返回新的长度。

```
var n=person.push('thomas');
```

此时 n 的值为 4。

- shift() 删除并返回第一个数组元素的值。

```
var n=person.shift();
```

此时 n 的值为'john'。

- unshift() 向数组的开头添加一个或更多元素，并返回新的长度。

```
var n=person.unshift('shallon');
```

此时 n 的值为 4。

- join() 将数组中所有元素放入一个字符串，并返回该字符串。

```
var n=person.join('。');
```

此时 n 为'john。ricky。evan'。

5. 对象

JavaScript 对象由花括号分割，在括号的内部，对象的属性以名称和值对的形式来定义，属性由逗号分割。

```
var person={
name : 'john',
age : 15,
gender : 'male',
}
```

对象属性有两种寻址方式，person.name 和 person['name']得到的值都是'john'。

6. undefined 和 null

undefined 表示变量不含值，如果要将变量清空，可将变量值设为 null。

```
person=null;
```

1.3.2 JavaScript 基本语句

JavaScript 语句用分号分割，分号是可选的。浏览器按照代码的编写顺序依次执行每条语句，本小节介绍 if、switch、while、break 和 continue 几种语句。

1. if 条件语句

条件语句基于不同的条件来执行不同的动作，只有当 if 后面括号内的内容为 true 时，才执行紧邻的大括号里的代码块。

例如：

```
if(1<2) {
    alert('yes');
    } else {
    alert('no');
}
```

判断 if 括号里的内容正确，所以会在浏览器弹窗显示 'yes'，else 后面的代码块只在 if 条件为 false 时才执行，例如：

```
if(11<10){
alert('good morning');
} else {
alert('good evening');
}
```

还可以继续在代码中增加 else if 来判断多种不同的情形，例如：

```
var test = 5;
if (test < 5) {
    alert('test 小于 5');
} else if( test >= 5 && test < 10){
    alert('test 大于等于 5 但是小于 10');
} else if (test >= 10 && test < 20) {
    alert('test 大于等于 10 但是小于 20');
} else {
    alert('test 大于等于 20');
}
```

2. switch 语句

switch 语句可以判断当前变量值的多种可能，选择执行代码块，语法如下：

```
switch(n)
{
case 1:
   执行代码块 1
break;
case 2:
   执行代码块 2
break;
default:
n 与 case 1 和 case 2 不同时执行的代码
}
```

首先设置表达式 n（通常是一个变量），随后表达式的值会与结构中每个 case 的值做比较，如果存在匹配，则与该 case 关联的代码块会被执行。注意在每个 case 后面的代码块中须使用 break 阻止继续向下执行 case 语句。下面的一个例子显示今天的星期名称，请注意 Sunday=0，Monday=1，Tuesday=2，等等。

```javascript
var day=new Date().getDay();
switch (day)
{
case 1:
  x="Today it's Monday";
  break;
case 2:
  x="Today it's Tuesday";
  break;
case 3:
  x="Today it's Wednesday";
  break;
case 4:
  x="Today it's Thursday";
  break;
case 5:
  x="Today it's Friday";
  break;
default:
  x="Today it's weekend';
}
```

程序会根据当前情况判断日期为多少，此时 x 的值是'Today it's Wednesday'，当规定没有匹配到，则执行 default 部分的代码。

3. 循环语句

JavaScript 支持不同类型的循环：

- for：循环代码块一定的次数。
- for/in：循环遍历对象的属性。
- while：当指定的条件为 true 时循环指定的代码块。
- do/while：当指定的条件为 true 时循环指定的代码块。

（1）for 循环

for 循环是创建循环时常会用到的工具。

语法：

```
for (语句 1; 语句 2; 语句 3)
  {
  被执行的代码块
  }
```

- 语句 1 循环（代码块）开始前执行。
- 语句 2 定义运行循环（代码块）的条件。
- 语句 3 在循环（代码块）已被执行之后执行。

实例如下：

```
for (var i=0; i<5; i++)
  {
  x=x + "The number is " + i + "<br>";
  }
```

从上面的例子中，可以看到：

- 语句 1 在循环开始之前设置变量（var i=0）。
- 语句 2 定义循环运行的条件（i 必须小于 5）。
- 语句 3 在每次代码块已被执行后增加一个值（i++）。

（2）for/in 循环

for/in 语句循环用来遍历对象的属性。

实例如下：

```
var person={fname:"John",lname:"Doe",age:25}; //声明一个 pesson 对象
var txt = '';
for (x in person)           //循环遍历
  {
  txt=txt + person[x];
  }
alert(txt);
```

本例中 var 声明了一个 person 对象，使用 for 循环遍历这个对象获得对象属性。执行这段程序将会在浏览器弹窗显示 JohnDoe25。

（3）While 循环

While 循环会在指定条件为 true（真）时循环执行代码块。

语法：

```
while (条件)
  {
  需要执行的代码
  }
```

请看如下实例，只要变量 i 小于 5 循环就将一直运行。

```
while (i<5)
  {
  x=x + "The number is " + i + "<br>";
```

```
    i++;
  }
```

如果忘记增加条件中所用变量 i 的值,循环条件 i<5 将会永远为真,该循环永远不会结束,这可能导致浏览器崩溃。

(4) do/While 循环

do/while 循环是 while 循环的变体。该循环至少会执行一次循环体中的代码块,然后检查条件是否为 true(真),如果条件为 true(真),就会重复这个循环,否则跳出循环。

语法:

```
do
  {
  需要执行的代码
  }
while (条件);
```

下面的例子使用 do/while 循环,即使条件是 false(假),该循环也至少会执行一次,因为代码块会在条件被测试前执行:

```
do
  {
  x=x + "The number is " + i + "<br>";
  i++;
  }
while (i<5);
```

4. Break 和 Continue 语句

break 语句用于终止循环,continue 语句用于跳过循环中的一个迭代。

Break 语句的使用方法如下:

```
for (i=0;i<10;i++)
  {
  if (i==3)
    {
    break;
    }
  x=x + "The number is " + i + "<br>";
  }
```

本例中,当循环到 i=3 时,终止循环。

Continue 语句的使用方法如下:

```
for (i=0;i<=10;i++)
  {
  if (i==3) {continue;
```

```
        x=x + "The number is " + i + "<br>";
    }
}
```

本例中，当 i=3 时，将跳出循环。

1.3.3 JavaScript 函数和事件

本小节介绍 JavaScript 的函数和事件，可以将一段代码定义成函数，这样在以后使用的时候就可以直接调用，JavaScript 的事件则可以实现网页和用户的交互。

1. 函数

JavaScript 使用关键字 function 定义函数，其语法格式如下：

```
function functionName(parameters) {
    代码部分
}
```

说明：这里定义了一个名为 functionName 的函数，parameters 为函数参数。

函数在需要的时候被调用。例如，定义一个 add 函数：

```
function add(a,b) {
 return a + b;
}
```

本例中，如果给 add 函数传的两个参数都是数字类型，就返回两个参数的和；如果两个或其中一个是字符串类型，则此时的＋是连字符，函数返回的是拼接后的字符串。关于 JavaScript 函数的更多用法可查阅相关资料。

2. 事件

JavaScript 通过操作 HTML DOM 做出事件反应，在 HTML 页面应用 JavaScrip 事件的例子如下：

```
<html>
<head>
<title></title>
</head>
<body>
<h1 onclick='clickFunction(this)'>click here</h1>
</body>
<script type="text/javascript">
function clickFunction(e){
     e.innerHTML = 'change';
}
</script>
</html>
```

当单击文字 click here 时,其中的内容将会变成 change,JavaScript 中事件的用法便是如此。JavaScript 事件列表如表 1-6 所示。

表1-6 JavaScript事件列表

事件	浏览器支持	解说
一般事件		
Onclick	IE3、N2	单击时触发此事件
Ondblclick	IE4、N4	双击时触发此事件
Onmousedown	IE4、N4	按下鼠标时触发此事件
Onmouseup	IE4、N4	按下鼠标后松开时触发此事件
Onmouseover	IE3、N2	当移动鼠标到某对象范围的上方时触发此事件
Onmousemove	IE4、N4	移动鼠标时触发此事件
Onmouseout	IE4、N3	当鼠标离开某对象范围时触发此事件
Onkeypress	IE4、N4	当键盘上的某个键被按下并且释放时触发此事件
Onkeydown	IE4、N4	当键盘上某个按键被按下时触发此事件
Onkeyup	IE4、N4	当键盘上某个按键被按放开时触发此事件
页面相关事件		
Onabort	IE4、N3	图片在下载时被用户中断
Onbeforeunload	IE4、N	当前页面的内容将要被改变时触发此事件
Onerror	IE4、N3	出现错误时触发此事件
Onload	IE3、N2	页面内容完成时触发此事件
Onmove	IE、N4	浏览器的窗口被移动时触发此事件
Onresize	IE4、N4	当浏览器的窗口大小被改变时触发此事件
Onscroll	IE4、N	浏览器的滚动条位置发生变化时触发此事件
Onstop	IE5、N	浏览器的停止按钮被按下时触发此事件或者正在下载的文件被中断
Onunload	IE3、N2	当前页面将被改变时触发此事件
表单相关事件		
Onblur	IE3、N2	当前元素失去焦点时触发此事件
Onchange	IE3、N2	当前元素失去焦点并且元素的内容发生改变而触发此事件
Onfocus	IE3 、N2	当某个元素获得焦点时触发此事件
Onreset	IE4 、N3	当表单中 RESET 的属性被激发时触发此事件
Onsubmit	IE3 、N2	一个表单被递交时触发此事件
滚动字幕事件		
Onbounce	IE4、N	在 Marquee 内的内容移动至 Marquee 显示范围之外时触发此事件
Onfinish	IE4、N	当 Marquee 元素完成需要显示的内容后触发此事件
Onstart	IE4、 N	当 Marquee 元素开始显示内容时触发此事件
编辑事件		
Onbeforecopy	IE5、N	当页面当前的被选择内容将要复制到浏览者系统的剪贴板前触发此事件
Onbeforecut	IE5、N	当页面中的一部分或者全部内容将被移离当前页面(剪贴)并移动到浏览者的系统剪贴板时触发此事件

(续表)

事件	浏览器支持	解说
编辑事件		
Onbeforeeditfocus	IE5、N	当前元素将要进入编辑状态
Onbeforepaste	IE5、N	内容将要从浏览者的系统剪贴板传送（粘贴）到页面中时触发此事件
Onbeforeupdate	IE5、N	当浏览者粘贴系统剪贴板中的内容时通知目标对象
Oncontextmenu	IE5、N	当浏览者按下鼠标右键出现菜单时或者通过键盘的按键触发页面菜单时触发此事件
Oncopy	IE5、N	当页面当前的被选择内容被复制后触发此事件
Oncut	IE5、N	当页面当前的被选择内容被剪切时触发此事件
Ondrag	IE5、N	当某个对象被拖动时触发此事件（活动事件）
Ondragdrop	IE、N4	一个外部对象被鼠标拖进当前窗口或者帧时触发此事件
Ondragend	IE5、N	当鼠标拖动结束时触发此事件，即鼠标的按钮被释放了
Ondragenter	IE5、N	当对象被鼠标拖动的对象进入其容器范围内时触发此事件
Ondragleave	IE5、N	当对象被鼠标拖动的对象离开其容器范围内时触发此事件
Ondragover	IE5、N	当某被拖动的对象在另一对象容器范围内拖动时触发此事件
Ondragstart	IE4、N	当某对象将被拖动时触发此事件
Ondrop	IE5、N	在一个拖动过程中，释放鼠标键时触发此事件
Onlosecapture	IE5、N	当元素失去鼠标移动所形成的选择焦点时触发此事件
Onpaste	IE5、N	当内容被粘贴时触发此事件
Onselect	IE4、N	当文本内容被选择时触发此事件
Onselectstart	IE4、N	当文本内容选择将开始发生时触发的事件
数据绑定		
Onafterupdate	IE4、N	当数据完成由数据源到对象的传送时触发此事件
Oncellchange	IE5、N	当数据来源发生变化时触发此事件
Ondataavailable	IE4、N	当数据接收完成时触发事件
Ondatasetchanged	IE4、N	数据在数据源发生变化时触发此事件
Ondatasetcomplete	IE4、N	当来自数据源的全部有效数据读取完毕时触发此事件
Onerrorupdate	IE4、N	当使用 onBeforeUpdate 事件触发取消了数据传送时代替 onAfterUpdate 事件
Onrowenter	IE5、N	当前数据源的数据发生变化并且有新的有效数据时触发此事件
Onrowexit	IE5、N	当前数据源的数据将要发生变化时触发此事件
Onrowsdelete	IE5、N	当前数据记录将被删除时触发此事件
Onrowsinserted	IE5、N	当前数据源将要插入新数据记录时触发此事件
外部事件		
Onafterprint	IE5、N	当文档被打印后触发此事件
Onbeforeprint	IE5、N	当文档即将打印时触发此事件
Onfilterchange	IE4、N	当某个对象的滤镜效果发生变化时触发此事件

(续表)

事件	浏览器支持	解说
外部事件		
Onhelp	IE4、N	当浏览者按下 F1 或者浏览器的帮助选择时触发此事件
Onpropertychange	IE5、N	当对象的属性之一发生变化时触发此事件
Onreadystatechange	IE4、N	当对象的初始化属性值发生变化时触发此事件

来源：http://www.cnblogs.com/skylaugh/archive/2006/09/01/492450.html javascript 事件列表解说。

1.3.4 常用的 JavaScript 框架和库

JavaScript 有很多优秀的框架和库，通过使用这些框架和库能简化开发流程，提高开发效率。

1. jQuery

jQuery 是一个无须介绍的库。它凭一己之力让跨浏览器网站使用成为现实，同时把 Web 带到今天的位置。Web 标准已经被大多数浏览器制造商采纳并真正地尊重，jQuery 是其中的原因之一。jQuery 是世界上最常用的 JavaScript 库，使得 DOM 遍历、事件处理、动画、Ajax 在所有浏览器上变得更简单、更容易。

2. AngularJS

Angular 是流行的企业级框架，许多开发人员都在使用它来构建和维护复杂的 Web 应用程序。Angular 的人气非常高，很多企业都在使用。Angular 是一个由谷歌支持的开源框架。Angular 自称是 HTML 的一个扩展，用来构建复杂的 Web 应用程序。

3. React

React 是近年最受欢迎的 JavaScript 项目，是一个开源软件，主要由 Facebook 开发，其他大型科技公司也有贡献。React 自称是一个用于构建用户界面的 JavaScript 库。React 主要是 MVC 中的 V。它的重点完全在 MVC 的 V 部分，忽视应用程序架构的其余部分。它提供了一个组件层，使得创建 UI 元素、组合元素变得更容易。它使用虚拟 DOM，因此优化了渲染，且允许从 node.js 渲染 React。此外，它实现了单向响应的数据流，因此比其他框架更容易理解和使用。

4. Backbone

Backbone 是一个著名的简易框架，适合单个 JavaScript 文件。Backbone 已经存在有一段时间了。对于一些为小型 Web 应用寻找一个结构简单的框架而不想引入像 Angular 似的大型框架的团队，Backbone 特别受欢迎。Backbone 提供了一个完整的 MVC 框架及路由，模型允许键-值绑定和数据变化的事件处理，模型（和集合）可以连接到 RESTful API，视图具有声明式事件处理，路由在处理 URL 和状态管理上做得很出色。它包含你创建一个单页面应用程序所需要的一切，且没有提供太多东西，没有不必要的复杂度。

1.4　PHP 开发环境搭建

对于初学者，推荐在 Windows 操作系统下使用 XAMPP 一键安装 PHP 集成开发环境（Apache、PHP、MySQL），XAMPP 提供 PHP 7 的安装版本，读者只需要到官方网站 https://www.apachefriends.org/download.html 下载即可。下载界面如图 1-9 所示。

图 1-9　XAMPP 下载页面

下载后得到一个 exe 文件，双击该文件安装。安装完成后，查看该集成环境安装目录，如图 1-10 所示。

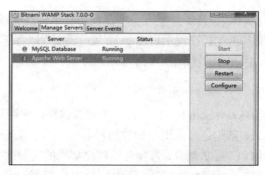

图 1-10　XAMPP 安装目录

双击 manager-windows.exe 即可打开管理窗口，在 Manage Servers 选项卡查看 MySQL 及 Apache 运行状态，如图 1-11 所示。

图 1-11　查看运行状态

应用目录默认位于安装目录的 apache2/htdocs 目录下，在该目录下新建 test.php 并编辑其内容：

```
<?php
echo phpinfo();
```

在浏览器中访问 http://localhost/test.php，页面显示如图 1-12 所示，表明安装成功。

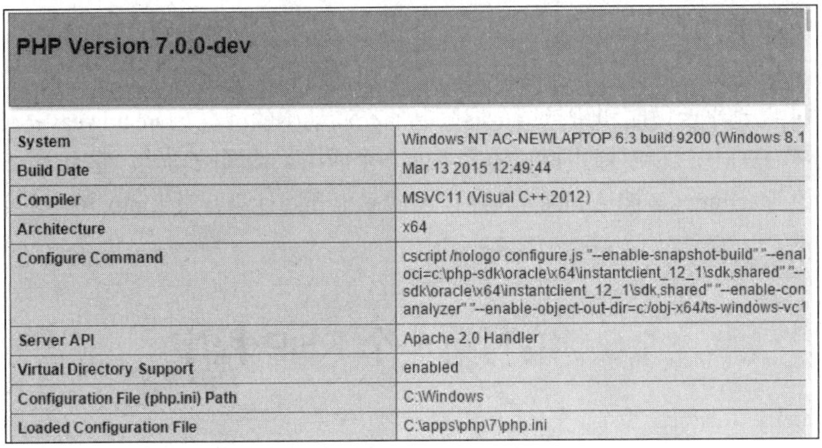

PHP Version 7.0.0-dev

System	Windows NT AC-NEWLAPTOP 6.3 build 9200 (Windows 8.1
Build Date	Mar 13 2015 12:49:44
Compiler	MSVC11 (Visual C++ 2012)
Architecture	x64
Configure Command	cscript /nologo configure.js "--enable-snapshot-build" "--enal oci=c:\php-sdk\oracle\x64\instantclient_12_1\sdk,shared" "-- sdk\oracle\x64\instantclient_12_1\sdk,shared" "--enable-con analyzer" "--enable-object-out-dir=c:/obj-x64/ts-windows-vc1
Server API	Apache 2.0 Handler
Virtual Directory Support	enabled
Configuration File (php.ini) Path	C:\Windows
Loaded Configuration File	C:\apps\php\7\php.ini

图 1-12　安装成功

1.5　代码编辑器

下面介绍几个常用的 PHP 代码编辑器。

1. Sublime Text

Sublime Text 是一个超漂亮的跨平台编辑器，速度快并且功能丰富，有很多可供选择的插件，几乎支持所有的编程语言，支持多行选择、高亮显示、代码缩放、键盘绑定、宏、拆分视图等，同时拥有全屏和免打扰模式。它同时支持 Linux、Windows 和 OS X，可以无限期试用，也可以付费购买。

2. Notepad++

Notepad++是一款免费又优秀的文本编辑器，支持在 Windows 环境下运行多种编程语言。Notepad++支持超过 50 种编程、脚本和标记语言的语法高亮显示和代码折叠，能让用户迅速减小或扩大代码段，以便查阅整个文档。用户也可以手动设置当前语言，覆盖默认语言。

3. Vim

Vim 编辑器和其他代码编辑器不同的是命令行的工作方式。和简单的输入代码不同，你可以选择输入、选择文字，运行正则表达式的搜索，并且使用更多其他命令。Vim 使用脚本和插件可以变得非常适合扩展，可以支持 GUI 或者命令行，同时可以支持所有的操作系统，且在大多数的 Linux 系统都预先安装。

4. PHPStorm

PHPStorm 是一个轻量级且便捷的 PHP IDE，旨在提高用户效率，可深刻理解用户的编码，提供智能代码补全、快速导航以及即时错误检查。在 PHPStorm 里可配置智能的开发环境，VCS 支持 SVN、Git、Mercurial 等，可以连接到数据库，是 PHP 开发者最常用的编辑软件之一。

5. Dreamweaver

Dreamweaver 是第一套针对专业网页设计师特别发展的视觉化网页开发工具，利用它可以轻而易举地制作出跨越平台限制和跨越浏览器限制的充满动感的网页。Dreamweaver 使用所见即所得的接口，亦有 HTML（标准通用标记语言下的一个应用）编辑的功能。它有 Mac 和 Windows 系统的版本，随 Macromedia 被 Adobe 收购后，Adobe 也开始计划开发 Linux 版本的 Dreamweaver 了。

1.6 编写第一个 PHP 程序

前两节学习了安装 PHP 的开发环境，也介绍了几个常用的代码编辑器，这一节我们就来编写第一个 PHP 程序。从最经典的"hello world"开始，PHP 代码如下：

```
<?php
echo "hello world";
?>
```

保存以上代码到 Apache 的应用目录 apache2/htdocs，并命名为 hello.php。打开浏览器，在地址栏输入 http://localhost/hello.php，将会在浏览器界面上看到输出"hello world"字符串。

这种通过浏览器运行 PHP 代码的方式称为 Web 模式，在 Web 模式下运行的 PHP 代码必须以 PHP 为文件扩展名。如果以另一种命令行——CLI 的形式运行 PHP 脚本，扩展名就无限制。将以上代码保存为 hello.txt，用 CLI 模式运行脚本，代码如下：

```
localhost:test chenxiaolong$ php hello.txt
hello world
```

在命令行模式下依然正确输出了"hello world"。注意，无论在何种模式下运行 PHP 脚本，都必须以<?php 为开始标记，而结束标记?>不是必须的。

第 2 章 PHP 语言基础

万丈高楼平地起，学习任何一种新知识都是要从基础部分开始的。PHP 作为一门编程语言，需要学习者充分理解其中的一些基本概念和基础知识，本章将从数据类型、运算符、变量和常量等开始 PHP 的学习之旅。

2.1 PHP 的数据类型

数据类型是指对数据的抽象描述，比如"整型数据"就是对所有整数数字的抽象。PHP 的数据类型包括 String（字符串）、Integer（整型）、Float（浮点型）、Boolean（布尔型）、Array（数组）、Object（对象）、NULL（空值）7 种，本节介绍这些数据类型的定义和使用。

1. 字符串

一个字符串是一串字符的序列，比如，"Hello world!"。你可以将任何文本放在单引号和双引号中作为字符串来使用，例如：

```
<?php
$x = "Hello world!";    // 使用双引号定义一个字符串类型的变量
echo $x;       // echo 输出这个变量，结果为 Hello world
echo "<br>"; // 输出换行
$x = 'Hello world!';    // 使用单引号定义字符串
echo $x;    //输出结果 Hello world
$x = '陈小龙';    // 汉字也是字符串类型的数据
echo $x;    // 输出 陈小龙
?>
```

2. 整型

整型数据只能包含整数。整型数据的规则是：

- 整型数据必须至少有一个数字（0~9）。
- 整型数据不能包含逗号或空格。
- 整型数据没有小数点。
- 整型数据可以是正数或负数。

整型数据可以用 3 种格式来指定，即十进制、十六进制（以 0x 为前缀）或八进制（前缀为 0）。在以下实例中我们将测试不同的整型数据。这里使用了 PHP 的 var_dump()函数，该函数可返回变量的数据类型和值。

```
<?php
$x = 5985;              // 定义一个整型数据类型的变量
var_dump($x);           // 输出此变量
echo "<br>";
$x = -345;
var_dump($x);
echo "<br>";
$x = 0x8C;              //十六进制数字
var_dump($x);
echo "<br>";
```

```
$x = 047;                    //八进制数字
var_dump($x);
?>
```

以上代码在 PHP 5 中将输出如下结果：

```
int(5985)
int(-345)
int(140)
int(39)
```

注意，在 PHP 7 版本中，含有十六进制字符的字符串不再被视为数字，而是当作普通的字符串，例如：

```
<?php
var_dump("0x123" == "291");
var_dump(is_numeric("0x123"));
var_dump("0xe" + "0x1");
?>
```

在 PHP 5 中将会输出结果：bool(true) bool(true) int(15)。在 PHP 7 中结果将是：bool(false) bool(false) int(0)。

3. 浮点型

浮点型数据即可以用来存储整数，也可以用来存储小数和指数。在以下实例中我们使用浮点型数据来存储小数和指数数值。

```
<?php
$x = 10.365;
var_dump($x);
$x = 2.4e3;
var_dump($x);
$x = 8E-5;
var_dump($x);
?>
```

执行代码的输出结果为：

```
float(10.365) float(2400) float(8.0E-5)
```

4. 布尔型

布尔型数据只有两个，即 true 和 false，是用来表示"是"和"非"两个概念的数据类型。

```
$x=true;
$y=false;
```

布尔型变量通常用于条件判断语句，在后面的章节中会讲到更多关于条件控制语句的详细内容。

5. 数组

数组是一组数据的集合，是将数据按照一定规则组织起来形成的一个整体。数组的本质是存储管理和操作一组变量。按照数组的维度划分，可以有一维数组、二维数组和多维数组。请看以下实例：

```php
<?php
$cars=array("Volvo","BMW" => array('Z4','X7') ,"Toyota");
var_dump($cars);
?>
```

浏览器打印结果如下：

array(3) { [0]=> string(5) "Volvo" ["BMW"]=> array(2) { [0]=> string(2) "Z4" [1]=> string(2) "X7" } [1]=> string(6) "Toyota" }

$cars 数组的元素中包含字符串和子数组，var_dump()将数组以键值对的形式输出。在输出的结果中可以看到，如果没有赋予某个数组值索引，数组将会默认索引从数字 0 开始，并以此累加。

6. 对象

对象数据类型也可以用于存储数据，在 PHP 中对象必须声明。首先，必须使用 class 关键字声明类对象，类是可以包含属性和方法的结构，然后在类中定义数据类型，在实例化的类中使用数据类型。实例如下：

```php
<?php
class Car          //使用 class 声明一个类对象
{
   var $color;
   function set_color($color="green") {
      $this->color = $color;
   }
   function get_color() {
      return $this->color;
   }
}
$car = new Car();
$car->set_color('red');
echo $car->get_color();
?>
```

在以上代码中，使用 class 声明一个类对象，该类对象中拥有 set_color()和 get_color()两个方法，分别可以设置类对象的属性$color 的值和读取$color 的值。关于类对象的内容将在后面的章节详细讲解。

7. NULL 值

NULL 值表示变量没有值。NULL 是数据类型为 NULL 的值，指明一个变量是否为空值，同样可用于数据空值和 NULL 值的区别。可以通过设置变量值为 NULL 来清空变量数据。请看如下实例：

```php
<?php
$x="Hello world!";
$x=null;
var_dump($x);
?>
```

执行以上代码将会在浏览器中打印 NULL。

2.2 运算符

运算符是说明特定操作的符号，是构造 PHP 语言表达式的工具，本节介绍 PHP 语言常用的运算符及其使用。

1. 算术运算符

算术运算符可以对整型和浮点型的数据进行运算。PHP 中的算术运算符如表 2-1 所示。

表2-1 算术运算符

运算符	名称	描述	实例
x+y	加	x 和 y 的和	1+2
x-y	减	x 和 y 的差	2-1
X*y	乘	x 和 y 的积	2*3
x/y	除	x 除以 y 的商	4/2
x%y	取模（除法的余数）	x 除以 y 的余数	5%2
-x	取反	x 取反	-3
intdiv(x,y)	整除	x 除以 y 的商的整数部分，此为 PHP 7 新增运算符	intdiv(10,3)

下面示例演示了不同算术运算符的使用。

```php
<?php
$x=10;
$y=3;
echo ($x + $y);
echo "<br/>";
echo ($x - $y);
echo "<br/>";
echo ($x * $y);
echo "<br/>";
echo ($x / $y);
```

```
echo "<br/>";
echo ($x % $y);
echo "<br/>";
echo intdiv(10,3);
?>
```

执行以上代码输出结果如下：

```
13
7
30
3.3333333333333
1
3
```

2. 递增递减运算符

递增递减运算符如表 2-2 所示。

表2-2 递增递减运算符

运算符	名 称	描 述
++x	预递增	x 先加 1，然后返回 x 的值
x++	后递增	先返回 x 的值，x 再加 1
--x	预递减	x 先减 1，再返回 x 的值
x--	后递减	先返回 x 的值，x 再减 1

递增递减运算符的使用实例如下：

```
<?php
$x = 2;
echo ++$x;          //输出 3
$x = 5;
echo $x++;          //输出 5
$x = 7;
echo --$x;          //输出 6
$x = 9;
echo $x--;          //输出 9
?>
```

执行以上代码在浏览器中的打印结果是：

```
3569
```

3. 比较运算符

比较运算符如表 2-3 所示。

表2-3 比较运算符

运算符	名称	描述
x == y	等于	如果 x 等于 y，返回 true，否则返回 false
x === y	恒等于	如果 x 恒等于 y，且两者数据类型相同，返回 true，否则返回 false
x != y	不等于	如果 x 不等于 y 返回 true，否则返回 false
x <> y	不等于	如果 x 不等于 y 返回 true，否则返回 false
x !== y	不恒等于	如果 x 不等于 y，或两者类型不同，返回 true，否则返回 false
x > y	大于	如果 x 大于 y，返回 true，否则返回 false
x < y	小于	如果 x 小于 y，返回 true，否则返回 false
x >= y	大于等于	如果 x 大于等于 y，返回 true，否则返回 false
x <= y	小于等于	如果 x 小于等于 y，返回 true，否则返回 false
x <=> y	组合比较符	如果 x 的值和 y 的值相等（不是恒等于），就返回 0；如果 x 的值大于 y 的值就返回 1；如果 x 的值小于 y 的值，就返回 −1。此为 PHP 7 新增运算符

比较运算符的使用示例如下：

```
<?php
$x=100;
$y="100";
var_dump($x == $y);    //bool(true)
var_dump($x === $y);   //bool(false)
var_dump($x != $y);    //bool(false)
var_dump($x !== $y);   //bool(true)
$a=50;
$b=90;
var_dump($a > $b);     //bool(false)
var_dump($a < $b);     //bool(true)
var_dump($a <> $b);    //bool(true)
var_dump($a <=> $b);   //int(-1)
var_dump($b <=> $a);   //int(1)
var_dump($x <=> $y);   //int(0)
?>
```

4. 逻辑运算符

逻辑运算符如表 2-4 所示。

表2-4 逻辑运算符

运算符	名称	描述
a and b	与	只有 a 和 b 都为 true，才返回 true
x or y	或	a 和 b 至少一个为 true，才返回 true

(续表)

运算符	名称	描述
a xor b	异或	a 和 b 仅有一个为 true，就返回 true
a && b	与	a 和 b 都为 true，才返回 true
a || b	或	a 和 b 至少有一个为 true，就返回 true
!a	非	当 a 为 true 时返回 false，a 为 false 时返回 true

逻辑运算符的使用示例如下：

```
<?php
$a = true;
$b = false;
var_dump($a and $b);   //bool(false)
var_dump($a or $b);    //bool(true)
var_dump($a && $b);    //bool(false)
var_dump($a || $b);    //bool(true)
var_dump($a xor $a);   //bool(false)
var_dump($a xor $b);   //bool(true)
var_dump(!$a);         //bool(false)
?>
```

5. 三元运算符

三元运算符的语法格式为：(expr1) ? (expr2) : (expr3)

当 expr1 求值结果为 true 时，上述表达式返回 expr2 的值，否则返回 expr3 的值。

可以省略 expr2，此时语法格式为：(expr1)?:(expr3)。同样，当 expr1 求值结果为 true 时，返回 expr1，否则返回 expr3。

PHP 7 版本多了一个 NULL 合并运算符 ??。例如，(expr1) ?? (expr2)，当 expr1 不为 NULL 时返回 expr1 的值，否则返回 expr2 的值。

示例如下：

```
<?php
$a = (1>2) ? 'big' : 'small';
$b = (3>2) ?: 'small';
$c = (1>2) ?: 'big';
$d = null??2;
$e = 5??2;
var_dump($a);   // string(5) "small"
var_dump($b);   //bool(true)
var_dump($c);   //string(3) "big"
var_dump($d);   //int(2)
var_dump($e);   //int(5)
?>
```

6. 字符串连接运算符

PHP 中使用英文字符 "." 将两个或多个字符串连接起来，示例如下：

```
<?php
$a = 'hello';
$b = 'world';
$c = $a . $b;
echo $C;
?>
```

以上代码的输出结果是：

```
hello world
```

7. 赋值运算符

赋值运算符是把基本赋值运算符（"="）右边的值给左边的变量或常量，如表 2-5 所示。

表2-5 赋值运算符

运算符	实 例	展开形式
=	$a = 'b'	$a = 'b'
+=	$a += 5	$a = $a + 5
-+	$a -= 5	$a = $a − 5
*=	$a *= 5	$a = $a * 5
/=	$a /= 5	$a = $a / 5
.=	$a .= 5	$a = $a . 5
%=	$a %= 5	$a = $a % 5

8. 位运算符

位运算符是指对二进制位从低位到高位对齐后进行运算，如表 2-6 所示。

表2-6 位运算符

运算符	作用	实 例
&	按位与	$a & $b
|	按位或	$a | $b
^	按位异或	$a ^ $b
~	按位取反	~$b
<<	向左移位	$a << $b
>>	向右移位	$a >> $b

位运算符的使用示例如下：

```
<?php
$a = 8;
```

```
$b = 15;
echo ($a & $b) . "<br/>";
echo ($a | $b) . "<br/>";
echo ($a ^ $b) . "<br/>";
echo (~$b) . "<br/>";
echo ($a << $b) . "<br/>";
echo ($a >> $b) . "<br/>";
?>
```

运行结果如下：

```
8
15
7
-16
262144
0
```

在 PHP 7 中，位移负的位置将会产生异常，左位移超出位数会返回 0。例如，echo (1 >> -1) 程序会报错：Fatal error: Uncaught ArithmeticError: Bit shift by negative number。

代码如下：

```
echo (1 >> 2);
echo "<br/>";
echo (-1 >> 2);
```

打印结果为：

```
0
-1
```

2.3 变 量

变量是程序开发中一个非常重要的概念，程序的执行也是对变量操作的过程。本节介绍有关 PHP 语言中的变量，包括变量的定义、命名规则和变量的作用域。

1. 变量的定义

变量用于存储数据，用一个变量名来标示，每创建一个变量，系统就会在内存中为其分配一个存储单元。变量的值可以根据程序运行的需要随时重新赋值。

PHP 中变量的命名规则如下：

（1）变量以 $ 符号开始，后面跟着变量的名称。

（2）变量名必须以字母或者下划线字符开始。

（3）变量名只能包含字母数字字符以及下划线（A~z、0~9 和_）。

（4）变量名不能包含空格。

（5）变量名是区分大小写的（$y 和$Y 是两个不同的变量）。

PHP 是一种弱类型的语言，在创建变量时无须声明变量类型，PHP 会根据变量的值自动将其设定为对应的数据类型。我们可以用赋值符"＝"创建变量，例如：

```
$x = 'hello world';        //创建一个 x 变量
```

另外，变量可以分为全局变量和局部变量。

2. 变量的作用域

变量的作用域是脚本中变量可被引用/使用的部分。PHP 有 4 种不同的变量作用域：local、global、static、parameter。

在所有函数外部定义的变量拥有全局作用域，此变量称为全局变量。全局变量可以被脚本中的任何部分直接使用变量名称访问，但是要在一个函数定义体中访问一个全局变量，需要使用 global 关键字。

在 PHP 函数内部声明的变量是局部变量，仅能在函数内部访问。下面通过示例来说明局部变量和全局变量的使用。

```php
$x=5; // 全局变量
function myTest()
{
$y=10;
echo "<p>Test variables inside the function:<p>";
echo "Variable x is:" . $x;
echo "<br>";
echo "Variable y is: $y";
}
myTest();
echo "<p>Test variables outside the function:<p>";
echo "Variable x is:" . $x;
echo "<br>";
echo "Variable y is: $y";
```

执行以上代码，浏览器打印结果如下：

```
Test variables inside the function:

Variable x is:
Variable y is: 10

Test variables outside the function:

Variable x is:5
Variable y is: 10
```

因为$x是在函数外部定义的,所以在函数内部无法访问$x;$y是在函数内部定义的,所以在外部也访问不到。如果要在函数内部访问$x,就必须在函数内先使用global,示例如下:

```
$x = 2;
function test(){
    global $x;
    echo $x;
}
test();
```

执行以上代码,浏览器将会正确打印$x的值为2,因为在函数内部使用了global。在PHP中,全局变量存储在$GLOBALS[index]中,index表示变量名。要达到上述例子中同样的效果,也可以这样写代码:

```
$x = 2;
function test(){
    echo $GLOBALS['x'];
}
test();
```

当一个函数完成时,它的所有变量通常都会被删除。如果想让函数执行完毕时函数内的局部变量保留,可以使用 static 关键词。代码如下:

```
function myTest()
{
static $x=0;
echo $x;
$x++;
}
myTest();
myTest();
myTest();
```

这样当每次执行myTest()函数的时候,$x变量都会保存上一次调用时的值。上述代码的运行结果为:012。

在函数里还有一个参数作用域,即传递给函数的参数,参数在函数声明时即声明。

```
function test($x){
echo $x;
}
test(5);
```

另外,变量中还有可变变量一说。可变变量允许动态地改变一个变量的名称,可以在变量的前面再加一个"$"来实现可变变量,示例如下:

```
<?php
$a = 'aa';
```

```php
$aa = "bb";
echo $$a;
?>
```

执行以上代码将会在浏览器中打印bb，这时的$$a值其实就是$aa的值。

2.4 常　　量

常量是指在脚本执行期间不能改变值的量。PHP 语言中常量大小写是敏感的，习惯上常量的命名总是大写的，这一点请在使用时注意。

2.4.1 常量的声明

合法的常量名以字母或下划线开始，后面可跟任何字母、数字或下划线。

可以使用 define()来定义常量，在 PHP 5.3.0 以后也可使用 const 关键词在类定义之外定义常量。常量只能是标量数据（boolean、integer、float、string），也可以定义资源类型（resource）常量，但是应该尽量避免，因为这会造成不可预料的结果。

常量命名示例如下：

```php
<?php
// 合法的常量名
define("FOO",      "something");       // 定义一个名为 FOO 的常量
define("FOO2",     "something else");
define("FOO_BAR", "something more");
// 非法的常量名
define("2FOO",     "something");
const A = 'AAA';       // 使用 const 定义一个常量，与 define 定义效果一样
// 下面的定义是合法的，但应该避免这样做（自定义常量不要以__开头）
// 也许将来有一天 PHP 会定义一个 __FOO__ 的魔术常量
// 这样就会与你的代码相冲突
define("__FOO__","something");
?>
```

常量的作用域是全局的，即在脚本的任何地方都可以使用已经定义的常量。

常量和变量有如下不同：

- 常量前面没有美元符号（$）。
- 常量只能用 define()和 const 定义。
- 常量的作用域是全局的。
- 常量一旦被定义就不能被重新定义或者取消定义。
- 常量的值一般是标量。

2.4.2 预定义常量

PHP 中有很多预定义常量，也称作魔术常量，其中很多都是由不同的扩展库定义的，只有在加载了这些库时才会出现。几个常见的 PHP 魔术常量如表 2-7 所示。

表2-7 PHP中常见的魔术常量

名称	说明
__LINE__	文件中的当前行号
__FILE__	文件的完整路径和文件名。如果用在被包含文件中，就返回被包含的文件名。自 PHP 4.0.2 起，__FILE__ 总是包含一个绝对路径（如果是符号连接，就是解析后的绝对路径），而在此之前的版本有时会包含一个相对路径
__DIR__	文件所在的目录。如果用在被包括文件中，就返回被包括的文件所在的目录。它等价于 dirname(__FILE__)。除非是根目录，否则目录名中不包括末尾的斜杠（PHP 5.3.0 中新增）
__FUNCTION__	函数名称（PHP 4.3.0 新增）。自 PHP 5 起本常量返回该函数被定义时的名字（区分大小写）。在 PHP 4 中该值总是小写字母
__CLASS__	类的名称（PHP 4.3.0 新增）。自 PHP 5 起本常量返回该类被定义时的名字（区分大小写）。在 PHP 4 中该值总是小写字母。类名包括其被声明的作用区域（例如 Foo\Bar）。注意自 PHP 5.4 起 __CLASS__ 对 trait 也起作用。当用在 trait 方法中时，__CLASS__ 是调用 trait 方法的类的名字
__TRAIT__	trait 的名字（PHP 5.4.0 新增）。自 PHP 5.4 起此常量返回 trait 被定义时的名字（区分大小写）。trait 名包括其被声明的作用区域（例如 Foo\Bar）
__METHOD__	类的方法名（PHP 5.0.0 新增）。返回该方法被定义时的名字（区分大小写）
__NAMESPACE__	当前命名空间的名称（区分大小写）。此常量是在编译时定义的（PHP 5.3.0 新增）

在 PHP 7 中新增了以下常量：

```
PHP_INT_MIN
PREG_JIT_STACKLIMIT_ERROR
ZLIB_NO_FLUSH
ZLIB_PARTIAL_FLUSH
ZLIB_SYNC_FLUSH
ZLIB_FULL_FLUSH
ZLIB_BLOCK
ZLIB_FINISH
```

打印以上常量：

```
echo PHP_INT_MIN;echo "<br/>";
echo ZLIB_NO_FLUSH;echo "<br/>";
echo ZLIB_PARTIAL_FLUSH;echo "<br/>";
echo ZLIB_SYNC_FLUSH;echo "<br/>";
echo ZLIB_FULL_FLUSH;echo "<br/>";
echo ZLIB_FINISH;echo "<br/>";
```

```
echo ZLIB_BLOCK;echo "<br/>";
echo PREG_JIT_STACKLIMIT_ERROR;echo "<br/>";
```

输出结果是：

-9223372036854775808
0
1
2
3
5
4
6

第 3 章 流程控制语句

默认情况下代码的执行顺序是从上往下一行一行执行的,而流程控制语句完成了许多顺序执行方法不能完成的操作。它能对一些条件做出判断,进而选择不同的语句块执行。

3.1 条件控制语句

条件控制语句有两个,一个是 if 条件控制语句,另一个是 switch 条件控制语句。

3.1.1 if 条件控制语句

PHP 和 C 语言有着类似的 if 语句结构,其使用格式如下:

```php
<?php
if(expr){
statement_1
} else {
statement_2
}
?>
```

expr 按照布尔求值,如果 expr 为 true,就执行 statement_1(此处表示代码块),否则执行 statement_2。

请看以下示例:

```php
<?php
if(3 > 1){
    echo 'right';
} else {
    echo "incorrect";
}
?>
```

执行上述代码将会打印出"right"。

当有多个条件需要判断时,可以使用 else if 语句继续添加条件。使用格式如下:

```php
<?php
if(expr1){
    statement_1
} else if(expr2){
    statement_2
} else if(expr3){
    statement_3
} else if(expr4){
    statement_4
} else {
        statement_5
}
?>
```

具体示例如下：

```php
<?php

$a = 22;
if($a<5) {
    echo "$a is less than 5";
} else if($a>=5 && $a<10) {
    echo "\$a is greater than or equal 5,but less than 10";
} else if($a>=10 && $a<20) {
    echo "\$a is greater than or equal 10,but less than 20";
} else if($a>=20 && $a<30){
    echo "\$a is greater than or equal 20,but less than 30";
} else {
    echo "\$a is greater than or equal 30";
}
?>
```

执行以上代码将会打印出以下语句：

```
$a is greater than or equal 20,but less than 30
```

3.1.2　switch 分支语句

switch 语句类似具有多个判断条件的 if 语句。switch 语句将一个变量或表达式与很多不同的值比较，根据它等于哪个值来选择执行不同的代码。switch 语句的语法如下：

```
switch (expr) {
    case expr1:
        statement_1;
        break;
    case expr2:
        statement_2;
        break;
    case expr3:
        statement_3;
        break;
    case expr4:
        statement_4;
        break;
    default:
        statement_default;
        break;
}
```

PHP 会将 expr 中的值与 expr1、expr2、expr3、expr4 的值进行比较，若与其中一个值相等，则对应执行其下的代码块，否则执行 default 后的代码。在每个代码块后面加上 break 是为了阻止执行完本部分代码之后继续向下执行。一个关于 switch 语句的实例如下：

```php
<?php
$a = 3;
switch ($a) {
    case 1:
        echo "\$a is 1";
        break;
    case 2:
        echo "\$a is 2";
        break;
    case 3:
        echo "\$a is 3";
        break;
    case 4:
        echo "\$a is 4";
        break;
    case 5:
        echo "\$a is 5";
        break;
    default:
        echo "\$a is not equal 1,2,3,4,5";
        break;
}
?>
```

执行以上代码的结果是：

```
$a is 3
```

如果没有在代码块中加入 break，执行结果将会是：$a is 3$a is 4$a is 5$a is not equal 1,2,3,4,5。代码会执行完 case 3 后面的全部语句，直到遇到 break 或者文件结束。

3.2 循环控制语句

循环控制语句是在满足一定条件的情况下反复执行某一个操作。PHP 中提供 4 种循环控制语句，分别是 while、do while、for 和 foreach。

3.2.1 while 循环

while 循环语句语法的格式如下：

```
while(expr){
statement
}
```

当 expr 的值为 true 时，就执行嵌套的 statement 语句，expr 表达式的值在每次开始循环时检查，所以即使这个值在循环语句中改变了，语句也不会停止执行，直到本次循环结束。有时候如果 while 表达式的值一开始就是 false，那么循环语句一次都不会执行。示例如下：

```
<?php
$i = 1;
while ($i <= 10) {
    echo $i++;
}
?>
```

执行代码的打印结果是：

12345678910

3.2.2 do while 循环

do while 和 while 都是循环语句，主要区别是使用 do while 循环的语句会先执行 do{}语句块中的代码，然后判断 while()中的条件真假，从而决定是否继续循环；而 while 循环是先判断循环条件的真假，再决定是否循环执行{}里的代码。因此，do while 循环的语句保证会执行一次（表达式的真值在每次循环结束后检查），while 循环的语句就不一定（表达式真值在循环开始时检查，如果一开始为 false，那么整个循环立即终止）。

do while 语句的语法格式如下：

```
do {
statement
} while(expr)
```

示例如下：

```
<?php
$i = 0;
do {
    echo $i;
} while ($i >0);
?>
```

以上循环正好运行一次，因为经过第一次循环后，检查表达式的真值时，其值为 false（$i 不大于 0），导致循环终止。另一个关于 do while 的示例如下：

```
<?php
$i = 0;
do {
```

```
    $i++;
    echo $i;
} while ($i < 10);
?>
```

以上代码的运行结果是：

12345678910

3.2.3　for 循环

for 循环的语法格式如下：

```
for ( expr 1; expr2 ; expr3){
statement
}
```

说明：第一个表达式 expr1 先执行一次，接着执行 statement 中的代码块，之后执行表达式 expr3，然后判断表达式 expr2 条件真假，若为真，则继续执行 statement 中的代码块，然后循环执行 expr3，再判断 expr2 真假，如此循环下去，直到 expr2 为假时终止循环。

示例如下：

```
<?php
for ($i = 1; $i < 10; $i++) {
    echo $i;
}
?>
```

执行以上代码的结果为：

123456789

在 for 循环中，expr2 表达式可以为空，也可以为多个表达式。如果是多个表达式，每个表达式之间用逗号分隔，所有表达式都会被计算，但是只取最后一个的结果。如果 expr2 为空，就表示无限循环，此时可在 statement 中加入判断语句，当满足条件时，用 break 语句结束循环。例如：

```
<?php
for ($i = 1,$j = 1; $i < 10,$j < 5; $i++,$j++) {
    echo $i;
}
echo "<br/>";
for ($i = 1; ; $i++) {
    if ($i > 10) {
        break;
    }
```

```
    echo $i;
}
?>
```

上述代码执行结果如下:

```
1234
12345678910
```

3.2.4 foreach 循环

foreach 循环是遍历数组时常用的方法，foreach 仅能够应用于数组和对象，如果尝试应用于其他数据类型的变量或者未初始化的变量将发出错误信息。foreach 有以下两种语法格式：

格式 1：

```
foreach (array_expression as $value){
    statement
}
```

格式 2：

```
foreach (array_expression as $key => $value){
    statement
}
```

第一种格式遍历 array_expression 数组时，每次循环将数组的值赋给$value；第二种遍历不仅将数组值赋给$value，还将键名赋给$key。示例如下：

```
<?php
$array = [0, 1, 2];
foreach ($array as $val)
{
    echo "值是: " . $val ;
    echo "<br/>";
    //var_dump(current($array));
}
foreach ($array as $key => $value) {
    echo "键名是: " . $key . "值是: " . $value;
    echo "<br/>";
}
?>
```

执行以上代码打印的结果是：

```
值是: 0
值是: 1
值是: 2
```

键名是：0 值是：0
键名是：1 值是：1
键名是：2 值是：2

在 PHP 5 版本中，当 foreach 开始循环执行时，每次数组内部指针都会自动向后移动一个单元，但是在 PHP 7 中却不是这样。如下代码在 PHP 5 和 PHP 7 中的执行结果会有所不同。

```
<?php
$array = [0, 1, 2];
foreach ($array as $val)
{
    var_dump(current($array));
}
?>
```

在 PHP 5 中，将会打印出 int(0) int(1) int(2)的结果，但在 PHP 7 中结果为 int(0) int(0) int(0)。

在 PHP 7 中，按照值进行循环时，foreach 是对数组的复制操作，在循环过程中对数组的修改不会影响循环行为，但在 PHP 5 中却会有影响。

```
<?php
$array = [0, 1, 2];
//$ref =& $array; // Necessary to trigger the old behavior
foreach ($array as $val) {
    var_dump($val);
    unset($array[1]);
}
?>
```

在 PHP 7 中将会打印 int(0) int(1) int(2)，但在 PHP 5 中的打印结果却是 int(0) int(2)。

在 PHP 7 中引用循环时对数组的修改会影响循环，在 PHP 5 中则不会改变。

示例如下：

```
<?php
$array = [0];
foreach ($array as &$val) {
    var_dump($val);
    $array[1] = 1;
    $array[2] = 2;
}
?>
```

在 PHP 7 中的运行结果是 int(0) int(1) int(2)，在 PHP 5 中的运行结果却是 int(0)。

3.3 跳转语句

跳转语句包含 break 语句、continue 语句和 goto 语句。其中，break 语句和 continue 语句在循环语句环境中使用。

3.3.1 break 语句

break 语句用于终止本次循环，使用示例如下：

```php
<?php
for ($i=0; $i < 10; $i++) {
    if($i == 3) {
        break;
    }
    echo $i;
}
?>
```

在 for 循环中判断当前$i 的值为 3 时便终止循环，代码的执行结果为：012。在 while、do while 和 foreach 循环语句中效果一样，break 语句的作用都是终止循环。

3.3.2 continue 语句

continue 语句的作用是跳出本次循环，接着执行下一次循环，使用示例如下：

```php
<?php
for ($i=0; $i < 10; $i++) {
    if($i == 3) {
        continue;
    }
    echo $i;
}
?>
```

在 for 循环中判断当前$i 的值为 3 时跳出本次循环，继续执行剩下的循环。此处的代码执行结果为：012456789。在 while、do while 和 foreach 循环语句中效果一样，break 语句的作用都是跳出本次循环，继续剩下的循环。

3.3.3 goto 语句

goto 语句可以用来跳转到程序中的另一个位置。该目标位置可以用目标名称加上冒号来标记，而跳转指令是 goto 之后接上目标位置的标记。PHP 中对 goto 语句有一定的限制，即目标位置只能位于同一个文件和作用域，也就是说无法跳出一个函数或类方法，无法跳入另一个函数，也无法跳入其他循环或 switch 结构中。goto 语句可以跳出循环或 switch，常用来代替多层 break 语句。

示例 1：

```php
<?php
goto a;
echo 'Foo';
a:
echo 'Bar';
?>
```

以上示例程序的输出结果为：

Bar

示例 2：

```php
<?php
for ($i=0; $i < 10; $i++) {
    if($i == 3) {
        goto a;
    }
    echo $i;
}
a:
echo "跳出循环";
?>
```

本例中，当 for 循环执行到$i 的值为 3 时，因为 goto 语句，程序将会跳出循环，转到 a 所定义的部分程序中执行，执行结果如下：

012 跳出循环

3.4 包含语句

包含语句用于在 PHP 文件中引入另外一个文件，这样有利于代码重用。PHP 中共有 4 个包含外部文件的方法，分别是 include、include_once、require、require_once。

3.4.1 include 语句

include 语句包含并运行指定文件。被包含文件先按参数给出的路径寻找，如果没有给出目录（只有文件名）就按照 include_path（在配置文件中可查看 include_path）指定的目录寻找。如果在 include_path 下没找到该文件，那么 include 最后会在调用脚本文件所在的目录和当前工作目录下寻找。如果最后仍未找到文件，include 结构就会发出一条警告。例如：

```php
<?php
include 'a.php';
echo "111";
?>
```

上述示例中，PHP 若找不到 a.php 文件，则会发出一条警告，不过后面的语句还会继续执行。以上代码的执行结果在浏览器中的输出如下：

```
Warning: include(a.php): failed to open stream: No such file or directory in /Library/WebServer/Documents/book/str.php on line 280

Warning: include(): Failed opening 'a.php' for inclusion (include_path='.:') in /Library/WebServer/Documents/book/str.php on line 280
111
```

我们在 a.php 里编写代码：

```php
<?php
$color = 'green';
?>
```

在 test.php 中编写代码：

```php
<?php
include 'a.php';
echo $color;
?>
```

a.php 和 test.php 在同一个文件夹里。运行 test.php，打印结果为：

```
green
```

当一个文件被包含时，其中所包含的代码继承了 include 所在行的变量范围。从该处开始，调用文件在该行处可用的任何变量在被调用的文件中也都可用，不过所有在包含文件中定义的函数和类都具有全局作用域。如果 include 出现于调用文件中的一个函数里，那么被调用的文件中所包含的所有代码将表现得如同它们是在该函数内部定义的一样，所以它将遵循该函数的变量范围。此规则的一个例外是魔术常量，魔术变量是在发生包含之前就已被解析器处理的。

a.php 中的代码：

```php
<?php
$color = 'green';
echo __LINE__ . "<br/>";
?>
```

test.php 中的代码：

```php
<?php
include 'a.php';
echo $color . "<br/>";
aa();
function aa(){
    global $color;
    echo $color;
}
?>
```

运行 test.php 文件，结果如下：

```
3
green
green
```

3.4.2　include_once 语句

include_once 语句和 include 语句类似，include_once 用于在脚本执行期间同一个文件有可能被包含超过一次的情况时确保只被包含一次，以避免函数重定义、变量重新赋值等问题。

例如，a.php 代码：

```php
<?php
echo 1;
echo 2;
?>
```

test.php 代码：

```php
<?php
include 'a.php';
include 'a.php';
?>
```

运行 test.php，打印结果为：

```
1212
```

如果 test.php 中的代码为：

```php
<?php
include_once 'a.php';
include_once 'a.php';
?>
```

那么运行 test.php 的结果为：

```
12
```

3.4.3 require 语句

require 语句和 include 语句几乎完全一样，不同的是当被包含的文件不存在时，require 语句会发出一个 Fatal error 错误，程序终止执行；include 则会发出一个 Warining 警告，接着向下执行。

例如，有如下 test.php 代码：

```php
<?php
require 'b.php';
echo 1;
?>
```

如果 PHP 没有找到 b.php 文件，就会发出一个错误。代码执行结果如下：

```
Warning: require(b.php): failed to open stream: No such file or directory in /Library/WebServer/Documents/book/str.php on line 280

Fatal error: require(): Failed opening required 'b.php' (include_path='.:') in /Library/WebServer/Documents/book/str.php on line 280
```

如果 test.php 中将 require 换成 include 包含 b.php，执行结果则会是：

```
Warning: include(b.php): failed to open stream: No such file or directory in /Library/WebServer/Documents/book/str.php on line 280

Warning: include(): Failed opening 'b.php' for inclusion (include_path='.:') in /Library/WebServer/Documents/book/str.php on line 280
1
```

使用 include 包含的文件不存在，发出一个警告，但程序会继续执行，所以显示出了 1。

3.4.4 require_once 语句

require_once 语句和 require 语句完全相同，唯一的区别是 PHP 会检查该文件是否已经被包含过，如果是，就不会再次包含。此处不再举例说明。

第 4 章　函　　数

函数分为系统内部函数和用户自定义函数两种。如果一段功能代码需要多次在不同地方使用，便可将其封装成一个函数，即自定义函数。这样在使用的时候直接调用该函数即可，无须重写代码。除了自定义函数，PHP 还提供了很多内置函数，可以直接使用。

4.1　函数的使用

将一段功能代码封装成一个函数，在调用的时候只需用到这个函数名即可。函数可用以下语法来定义：

```
function foo($arg_1,$arg_2){
statement（函数体）
}
```

其中，foo 表示函数名称，$arg_1 和$arg_2 表示函数的参数，函数的参数可为零个或多个。任何有效的 PHP 代码都可以写在函数体内。函数名和 PHP 中的其他标识符命名规则相同，有效的函数名以字母或下划线打头，后面跟字母、数字或下划线。PHP 中函数的作用域是全局的，在一个文件中定义了函数后可以在该文件的任何地方调用，如下示例是一个可以实现两个数字相加的函数：

```php
<?php
function add($sum1,$sum2){
    echo ($sum1 + $sum2);
}
add(2,4);
?>
```

以上定义了一个 add 函数，其执行结果为：

6

PHP 不支持函数重载，也不可能取消定义或者重定义已声明的函数。

4.2　函数的参数

PHP 支持按值传递参数（默认），通过引用传递参数及默认参数，也支持可变长度参数列表。PHP 支持函数参数类型声明。

4.2.1　参数传递方式

在调用函数时需要向函数传递参数，被传入的参数称作实参，而函数定义的参数为形参。PHP 中函数参数传递有两种方式：按值传递和通过引用传递，还可以使用默认参数。

1. 按值传递

按值传递的参数相当于在函数内部有这个参数的备份，即使在函数内部改变参数的值，也并不会改变函数外部的值，示例如下：

```php
<?php
function test($a){
$a = $a + 1;
return $a;
}
$a = 1;
echo test($a);
test(2);
echo $a;
?>
```

执行以上代码的结果为：

  2 3 1

2. 通过引用传递参数

如果希望允许修改函数的参数值，就必须通过引用传递参数，这样我们在函数内部是对这个参数本身进行操作。

示例如下：

```php
<?php
function test(&$a){
    $a = $a + 1;
    return $a;
}
$x = 1;
echo test($x);
echo $x;
?>
```

当调用一次 test() 函数后，$x 的值被改变，执行以上代码的结果为：

  2 2

注意，以下这种情况 PHP 会报错：

```php
<?php
function test(&$a){
$a = $a + 1;
return $a;
}
test(2);    //引用传递的参数必须是一个变量
?>
```

执行以上代码会报错"Fatal error: Only variables can be passed by reference"。

3. 默认参数

PHP 支持函数默认参数，允许使用数组 array 和特殊类型 NULL 作为默认参数，默认值必须是常量表达式，不能是变量、类成员或函数调用等。

例如：

```php
<?php
function test($arr=array('lily','andy','ricky'),$str='apple'){
    echo "I am $arr[1],I love $str <br/>";
}
$names = ['sily','celon','tom'];
$fruit = 'orange';
test();
test($names,$fruit);
?>
```

执行以上代码的结果为：

```
I am andy,I love apple
I am celon,I love orange
```

为了避免出现意外情况，一般将默认参数放在非默认参数的右侧。

```php
<?php
function makeyogurt($type = "acidophilus", $flavour){
    return "Making a bowl of $type $flavour.\n";
}
echo makeyogurt("raspberry");
?>
```

报错信息：

```
Warning: Missing argument 2 for makeyogurt(), called in /Library/WebServer/Documents/book/str.php on line 284 and defined in /Library/WebServer/Documents/book/str.php on line 279
Making a bowl of raspberry .
```

若将$type = "acidophilus"放在参数的最右侧，则不会报错。

4.2.2 参数类型声明

在 PHP 5 中已引入函数的参数类型声明，如果给定的值不是一个合法的参数类型，那么在 PHP 5 中会出现一个 fatal error，在 PHP 7 中则会抛出一个 TypeErrot exception。在 PHP 7 中增加了参数可声明的类型种类，函数可声明的参数类型如表 4-1 所示。

表4-1 参数声明类型

类 型	说 明	PHP 版本
class/interface name（类，接口）	参数必须是指定类或接口的实例	PHP 5.0.0
Array	参数为数组类型	PHP 5.1.0
Callable	参数为有效的回调类型	PHP 5.4.0
Bool	参数为布尔型	PHP 7.0.0
Float	参数为浮点型	PHP 7.0.0
Int	参数为整型	PHP 7.0.0
String	参数为字符串	PHP 7.0.0
class/interface name（类，接口）	参数必须是指定类或接口的实例	PHP 5.0.0
Array	参数为数组类型	PHP 5.1.0

关于指定参数类型为 class 类型（关于类的知识请查阅本书第 9 章）的实例如下：

```php
<?php
class C {}
class D extends C {}      //类 D 继承自类 C
class E {}

function f(C $c) {
    echo get_class($c)."\n";
}

f(new C);
f(new D);
f(new E);
?>
```

执行以上程序的结果是：

```
C D
Fatal error: Uncaught TypeError: Argument 1 passed to f() must be an instance
of C, instance of E given, called in /Library/WebServer/Documents/book/str.php on
line 293 and defined in /Library/WebServer/Documents/book/str.php:287 Stack trace:
#0 /Library/WebServer/Documents/book/str.php(293): f(Object(E)) #1 {main} thrown
in /Library/WebServer/Documents/book/str.php on line 287
```

默认情况下，当传递的参数不是函数指定的参数类型时，PHP 会尝试将所传参数转换成指定参数类型。例如，一个函数希望得到一个字符串类型的参数，但假如给其提供的是一个整型参数，PHP 就会自动将其转换成字符串类型，或者一个函数希望得到一个整型参数，但却给它传递了一个浮点型的参数，同样也会自动转换。示例如下：

```php
<?php
function test(int $a,string $b,string $c){
    echo ($a + $b);
```

```
        echo " the string is $c";
}
test(3.8,2,'hello');
?>
```

执行以上代码的打印结果为：

```
5 the string is hello
```

注意，在讲浮点型转成整型时只取其中的整数部分。

在 PHP 7 中，可以使用 declare(strict_types=1) 设置严格模式，这样只有在传递的参数与函数期望得到的参数类型一致时才能正确执行，否则会抛出错误。只有一种情况例外，就是当函数期望得到的是一个浮点型数据而提供的是整型时，函数也能正常被调用。请看如下示例：

```
<?php
declare(strict_types=1);
function test(int $a,int $b,string $c){
    echo ($a + $b);
    echo " the string is $c";
}
test(3.8,2,'hello');?>
```

此处 declare 声明了 PHP 为严格模式，而传入的参数与函数期望得到的参数类型不一致，所以会报错，例如：

Fatal error: Uncaught TypeError: Argument 1 passed to test() must be of the type integer, float given, called in /Library/WebServer/Documents/book/str.php on line 285 and defined in /Library/WebServer/Documents/book/str.php:281 Stack trace: #0 /Library/WebServer/Documents/book/str.php(285): test(3.8, 2, 'hello') #1 {main} thrown in /Library/WebServer/Documents/book/str.php on line 281

4.2.3　可变参数数量

在 PHP 5.6 及以后的版本中，参数可包含 "..." 来表示函数可接受一个可变数量的参数，可变参数将会被当作一个数组传递给函数。看如下示例：

```
<?php
function test(...$num){
    $acc = 0;
    foreach ($num as $key => $value) {
        $acc += $value;
    }
    return $acc;
}
echo test(1,2,3,4);
?>
```

给 test() 函数传递的参数 1 2 3 4 在函数内部将会被当作数组处理，运行以上代码的结果为：10。

4.3 函数返回值

函数的返回值可以是任意类型的数据。函数也可以不返回值。函数使用 return 返回数据，遇到 return 语句函数会立即终止执行。示例如下：

```php
<?php
function square($num)
{
    return $num * $num;
}
echo square(4);  // outputs '16'.
?>
```

以上代码的运行结果为：

```
16
```

函数不能返回多个值，但可以通过返回一个数组来得到类似的效果。示例如下：

```php
<?php
function small_numbers()
{
    return array (0, 1, 2);
}
list ($zero, $one, $two) = small_numbers();
echo $zero . $one . $two;
?>
```

执行结果为：

```
012
```

$zero $one $two 的值分别是 0、1、2。

在 PHP 7 中函数增加了返回值的类型声明。和参数类型声明类似，在非严格模式下，PHP 将会尝试将返回值类型转换成期望得到的值类型，但在严格模式下，函数的返回值必须与声明的返回类型一致。示例如下：

```php
<?php
function sum($a, $b): float {
    return $a + $b;
}
var_dump(sum(1, 2));
?>
```

以上程序会输出：

　float(3)

在严格模式下的代码如下：

```
<?php
declare(strict_types=1);
function sum($a,$b):int{
    return $a + $b;
}
var_dump(sum(1,2));
var_dump(sum(1,2.1));
?>
```

以上程序的执行结果为：

　int(3)

　Fatal error: Uncaught TypeError: Return value of sum() must be of the type integer, float returned in /Library/WebServer/Documents/book/str.php:281 Stack trace: #0 /Library/WebServer/Documents/book/str.php(284): sum(1, 2.1) #1 {main} thrown in /Library/WebServer/Documents/book/str.php on line 281

4.4　可变函数

　　PHP 支持可变函数，这意味着如果一个变量名后有圆括号，PHP 将寻找与变量的值同名的函数，并且尝试执行它。一个实现可变函数的示例如下：

```
<?php
function foo() {
    echo "In foo()<br />\n";
}

function bar($arg = '') {
    echo "In bar(); argument was '$arg'.<br />\n";
}

// 使用 echo 的包装函数
function echoit($string)
{
    echo $string;
}

$func = 'foo';
```

```
$func();      // This calls foo()

$func = 'bar';
$func('test'); // This calls bar()

$func = 'echoit';
$func('test'); // This calls echoit()
?>
```

以上程序的执行结果为：

```
In foo()
In bar(); argument was 'test'.
test
```

4.5 内置函数

PHP 提供了丰富的内置函数，其中常用的有操作变量的函数、操作字符串的函数、操作日期的函数、与数学有关的函数以及图片处理函数和文件函数等。一些函数需要和特定的 PHP 扩展模块一起编译，否则使用它们的时候会得到一个致命的"未定义"错误。例如，要使用 image 函数中的 imagecreatetruecolor()，需要在编译 PHP 的时候加上 GD 的支持。或者，要使用 mysql_connect() 函数，就需要在编译 PHP 的时候加上 MySQL 支持。有很多核心函数已包含在每个版本的 PHP 中，如字符串和变量函数。调用 phpinfo()或者 get_loaded_extensions()可以得知 PHP 加载了哪些扩展库。同时还应该注意，很多扩展库默认就是有效的；确认一个函数将返回什么，或者函数是否直接作用于传递的参数是很重要的。

关于部分 PHP 内置函数的内容将会在后面的章节中详细讲解。

4.6 匿名函数

匿名函数（Anonymous functions）也叫闭包函数（closures），允许临时创建一个没有指定名称的函数，经常用作回调函数（callback）参数的值。当然，也有其他应用的情况。

匿名函数的示例如下：

```
<?php
echo preg_replace_callback('~-([a-z])~', function ($match) {
    return strtoupper($match[1]);
}, 'hello-world');
?>
```

此例中，preg_replace_callback() 函数接收的第一个参数为正则表达式，第二个参数为回调函数，第三个参数为所要匹配的元素。关于正则表达式的用法详见第 10 章，这里只举个例子说明匿名函数的使用场景。

闭包函数也可以作为变量的值来使用，PHP 会自动把此种表达式转换成内置类 closure 的对象实例。把一个 closure 对象赋值给一个变量的方式与普通变量赋值的语法是一样的，最后也要加上分号"；"。示例如下：

```php
<?php
$greet = function($name)
{
    echo "hello $name \n";
};
$greet('World');
$greet('PHP');
?>
```

以上程序的执行结果为：hello World hello PHP 。

闭包可以从父作用域中继承变量，这时需要使用关键词 use，示例如下：

```php
<?php
$message = 'hello';

// 没有 "use"
$example = function () {
   var_dump($message);
};
echo $example();   //输出值为 null

// 继承 $message
$example = function () use ($message) {
   var_dump($message);
};
echo $example();   //输出结果 hello

// 当函数被定义的时候就继承了作用域中变量的值，而不是在调用时才继承
// 此时改变 $message 的值对继承没有影响
$message = 'world';
echo $example();   // 输出结果 hello

// 重置 $message 的值为"hello"
$message = 'hello';

// 继承引用
$example = function () use (&$message) {
   var_dump($message);
```

```
};
echo $example(); //输出结果 hello

// 父作用域中 $message 的值被改变，当函数被调用时$message 的值发生改变
// 注意与非继承引用的区别
$message = 'world';
echo $example();   // 输出结果 world

// 闭包也可接收参数
$example = function ($arg) use ($message) {
   var_dump($arg . ' ' . $message);
};
$example("hello");   // 输出结果 hello world
?>
```

以上程序的执行结果为：

```
NULL string(5) "hello" string(5) "hello" string(5) "hello" string(5) "world" string(11) "hello world"
```

4.7 递归与迭代

我们经常会遇到这样的情况：在面临一个庞大的问题时，需要把这个庞大的问题拆分成各个细小的单元，解决了每个细小单元的问题，这个庞大的问题便迎刃而解了。递归与迭代就是这种思想的体现。

1. 递归

递归就是程序调用自身、函数不断引用自身，直到引用的对象已知。构成递归需满足以下两个条件：

- 子问题需与原始问题为同样的事，且更为简单。
- 不能无限制地调用本身，必须有一个出口，化简为非递归状况处理。

例如，斐波那契数列：1，1，2，3，5，8……

斐波那契数列的特点是第 0 位（在计算机中习惯以 0 开始计数）和第 1 位的数字都是 1，从第 2 位开始，当前数字的值是前两位数值之和，可以用如下的公式表示：

$$f(0) = 1$$
$$f(1) = 1$$
$$f(n) = f(n-1) + f(n-2) \{n>1\}$$

用 PHP 实现递归求斐波那契数列的代码如下：

```php
<?php
function readd($n){
    if($n>2){
        $arr[$n] = readd($n-2) + readd($n-1);   // 递归调用自身
        return $arr[$n];
    } else {
        return 1;
    }
}
echo readd(30);
?>
```

readd()函数封装了求斐波那契数列的方法,向函数中传递不同的数字将会求出对应位置的数列的值。

2. 迭代

迭代就是利用变量的原值推算出变量的一个新值。下面用一个简单的例子说明迭代:

```php
<?php
function diedai($n){
    for ($i=0,$j=0; $i < $n; $i++) {
        $j = $j + $i;
    }
    return $j;
}
echo diedai(4);
?>
```

第 5 章　字符串

字符串处理是所有高级编程语言里极其重要的操作，PHP 程序员必须熟练地掌握字符串处理才能灵活高效地编写出完善的 Web 应用。

5.1 单引号和双引号的区别

在使用单引号字符串时,字符串中需要转义的特殊字符只有反斜杠和单引号本身,单引号不能识别插入的变量。相比双引号,这种定义字符串的方式不但直观而且速度快。示例如下:

```
<?php
echo 'I do not love \\ you';        //注意此处只输出一个反斜杠
echo 'I don\'t love you';           //转义单引号
echo 'Hi,do you love me ';
$a = 'hello';
echo '$a world';                    //不解析变量 $a 的值
?>
```

执行以上代码输出结果为:

```
I do not love \ youI don't love youHi,do you love me $a world
```

使用双引号定义的字符串可以解析其中的变量。双引号还有一些转义序列,如表 5-1 所示。

表5-1 双引号转义序列

转义序列	字 符	转义序列	字 符
\n	换行符	\\	反斜杠
\r	回车符	\$	美元符号
\t	制表符	\"	双引号

双引号字符串示例如下:

```
<?php
echo "I don't love\ you\\";                         //注意此处输出两个反斜杠
echo "It takes me \$10.25 \t";                      // 转义美元符号和制表符
$name = 'lily';
echo "I love \"$name\",this gift take me $10.25";   //依然会打印美元符号
?>
```

以上代码的执行结果为:

```
I don't love\ you\It takes me $10.25 I love "lily",this gift take me $10.25
```

5.2 字符串连接符

PHP 中使用"."来连接两个字符串。示例如下:

```php
<?php
$str1 = 'hello';
$str2 = 'world';
echo $str1 . $str2;
?>
```

以上程序的打印结果为：

```
helloworld。
```

5.3 字符串操作

本节介绍字符串的常用处理函数，包括字符串的查找、替换、截取、去空格、转义等常用函数。

5.3.1 改变字符串大小写

可以使用以下函数来改变字符串的大小写：

- Ucfirst 将字符串的首字母转换为大写。
- Lcfirst 将字符串的首字母转换为小写。
- Ucwords 将字符串中每个单词的首字母转换为大写。
- Strtoupper 将字符串转化为大写。
- Strtolower 将字符串转化为小写。

示例如下：

```php
<?php
$str = 'i love you' . "<br/>";
echo ucfirst($str) . ucwords($str) . strtoupper($str);
$str = 'I LOVE YOU'. "<br/>";
echo strtolower($str) . lcfirst($str);
?>
```

以上程序的执行结果如下：

```
I love you
I Love You
I LOVE YOU
i love you
i LOVE YOU
```

5.3.2 查找字符串

可以使用以下函数来查找字符串。

1. stripos：查找字符串中某部分字符串首次出现的位置（不区分大小写）

语法如下：

int stripos (string $haystack , string $needle [, int $offset = 0])

参数说明如下：

- haystack

在该字符串中查找。

- needle

注意，needle 可以是一个单字符或者多字符的字符串。如果 needle 不是一个字符串，那么它将被转换为整型并被视为字符顺序值。

- offset

可选的 offset 参数允许指定从 haystack 中的哪个字符开始查找，返回的位置数字值仍然相对于 haystack 的起始位置。

返回 needle 存在于 haystack 字符串开始的位置（独立于偏移量），同时注意字符串位置起始于 0，而不是 1。

如果未发现 needle 就将返回 false。

示例如下：

```
<?php
$findme = 'c';
$mystring1 = 'xyz';
$mystring2 = 'ABC';
$pos1 = stripos($mystring1, $findme);
$pos2 = stripos($mystring2, $findme);
var_dump($pos1);
var_dump($pos2);
?>
```

执行结果为：bool(false) int(2)。

2. strripos：计算指定字符串在目标字符串中最后一次出现的位置（不区分大小写）

语法如下：

int strripos (string $haystack , string $needle [, int $offset = 0])

说明：负数偏移量将使得查找从字符串的起始位置开始，到 offset 位置为止。

示例如下：

```
<?php
$findme = 'c';
$findme1 = 'C';
$mystring = 'ABCabcabcABC';
$pos1 = strripos($mystring, $findme);
```

```php
$pos2 = stripos($mystring, $findme1);
var_dump($pos1);
var_dump($pos2);
?>
```

上述代码的执行结果为：int(11) int(11)。

3. strrpos：计算指定字符串在目标字符串中最后一次出现的位置

语法如下：

int strrpos (string $haystack , string $needle [, int $offset = 0])

说明：如果是负数的偏移量，将会导致查找在字符串结尾处开始的计数位置处结束。

示例如下：

```php
<?php
$findme = 'c';
$findme1 = 'C';
$mystring = 'ABCabcabcABC';
$pos1 = strrpos($mystring, $findme);
$pos2 = strrpos($mystring, $findme1);
$pos3 = strrpos($mystring, $findme1,-5);
var_dump($pos1);
var_dump($pos2);
var_dump($pos3);
?>
```

上述代码的执行结果为：int(8) int(11) int(2)。

4. strpos：查找字符串首次出现的位置

语法如下：

mixed strpos (string $haystack , mixed $needle [, int $offset = 0])

说明：和 strrpos()、stripos() 不一样，strpos 的偏移量不能是负数。

示例如下：

```php
<?php
$findme = 'c';
$findme1 = 'C';
$mystring = 'ABCabc';
$pos1 = strpos($mystring, $findme);
$pos2 = strpos($mystring, $findme1);
var_dump($pos1);
var_dump($pos2);
?>
```

上述代码的执行结果为：int(5) int(2) 。

5.3.3 替换字符串

可以对一个字符串中的特定字符或子串进行替换，这是非常常用的功能。

1. str_ireplace()和 str_replace()函数

str_ireplace()和 str_replace 使用新的字符串替换原来字符串中指定的特定字符串，str_replace 区分大小写，str_ireplace()不区分大小写。两者语法相似，str_ireplace()的语法如下：

mixed str_ireplace (mixed $search , mixed $replace , mixed $subject [, int &$count])

说明：该函数返回一个字符串或者数组，该字符串或数组是将 subject 中全部的 search 用 replace 替换（忽略大小写）之后的结果。参数 count 表示执行替换的次数。

使用示例如下：

```
<?php
$str = 'hello,world,hello,world';
$replace = 'hi';
$search = 'hello';
echo str_ireplace($search, $replace, $str);
?>
```

执行以上代码的输出结果为：

hi,world,hi,world

2. substr_replace()函数

substr_replace()函数的语法如下：

mixed substr_replace (mixed $string , mixed $replacement , mixed $start [, mixed $length])

说明：substr_replace()在字符串 string 的副本中将由 start 和可选的 length 参数限定的子字符串使用 replacement 进行替换。如果 start 为正数，替换将从 string 的 start 位置开始。

如果 start 为负数，替换将从 string 的倒数第 start 个位置开始。如果设定了 length 参数并且为正数，就表示 string 中被替换的子字符串的长度。如果设定为负数，就表示待替换的子字符串结尾处距离 string 末端的字符个数。如果没有提供此参数，那么默认为 strlen(string)（字符串的长度）。当然，如果 length 为 0，那么这个函数的功能为将 replacement 插入 string 的 start 位置处。

该函数的使用示例如下：

```
<?php
$str = 'hello,world,hello,world';
$replace = 'hi';
echo substr_replace($str, $replace, 0,5);
?>
```

以上代码的执行结果为：

hi,world,hello,world

5.3.4 截取字符串

PHP 中使用 substr 截取字符串,其语法如下:

string substr (string $string , int $start [, int $length])

说明:其作用是返回字符串 string,由 start 和 length 参数指定的长度为 length 的子字符串。如果 start 是非负数,返回的字符串将从 string 的 start 位置开始,从 0 开始计算。如果 start 是负数,那么返回的字符串将从 string 结尾处向前数第 start 个字符开始。如果 string 的长度小于或等于 start,就将返回 false。

该函数的使用示例如下:

```php
<?php
$rest = substr("abcdef", 1);      // 返回 "f"
echo $rest . "<br/>";
$rest = substr("abcdef", -2);     // 返回 "ef"
echo $rest . "<br/>";
$rest = substr("abcdef", -3, 1); // 返回 "d"
echo $rest . "<br/>";
?>
```

以上代码的运行结果如下:

```
bcdef
ef
d
```

5.3.5 去除字符串首尾空格和特殊字符

在 PHP 中,使用 trim()函数可以去除字符串首尾两边的空格或特殊字符,使用 ltrim()和 rtrim() 函数将可分别去除字符串左边和右边的空格或特殊字符。这 3 个函数的语法分别如下:

string trim (string $str [, string $character_mask])
string ltrim (string $str [, string $character_mask])
string rtrim (string $str [, string $character_mask])

这 3 个函数都是返回字符串 str 去除相应特定字符后的结果。str 是待处理的字符串,charlist 是过滤字符串。如果不指定第 2 个参数,trim()将去除以下字符:

- " ",普通空格符。
- "\t",制表符。
- "\n",换行符。
- "\r",回车符。
- "\0",空字节符。
- "\x0B",垂直制表符。

这 3 个函数的使用示例如下：

```php
<?php
$text = "\t\tThese are a few words :) ...  ";
$binary = "\x09Example string\x0A";
$hello  = "Hello World";
echo trim($text) . "<br/>";
echo rtrim($text) . "<br/>";
echo rtrim($text, " \t.") . "<br/>";
echo ltrim($hello, "H") . "<br/>";
// 删除 $binary 末端的 ASCII 码控制字符
// （包括 0～31）
echo rtrim($binary, "\x00..\x1F") . "<br/>";
?>
```

以上代码的执行结果为：

```
These are a few words :) ...
These are a few words :) ...
These are a few words :)
ello World
Example string
```

5.3.6 计算字符串的长度

PHP 中使用 strlen()函数返回字符串的长度，该函数的语法如下：

int strlen (string $string)

使用示例如下：

```php
<?php
$str = 'abcdef';
echo strlen($str); // 6
$str = ' ab cd ';
echo strlen($str); // 7
?>
```

以上代码的执行结果为：

67

5.3.7 转义和还原字符串

PHP 中使用 addslashes 函数转义字符串。该函数的语法格式如下：

string addslashes (string $str)

说明：该函数返回转义后的字符串，在一些特殊字符前加了转义符号"\"。这些字符是单引号（'）、双引号（"）、反斜线（\）与 NUL（NULL 字符）。

一个使用 addslashes()的例子是往数据库中输入数据。例如，将名字 O'reilly 插入数据库中，就需要对其进行转义。强烈建议使用 DBMS 指定的转义函数（比如 MySQL 是 mysqli_real_escape_string()，PostgreSQL 是 pg_escape_string()），但是如果你使用的 DBMS 没有一个转义函数，并且使用 \ 来转义特殊字符，就可以使用这个函数。仅仅是为了获取插入数据库的数据，额外的 \ 并不会插入。当 PHP 指令 magic_quotes_sybase 被设置成 on 时，意味着插入 ' 时将使用 ' 进行转义。

转义字符串的示例如下：

```
<?php
$str = "I don't love you";
echo addslashes($str);
?>
```

执行以上程序的结果为：

```
I don\'t love you
```

stripslashes 可以还原经过 addslashes 转义后的字符串。示例如下：

```
<?php
$str = "I don't love you";
$str1 = addslashes($str);
echo $str1;
echo stripslashes($str1);
?>
```

以上程序的执行结果为：

```
I don\'t love youI don't love you
```

5.3.8 重复一个字符串

使用 str_repeat()函数可以重复一个字符串，语法如下：

string str_repeat (string $input , int $multiplier)

说明：该函数返回 input 重复 multiplier 次后的结果。multiplier 必须大于等于 0，如果 multiplier 被设置为 0，那么函数将返回空字符串。

使用示例如下：

```
<?php
echo str_repeat("-=", 10);
?>
```

以上代码的执行结果为：

```
-=-=-=-=-=-=-=-=-=-=
```

5.3.9 随机打乱字符串

可使用str_shuffle()函数来随机打乱一个字符串，其语法如下：

string str_shuffle (string $str)

说明：str_shuffle() 函数打乱一个字符串，使用任何一种可能的排序方案。该函数的使用示例如下：

```
<?php
$str = 'abcdef';
echo str_shuffle($str) . "<br/>";
echo str_shuffle($str) . "<br/>";
echo str_shuffle($str) . "<br/>";
?>
```

执行上述代码的结果为：

```
ecfabd
debcaf
bcfeda
```

注意，每次使用str_shuffle()函数打乱字符串都是随机的。

5.3.10 分割字符串

可以使用explode()函数将一个字符串分割成另一个字符串，其语法如下：

array explode (string $delimiter , string $string [, int $limit])

说明：此函数返回由字符串组成的数组，每个元素都是 string 的一个子串，它们被字符串 delimiter 作为边界点分割出来。delimiter 表示边界上的分割字符，如果设置了 limit 参数并且是正数，那么返回的数组包含最多 limit 个元素，而最后那个元素将包含 string 的剩余部分。如果 limit 参数是负数，就返回除最后的-limit 个元素外的所有元素。如果 limit 是 0，就会被当作 1。

该函数的使用示例如下：

```
<?php
$pizza  = "piece1 piece2 piece3 piece4 piece5 piece6";
$pieces = explode(" ", $pizza);
print_r($pieces);
$input = 'hello,world';
print_r(explode(',', $input));
?>
```

上述代码的执行结果如下：

```
Array ( [0] => piece1 [1] => piece2 [2] => piece3 [3] => piece4 [4] => piece5 [5] => piece6 )Array ( [0] => hello [1] => world )
```

第 6 章　数　组

数组的本质是用来存储、管理和操作一组变量。PHP 中的数组实际上是一个有序映射，映射是一种把 values 关联到 keys 的类型。本章讲解数组的概念与数组的操作。

6.1 使用数组

编程时经常需要对一组数据进行处理，这样就会用到数组。数组是把一系列数据组织起来，形成一个可操作的整体，数组的实体由键和值组成，键值是成对出现的，是一一对应的关系。一维数组只能保存一列数据内容，从表现形式来看，就是这个数组的所有值只能是标量数据类型和除数组之外的复合数据类型。而当数组的元素有一个或多个一维数组时，便是二维数组，以此类推。数组的指针是数组内部指向数组元素的标记。

6.1.1 数组类型

PHP 中有两种类型的数组，即索引数组和关联数组。索引数组的键由数字组成，在没有特别指定时，数组默认为索引数组。关联数组的键由字符串和数字混合组成。示例如下：

（1）关联数组：

$array = array('a' => 'foo', 'b'=>'bar')

（2）索引数组：

$array = array(1=>'foo', 2=>'bar')

示例中关联数组的键有两个，分别是 a 和 b，索引数组的键是数字 1 和 2。在数组中，如果未指定键，PHP 就将自动使用之前用过的最大的数字键加 1 作为新的键。示例如下：

```
<?php
$array1 = array("foo", "bar", "hallo", "world");
var_dump($array1);
echo "<br/>";
$array2 = array(
        "a",
        "b",
     6 => "c",
        "d",
);
var_dump($array2);
?>
```

执行以上代码的结果为：

array(4) { [0]=> string(3) "foo" [1]=> string(3) "bar" [2]=> string(5) "hallo" [3]=> string(5) "world" }

array(4) { [0]=> string(1) "a" [1]=> string(1) "b" [6]=> string(1) "c" [7]=> string(1) "d" }

在第一个数组中没有指定键名，所以默认数组为索引数组，第二个数组中最后一个值"d"被自动赋予键名 7，这是因为之前的最大整数键名是 6。

6.1.2 创建数组

如 6.1.1 小节所示，可以使用 array()创建数组，除此之外还可以使用方括号 [] 创建数组，示例如下所示：

```php
<?php
$arr['a'] = 'red';
$arr['b'] = 'orange';
$arr['c'] = 'blue';
$arr['d'] = 'green';
var_dump($arr);
echo "<br/>";
$array = ['dog','cat','wolf','dragon'];
var_dump($array);
echo "<br/>";
$bar[] = 'a';
$bar[] = 'b';
$bar[] = 'c';
var_dump($bar);

?>
```

执行结果如下：

array(4) { ["a"]=> string(3) "red" ["b"]=> string(6) "orange" ["c"]=> string(4) "blue" ["d"]=> string(5) "green" }

array(4) { [0]=> string(3) "dog" [1]=> string(3) "cat" [2]=> string(4) "wolf" [3]=> string(6) "dragon" }

array(3) { [0]=> string(1) "a" [1]=> string(1) "b" [2]=> string(1) "c" }

还可以使用 range()来建立一个包含指定范围单元的数组。语法如下：

array range (mixed $start , mixed $limit [, number $step = 1])

start 是序列的第一个值，序列结束于 limit 的值。如果给出了 step 的值，它将被作为单元之间的步进值。step 应该为正值，如果未指定，step 默认为 1。该函数将会在 start 和 limit 之间的数组创建一个元素值。

使用示例如下：

```php
<?php
$a = range(0, 5);
$b = range(0,5,2);
$c = range(a,g);
```

```
$d = range(a, g,2);
echo "<pre>";
print_r($a);
print_r($b);
print_r($c);
print_r($d);
?>
```

执行以上程序的结果如下:

```
Array
(
    [0] => 0
    [1] => 1
    [2] => 2
    [3] => 3
    [4] => 4
    [5] => 5
)
Array
(
    [0] => 0
    [1] => 2
    [2] => 4
)
Array
(
    [0] => a
    [1] => b
    [2] => c
    [3] => d
    [4] => e
    [5] => f
    [6] => g
)
Array
(
    [0] => a
    [1] => c
    [2] => e
    [3] => g
)
```

6.2 二维数组和多维数组

前面所述的都是一维数组，PHP 中还有二维数组和多维数组，这两种数组在实际编程中也经常用到，本节介绍二维数组和多维数组及其使用。

6.2.1 二维数组

将两个一维数组组合起来就可以构成一个二维数组，使用二维数组可以保存较为复杂的数据，在一些场合经常用到。示例如下：

```
<?php
$person = array('lily' => array('age'=>'20 years','weight'=>'50kg','hobby'=>'sleep'),
                'Tom' => array('age'=>'12 years','weight'=>'40kg','hobby'=>'eat'),
                'Andy' => array('age'=>'30 years','weight'=>'70kg','hobby'=>'write')
        );
print_r($person);
?>
```

Lily、Tom 和 Andy 对应的值分别是一个一维数组，这 3 个一维数组组成了一个二维数组。运行该程序的结果为：

```
Array ( [lily] => Array ( [age] => 20 years [weight] => 50kg [hobby] => sleep )
[Tom] => Array ( [age] => 12 years [weight] => 40kg [hobby] => eat )
[Andy] => Array ( [age] => 30 years [weight] => 70kg [hobby] => write ) )
```

6.2.2 多维数组

参考二维数组，举一反三，可以很容易地创建三维数组、四维数组或者其他更高维数的数组。定义一个三维数组的示例如下：

```
<?php
$arr = array('安徽' => array('阜阳'=>array('阜南县','临泉县','颍州区'),
                    '宿州'=>array('墉桥区','灵璧县','泗县'),
                    '合肥'=>array('蜀山区','长丰县','肥东')),
             '河南' => array('洛阳'=>array('西工区','老城区','孟津县'),
                    '郑州市'=>array('中原区','金水区'))
        );
print_r($arr);
echo $array['安徽']['宿州'][0];   // 输出墉桥区
?>
```

其中，"安徽"对应的是一个二维数组，"阜阳""宿州""合肥"分别对应一个一维数组。同理，"河南"也对应一个二维数组。"安徽"和"河南"分别对应一个二维数组，它俩组合起来形成一个多维数组。

PHP 中对多维数组没有上限的固定限制，但是随着维度的增加数组会越来越复杂，对于阅读调试和维护都会稍微困难些。

6.3 数组操作

本节介绍操作数组的一些函数方法，掌握这些操作方法能够灵活地处理数组。

6.3.1 检查数组中是否存在某个值

PHP 中可使用 in_array()函数判断数组中是否存在某个值，语法如下：

bool in_array (mixed $needle , array $haystack [, bool $strict = FALSE])

说明：在 haystack 中搜索 needle，如果没有设置 strict，就使用宽松的比较。如果 strict 的值为 true，则 in_array()函数还会检查 needle 的类型是否和 haystack 中的相同。此函数的返回值为 true 或 false。

注意，in_array()函数只能在当前维度数组中检查是否存在某个元素。请看如下示例：

```php
<?php
$arr = array('安徽' => array('阜阳'=>array('阜南县','临泉县','颍州区'),
                            '宿州'=>array('埇桥区','灵璧县','泗县'),
                            '合肥'=>array('蜀山区','长丰县','肥东')),
             '河南' => array('洛阳'=>array('西工区','老城区','孟津县'),
                            '郑州市'=>array('中原区','金水区'))
            );
var_dump(in_array('阜南县', $arr));   // false
$arr1 = ['red','green','black'];
var_dump(in_array('green', $arr1));   // true
?>
```

本例中，由于没有设置 strict 的值，因此 in_array()只做了一级检查，只在当前维度检查是否包含相应元素，而不会递归到数组中的每个元素。

上述代码的运行结果为：

`bool(false) bool(true)`

6.3.2 数组转换为字符串

使用 implode()函数可将一个一维数组转化为字符串。语法如下：

string implode (string $glue , array $pieces)

说明：该函数返回一个由 glue 分割后的数组的值组成的字符串。

使用示例如下：

```php
<?php
$array = array('lastname', 'email', 'phone');   //声明数组
$comma_separated = implode(",", $array);   //分割数组
echo $comma_separated; //输出结果
?>
```

运行以上代码的结果为：

```
lastname,email,phone
```

6.3.3 计算数组中的单元数目

使用 count()函数可计算数组中的单元数目，count()函数还可以计算对象中的属性个数。语法如下：

int count (mixed $var [, int $mode = COUNT_NORMAL])

说明：如果可选的 mode 参数设为 COUNT_RECURSIVE（或 1），count()将递归地对数组计数，对计算多维数组的所有单元尤其有用。mode 的默认值是 0。注意，count()识别不了无限递归。

该函数示例如下：

```php
<?php
$food = array('fruits' => array('orange', 'banana', 'apple'),
        'veggie' => array('carrot', 'collard', 'pea'));
echo count($food, 1); // 结果为 8
echo count($food);  // 结果为 2
?>
```

6.3.4 数组当前单元和数组指针

使用 current()函数可返回数组的当前单元，语法如下：

mixed current (array &$array)

说明：每个数组中都有一个内部指针指向它"当前的"单元，该指针初始指向插入到数组中的第一个单元。

示例如下：

```php
<?php
$food =  array('orange', 'banana', 'apple');
var_dump(current($food));   //输出 orange
?>
```

默认数组内部指针开始指向头部，所以此处输出结果为：

```
orange
```

下面介绍 4 个可以移动数组内部指针的函数。

- end()：将数组的内部指针指向最后一个单元并返回其值。
- prev()：将数组的内部指针倒回一位，返回内部指针指向前一个单元的值，当没有更多单元时返回 false。
- reset()：将数组的内部指针指向第一个单元并返回第一个数组单元的值。
- next()：将数组中的内部指针向前移动一位，返回数组内部指针指向的下一个单元的值，当没有更多单元时返回 False。

关于数组指针操作的示例如下：

```
<?php
$food =   array('orange', 'banana', 'apple');    //声明数组
echo next($food) . "<br/>";                      //将数组内部指针向前移动一位
echo current($food) . "<br/>";                   //输出当前数组指针指向的单元值
echo prev($food) . "<br/>";                      //将数组指针倒回一位
echo end($food) . "<br/>";                       //将数组指针指向最后一个单元
echo reset($food) . "<br/>";                     //将数组指针指向第一个单元
?>
```

执行以上程序的输出结果为：

```
banana
banana
orange
apple
orange
```

6.3.5 数组中的键名和值

1. 从关联数组中取得键名

使用 key()函数可从关联数组中返回键名，语法如下：

mixed key (array &$array)

说明：key()函数返回数组中内部指针指向的当前单元的键名，但它不会移动指针。如果内部指针超过了元素列表尾部，或者数组是空的，key()就会返回 NULL。

示例如下：

```
<?php
$array = array(
    'fruit1' => 'apple',
    'fruit2' => 'orange',
    'fruit3' => 'grape',
    'fruit4' => 'apple',
    'fruit5' => 'apple');
for ($i=0; $i < count($array); $i++) {        // 循环数组
    echo key($array) . "<br/>";               // 输出指针指向当前单元的键
```

```
        next($array);         // 将数组指针向前移动一位
}
?>
```

执行以上程序的结果为:

```
fruit1
fruit2
fruit3
fruit4
fruit5
```

2. 检查给定键名或索引是否存在于数组中

PHP 中使用 array_key_exists()函数检查给定键名或索引是否存在于数组中。语法如下:

bool array_key_exists (mixed $key , array $search)

说明:array_key_exists()在给定的 key 存在于数组中时返回 true,key 可以是任何能作为数组索引的值。array_key_exists()也可用于对象。

该函数的使用示例如下:

```
<?php
$search_array = array('first' => 1, 'second' => 4);
if (array_key_exists('first', $search_array)) {      //检测数组中是否存在键 first
    echo "The 'first' element is in the array";
}
?>
```

执行结果为:

```
The 'first' element is in the array
```

3. 获取数组中部分或所有的键名

使用 array_keys()函数可获得数组中部分或所有键名,语法如下:

array array_keys (array $array [, mixed $search_value [, bool $strict = false]])

说明:array_keys()返回数组的键名。如果指定了可选参数 search_value,就只返回值为 search_value 的键名,否则数组中的所有键名都会被返回。strict 设置为 true 时判断在搜索的时候使用严格的比较(===)。

该函数的使用示例如下:

```
<?php
$array = array(0 => 100, "color" => "red");
echo "<pre>";
print_r(array_keys($array));
$array = array("blue", "red", "green", "blue", "blue");
print_r(array_keys($array, "blue"));     // 返回数组中值为 blue 的键
```

```
$array = array("color" => array("blue", "red", "green"),
        "size"  => array("small", "medium", "large"));
print_r(array_keys($array));   //只返回当前维度的数组的键
?>
```

执行上述代码的结果如下：

```
Array
(
    [0] => 0
    [1] => color
)
Array
(
    [0] => 0
    [1] => 3
    [2] => 4
)
Array
(
    [0] => color
    [1] => size
)
```

4. 获取数组中所有的值

使用 array_values() 函数可获得数组中所有的值，语法如下：

array array_values (array $input)

说明：array_values() 返回数组中所有的值并为其建立数字索引。

该函数的使用示例如下：

```
<?php
$array = array("blue", "red", "green");
echo "<pre>";
print_r(array_values($array)); //返回数组$array 中所有的值
?>
```

以上代码的执行结果为：

```
Array
(
    [0] => blue
    [1] => red
    [2] => green
)
```

5. 搜索给定值返回键名

使用 array_search()函数可以在数组中搜索给定的值，如果成功就返回相应的键名。语法如下：

mixed array_search (mixed $needle , array $haystack [, bool $strict = false])

说明：如果在 haystack 中搜索到了 needle，就返回它的键，否则返回 false。如果 needle 在 haystack 中不止一次出现，就返回第一个匹配的键。要返回所有匹配值的键，应该用 array_keys() 加上可选参数 search_value 来代替。如果可选参数 strict 为 true，那么 array_search()将在 haystack 中检查完全相同的元素。这意味着同样检查 haystack 里 needle 的类型，并且对象须是同一个实例。

该函数的使用示例如下：

```
<?php
array = array(0 => 'blue', 1 => 'red', 2 => 'green', 3 => 'red');
$key = array_search('green', $array); // 查找数组中值为 green 的键，此时$key = 2;
$key = array_search('red', $array);   //查找数组中值为 red 的键，此时 $key = 1;
?>
```

6.3.6 填补数组

1. array_pad()

array_pad()函数可用值将数组填补到指定长度，其语法如下：

array array_pad (array $input , int $pad_size , mixed $pad_value)

说明：array_pad()返回数组的一个备份，并用 pad_value 将其填补到 pad_size 指定的长度。如果 pad_size 为正，就填补到数组的右侧，若为负则从左侧开始填补。如果 pad_size 的绝对值小于或等于 input 数组的长度就没有任何填补。一次最多可以填补 1 048 576 个单元。

使用示例如下：

```
<?php
$input = array(12, 10, 9);
echo "<pre>";
$result = array_pad($input, 5, 0);         //从数组右侧开始，用 0 填补数组到含有 5 个元素
print_r($result);
$result = array_pad($input, -7, -1);       //从数组左侧开始，用—1 填补数组到含有 7 个元素
print_r($result);
$result = array_pad($input, 2, "noop");    //第二个参数小于数组长度，不填补
print_r($result);
?>
```

运行以上程序的输出结果如下：

```
Array
(
    [0] => 12
    [1] => 10
```

```
        [2] => 9
        [3] => 0
        [4] => 0
)
Array
(
        [0] => -1
        [1] => -1
        [2] => -1
        [3] => -1
        [4] => 12
        [5] => 10
        [6] => 9
)
Array
(
        [0] => 12
        [1] => 10
        [2] => 9
)
```

2. array_fill()

array_fill()函数可以用给定的值填充数组。语法如下：

array array_fill (int $start_index , int $num , mixed $value)

说明：array_fill()用 value 参数的值将一个数组填充 num 个条目，start_index 是整型数据。若 start_index 为非负整数，数组的键由 start_index,start_index+1,start_index+2,start_index+3…组成，直到 start_index+num-1 结束。若 start_index 为负整数，则数组的键由 start_index,0,1,2,…，num-1 组成。该函数返回填充后的数组。

使用示例如下：

```
<?php
$a = array_fill(5, 6, 'banana');                        //使用 banana 填充数组到 6 个元素，索引键由数字 5 开始
$b = array_fill(-2, 4, 'pear');                         //使用 pear 填充数组到 4 个元素，索引键由-2 开始
$c = array_fill(3,2,array('green','red','blue'));       //用一个数组填充成一个二维数组
echo "<pre>";
print_r($a);
print_r($b);
print_r($c);
?>
```

执行以上程序的输出结果如下：

```
Array
(
    [5] => banana
    [6] => banana
    [7] => banana
    [8] => banana
    [9] => banana
    [10] => banana
)
Array
(
    [-2] => pear
    [0] => pear
    [1] => pear
    [2] => pear
)
Array
(
    [3] => Array
        (
            [0] => green
            [1] => red
            [2] => blue
        )

    [4] => Array
        (
            [0] => green
            [1] => red
            [2] => blue
        )

)
```

3. array_fill_keys()

array_fill_keys()函数使用指定的键和值填充数组。语法如下：

array array_fill_keys (array $keys , mixed $value)

说明：使用 value 参数的值作为值，使用 keys 数组的值作为键来填充一个数组，返回填充后的数组。

使用示例如下：

```
<?php
$keys = array('foo', 5, 10, 'bar');
$a = array_fill_keys($keys, 'banana');    //使用$keys 数组的值作为键，banana 作为值重新组建一个数组
```

```
$b = array_fill_keys($keys, array('red','green','blue'));    //使用$keys 的值作为键，另一个数组为元素，组成一个新的二维数组
echo "<pre>";
print_r($a);
print_r($b);
?>
```

执行以上程序的输出结果为：

```
Array
(
    [foo] => banana
    [5] => banana
    [10] => banana
    [bar] => banana
)
Array
(
    [foo] => Array
        (
            [0] => red
            [1] => green
            [2] => blue
        )

    [5] => Array
        (
            [0] => red
            [1] => green
            [2] => blue
        )

    [10] => Array
        (
            [0] => red
            [1] => green
            [2] => blue
        )

    [bar] => Array
        (
            [0] => red
            [1] => green
            [2] => blue
        )

)
```

6.3.7 从数组中随机取出一个或多个单元

array_rand()函数可从数组中取出一个或多个随机的单元,并返回随机条目的一个或多个键。语法如下:

mixed array_rand (array $input [, int $num_req = 1])

说明:input 是输入的数组,num_req 指明需要输出多少个单元。如果指定的数目超过数组里的数量,将会产生一个 E_WARNING 级别的错误。如果只取出一个,那么 array_rand()将返回一个随机单元的键名,否则返回一个包含随机键名的数组。这样就可以随机从数组中取出键名和值。

该函数的使用示例如下:

```
<?php
$input = array("Neo", "Morpheus", "Trinity", "Cypher", "Tank");
$rand_keys = array_rand($input, 2);      //从$input 数组中随机取出两个单元,组成一个新的数组返回
echo "<pre>";
print_r($rand_keys);
?>
```

上述代码的运行结果如下:

```
Array
(
    [0] => 1
    [1] => 3
)
```

6.3.8 数组排序与打乱数组

本小节介绍几个适用于数组排序和打乱数组的函数。

1. sort()

sort()函数可实现对数组的排序,语法如下:

bool sort (array &$array [, int $sort_flags = SORT_REGULAR])

说明:本函数对数组进行排序。当本函数结束时,数组单元从最低到最高重新安排,成功时返回 true,失败时返回 false。array 是要排序的数组,sort_flags 是可选的参数,具体值如下:

- SORT_REGULAR 正常比较单元(不改变类型)。
- SORT_NUMERIC 单元被作为数字来比较。
- SORT_STRING 单元被作为字符串来比较。
- SORT_LOCALE_STRING 根据当前的区域(locale)设置来把单元当作字符串比较,可以用 setlocale() 来改变。

- SORT_NATURAL 和 natsort()类似，对每个单元以"自然的顺序"对字符串进行排序，是 PHP 5.4.0 中新增的一个参数。
- SORT_FLAG_CASE 能够与 SORT_STRING 或 SORT_NATURAL 合并（"或"位运算），不区分大小写排序字符串。

该函数的使用示例如下：

```
<?php
$fruits = array("lemon", "orange", "banana", "apple");
sort($fruits);   // 数组排序
echo "<pre>";
print_r($fruits);
?>
```

运行以上程序的输出结果为：

```
Array
(
    [0] => apple
    [1] => banana
    [2] => lemon
    [3] => orange
)
```

2. asort()

asort()函数对数组进行排序并保持索引关系。语法如下：

bool asort (array &$array [, int $sort_flags = SORT_REGULAR])

说明：本函数对数组进行排序，数组的索引保持和单元的关联，主要用于对那些单元顺序很重要的结合数组进行排序。其中，array 是输入的数组，sort_flags 可选参数和 sort()函数一致。同样，排序成功时返回 true，失败时返回 false。

该函数的使用示例如下：

```
<?php
$fruits = array("d" => "lemon", "a" => "orange", "b" => "banana", "c" => "apple");
asort($fruits); // 数组排序
echo "<pre>";
print_r($fruits);
?>
```

执行以上程序的结果如下：

```
Array
(
    [c] => apple
    [b] => banana
```

```
    [d] => lemon
    [a] => orange
)
```

可见 fruits 按照字母顺序排序，并且单元的索引关系不变。

3. arsort()

arsort()函数对数组进行逆向排序并保持索引关系。语法如下：

bool arsort (array &$array [, int $sort_flags = SORT_REGULAR])

说明：其参数和返回值与 asort()函数相似。

该函数的使用示例如下：

```
<?php
$fruits = array("d" => "lemon", "a" => "orange", "b" => "banana", "c" => "apple");
arsort($fruits); // 对数组逆向排序
echo "<pre>";
print_r($fruits);
?>
```

执行结果如下：

```
Array
(
    [a] => orange
    [d] => lemon
    [b] => banana
    [c] => apple
)
```

可见 arsort()函数对数组排序后的结果与 asort()恰好相反。

4. rsort()

rsort()函数对数组进行逆向排序，但是不保持索引关系。语法如下：

bool rsort (array &$array [, int $sort_flags = SORT_REGULAR])

说明：参数和返回值说明与 sort()相同。

该函数的使用示例如下：

```
<?php
$fruits = array("d" => "lemon", "a" => "orange", "b" => "banana", "c" => "apple");
rsort($fruits); // 对数组逆向排序，不保持索引关系
echo "<pre>";
print_r($fruits);
?>
```

运行以上程序的结果如下：

```
Array
(
    [0] => orange
    [1] => lemon
    [2] => banana
    [3] => apple
)
```

可见 rsort() 对数组进行了重新排序,并且建立了新的索引关系。

5. shuffle()

shuffle() 函数将数组打乱。语法如下:

bool shuffle (array &$array)

说明:成功时返回 true,失败时返回 false。

该函数的使用示例如下:

```
<?php
$numbers = range(1, 20);
shuffle($numbers);    // 打乱数组顺序
foreach ($numbers as $number) {
   echo "$number ";
}
?>
```

执行以上程序的结果为:

2 16 12 17 5 14 1 20 9 4 18 3 13 15 11 7 8 6 10 19

每次执行都会打乱数组,执行结果会有所不同。

6.3.9 遍历数组

编程中常用 for、foreach、each、list 对数组进行遍历。

1. for 循环遍历数组

使用 for 循环遍历数组的一个例子如下:

```
<?php
$fruits = array("lemon", "orange", "banana", "apple");
for ($i=0; $i < count($fruits); $i++) {
     echo current($fruits) . "\n";
     echo $fruits[$i] . "<br/>";
}?>
```

以上程序的执行结果如下:

```
lemon lemon
lemon orange
lemon banana
lemon apple
```

从结果可知,这种使用 for 循环遍历数组的形式没有改变数组的内部指针。

2. foreach 遍历数组

示例如下:

```
<?php
$array = [0, 1, 2];
foreach ($array as &$val)    // 遍历数组
{
    echo $val;
}
?>
```

运行以上程序的输出结果为:012。

再给出一个示例:

```
<?php
$array = [0, 1, 2];
foreach ($array as &$val)
{
    var_dump(current($array));   // 遍历数组,使用 current()输出数组指针指向的当前单元的值
}
?>
```

在 PHP 7 中,运行以上程序的输出结果为:int(0) int(0) int(0)。在之前的版本中则会输出:int(1) int(2)和 bool(false)。

在使用 foreach 循环遍历数组的时候,foreach 是对数组的备份进行操作,在循环内部修改数组不会对循环之外访问数组有影响。示例如下:

```
<?php
$array = [0, 1, 2];
foreach ($array as $val)
{
    $val = $val*2; // 元素值乘以 2
}
var_dump($array);
?>
```

运行程序,输出结果是:

```
array(3) { [0]=> int(0) [1]=> int(1) [2]=> int(2) }
```

如果是按照引用循环，那么在循环内部对数组做的修改会影响数组本身。示例如下：

```
<?php
$array = [0, 1, 2];
foreach ($array as &$val)    // &的存在表示引用数组元素，类似函数参数的引用传递
{
    $val = $val*2;
}
var_dump($array);
?>
```

运行以上程序的结果为：

```
array(3) { [0]=> int(0) [1]=> int(2) [2]=> &int(4) }
```

3. each()和list()

each()函数返回数组中当前的键值并将数组指针向前移动。在执行 each()之后，数组指针将停留在数组中的下一个单元或者当碰到数组结尾时停留在最后一个单元。如果要再用 each 遍历数组，就必须使用 reset()。

each()的使用示例如下：

```
<?php
echo "<pre>";
$foo = array("bob", "fred", "jussi", "jouni", "egon", "marliese");
$bar1 = each($foo);    // 指针向后移动一步
print_r($bar1);
echo current($foo);    //当前指针指向值
echo "<br/>";
$bar2 = each($foo);
print_r($bar2);
echo current($foo);
?>
```

执行以上程序的结果如下：

```
Array
(
    [1] => bob
    [value] => bob
    [0] => 0
    [key] => 0
)
fred
Array
(
    [1] => fred
```

```
    [value] => fred
    [0] => 1
    [key] => 1
)
jussi
```

each()函数和list()函数结合可以遍历数组，示例如下：

```
<?php
$fruit = array('a' => 'apple', 'b' => 'banana', 'c' => 'cranberry');
while (list($key, $val) = each($fruit)) {
    echo "$key => $val\n";
}
?>
```

执行以上程序的结果为：

```
a => apple b => banana c => cranberry
```

也可以使用list()将数组的值分别赋给变量，示例如下：

```
<?php
$info = array('coffee', 'brown', 'caffeine');
// 列出所有变量
list($drink, $color, $power) = $info;
echo $drink . "\n" . $color . "\n" . $power;
?>
```

执行以上程序的输出结果为：

```
coffee brown caffeine
```

注意以下例子：

```
<?php
$info = array('coffee', 'brown', 'caffeine');
list($a[0], $a[1], $a[2]) = $info;
var_dump($a);
?>
```

在PHP 7中执行以上程序，输出结果为：

```
array(3) { [0]=> string(6) "coffee" [1]=> string(5) "brown" [2]=> string(8) "caffeine" }
```

在PHP 5中的输出结果是：

```
array(3) { [0]=> string(6) "caffeine" [1]=> string(5) "brown" [2]=> string(8) "coffee" }
```

PHP 7改变了list()赋值的顺序，由原来的倒序赋值改成了正序赋值。

6.3.10 数组的拆分与合并

1. array_chunk()

array_chunk()函数可将一个数组分割成多个。语法如下：

array array_chunk (array $input , int $size [, bool $preserve_keys = false])

说明：此函数将 input 数组分割成多个数组，返回一个多维数组，其中每个数组的单元数目由 size 决定。最后一个数组的单元数目可能会少于 size 个。可选参数 preserve_keys 设为 true，可以使 PHP 保留输入数组中原来的键名。若指定了 false，则每个结果数组将用从零开始的新数字索引。默认值是 false。

该函数的使用示例如下：

```php
<?php
echo "<pre>";
$input_array = array('a'=>array('x','y'), 'b', 'c', 'd', 'e');
print_r(array_chunk($input_array, 2));
print_r(array_chunk($input_array, 2, true));        //设置参数为 true，保留原来的键名
?>
```

执行以上程序的输出结果如下：

```
Array
(
    [0] => Array
        (
            [0] => Array
                (
                    [0] => x
                    [1] => y
                )

            [1] => b
        )

    [1] => Array
        (
            [0] => c
            [1] => d
        )

    [2] => Array
        (
            [0] => e
        )

)
```

```
Array
(
    [0] => Array
        (
            [a] => Array
                (
                    [0] => x
                    [1] => y
                )

            [0] => b
        )

    [1] => Array
        (
            [1] => c
            [2] => d
        )

    [2] => Array
        (
            [3] => e
        )

)
```

2. array_merge()

array_merge()函数可合并一个或多个数组,语法如下:

array array_merge (array $array1 [, array $...])

说明: array_merge()将一个或多个数组单元合并起来,一个数组中的值附加在前一个数组的后面,返回作为结果的数组。

如果输入的数组中有相同的字符串键名,那么该键名后面的值将覆盖前一个值。如果数组包含数字键名,那么后面的值将不会覆盖原来的值,而是附加到后面。

如果只给了一个数组并且该数组是数字索引的,那么键名会以连续方式重新索引。

该函数的使用示例如下:

```
<?php
$array1 = array("color" => "red", 2, 4);
$array2 = array("a", "b", "color" => "green", "shape" => "trapezoid", 4);
$result = array_merge($array1, $array2);   // 合并数组
print_r($result);
?>
```

执行以上程序的结果为:

Array ([color] => green [0] => 2 [1] => 4 [2] => a [3] => b [shape] => trapezoid [4] => 4)

如果想完全保留原有数组并只想将新的数组附加到后面，就用"+"运算符。使用"+"连接数组，连接的数组中键名相同时第一个数组的键值对将会保留，后面的将会被舍弃。示例如下：

```php
<?php
$array1 = array(0 => 'zero_a', 2 => 'two_a', 3 => 'three_a');
$array2 = array(1 => 'one_b', 3 => 'three_b', 4 => 'four_b');
$result = $array1 + $array2;
var_dump($result);
?>
```

执行以上程序的输出结果为：

array(5) { [0]=> string(6) "zero_a" [2]=> string(5) "two_a" [3]=> string(7) "three_a" [1]=> string(5) "one_b" [4]=> string(6) "four_b" }

6.3.11 增加／删除数组中的元素

1. array_unshift()

array_unshift()函数可在数组开头插入一个或多个单元，语法如下：

int array_unshift (array &$array , mixed $var [, mixed $...])

说明：array_unshift()将传入的单元插入array数组的开头。注意，单元是作为整体被插入的，因此传入单元将保持同样的顺序。所有的数值键名将修改为从零开始重新计数，所有的文字键名保持不变。

该函数的使用示例如下：

```php
<?php
$queue = array('a'=>"orange", 1=>"banana");
array_unshift($queue, "apple", "raspberry"); // 在数组头部增加元素
print_r($queue);
?>
```

执行以上程序的结果为：

Array ([0] => apple [1] => raspberry [a] => orange [2] => banana)

2. array_shift()

array_shift()函数可将数组开头的单元移出数组，语法如下：

mixed array_shift (array &$array)

说明：array_shift()将array的第一个单元移出并作为结果返回，将array的长度减一并将所有其他单元向前移动一位。所有的数字键名将改为从零开始计数，文字键名保持不变。

该函数的使用示例如下：

```
<?php
$stack = array("orange", 'b'=>"banana", "apple", "raspberry");
$fruit = array_shift($stack); //移除数组的第一个单元并返回
print_r($stack);
?>
```

执行以上程序的结果为：

```
Array ( [b] => banana [0] => apple [1] => raspberry )
```
。

3. array_push()

array_push()函数用来将一个或多个单元压入数组的末尾（入栈）。语法如下：

int array_push (array &$array , mixed $var [, mixed $...])

说明：array_push()将 array 当成一个栈，并将传入的变量压入 array 的末尾。array 的长度将根据入栈变量的数目增加。该函数返回处理之后数组的元素个数。使用示例如下：

```
<?php
$stack = array("orange", 'b'=>"banana");
echo array_push($stack, "apple", "raspberry"); // 将元素 apple,raspberry 压入数组
print_r($stack);
?>
```

执行以上程序的输出结果为：

```
4 Array ( [0] => orange [b] => banana [1] => apple [2] => raspberry )
```

4. array_pop()

array_pop()函数可将数组的最后一个单元弹出（出栈），语法如下：

mixed array_pop (array &$array)

说明：array_pop()弹出并返回 array 数组的最后一个单元，并将数组 array 的长度减一。如果 array 为空（或者不是数组）就将返回 NULL。此外，如果被调用的不是一个数就会产生一个 Warning。示例如下：

```
<?php
$stack = array("orange", "banana", "apple", "raspberry");
echo $fruit = array_pop($stack); // 弹出数组最后一个单元
print_r($stack);
?>
```

执行以上程序的输出结果为：

```
raspberry Array ( [0] => orange [1] => banana [2] => apple )
```
。

6.3.12 其他常用数组函数

除了前面介绍的数组函数外，还有其他一些常用数组函数。

1. array_slice()

array_slice()可以从数组中取出一段，语法如下：

array array_slice (array $array , int $offset [, int $length = NULL [, bool $preserve_keys = false]])

说明：array_slice()返回根据 offset 和 length 参数所指定的 array 数组中的一段序列。如果 offset 非负，那么序列将从 array 中的此偏移量开始。如果 offset 为负，那么序列将从 array 中距离末端这么远的地方开始。如果给出了 length 并且为正，那么序列中将具有这么多的单元。如果给出了 length 并且为负，那么序列将终止在距离数组末端这么远的地方。如果省略，那么序列将从 offset 开始一直到 array 的末端。array_slice()默认会重新排序并重置数组的数字索引，可以通过将 preserve_keys 设为 true 来改变此行为。

该函数的使用示例如下：

```php
<?php
echo "<pre>";
$input = array("a", "b", "c", "d", "e");
$output = array_slice($input, 2);        // returns "c", "d", and "e"
$output = array_slice($input, -2, 1);    // returns "d"
$output = array_slice($input, 0, 3);     // returns "a", "b", and "c"
// 注意以下两个返回数组的键名
print_r(array_slice($input, 2, -1));
print_r(array_slice($input, 2, -1, true));
?>
```

执行以上程序的输出结果为：

```
Array
(
    [0] => c
    [1] => d
)
Array
(
    [2] => c
    [3] => d
)
```

2. array_splice()

array_splice()函数可以把数组中的一部分去掉并用其他值取代。语法如下：

array array_splice (array &$input , int $offset [, int $length = 0 [, mixed $replacement]])

说明：array_splice()把 input 数组中由 offset 和 length 指定的单元去掉，返回一个包含有被移除单元的数组。如果提供了 replacement 参数，就用其中的单元取代。input 中的数字键名不会保留。如果 offset 为正，就从 input 数组中该值指定的偏移量开始移除。如果 offset 为负，就从 input 末尾倒数该值指定的偏移量开始移除。如果省略 length，就移除数组中从 offset 到结尾的所有部分。如果指定了 length 并且为正值，就移除这么多单元。如果指定了 length 并且为负值，就移除从 offset 到数组末尾倒数 length 为止中间所有的单元。如果给出了 replacement 数组，那么被移除的单元将被此数组中的单元替代。

如果 offset 和 length 的组合结果是不会移除任何值，那么 replacement 数组中的单元将被插入 offset 指定的位置。注意替换数组中的键名不保留。

如果用来替换 replacement 的只有一个单元，那么不需要给它加上 array()，除非该单元本身就是一个数组、一个对象或者 NULL。

该函数的使用示例如下：

```php
<?php
echo "<pre>";
$input = array("red", "green", "blue", "yellow");
array_splice($input, 2);
print_r($input);
// $input 现在是 array("red", "green")

$input = array("red", "green", "blue", "yellow");
array_splice($input, 1, -1);
print_r($input);
// $input 现在是 array("red", "yellow")

$input = array("red", "green", "blue", "yellow");
array_splice($input, 1, count($input), "orange");
print_r($input);
// $input 现在是 array("red", "orange")

$input = array("red", "green", "blue", "yellow");
array_splice($input, -1, 1, array("black", "maroon"));
print_r($input);
// $input 现在是 array("red", "green",
//             "blue", "black", "maroon")

$input = array("red", "green", "blue", "yellow");
array_splice($input, 3, 0, "purple");
print_r($input);
// $input is now array("red", "green",
//             "blue", "purple", "yellow");
?>
```

执行以上程序的输出结果如下:

```
Array
(
    [0] => red
    [1] => green
)
Array
(
    [0] => red
    [1] => yellow
)
Array
(
    [0] => red
    [1] => orange
)
Array
(
    [0] => red
    [1] => green
    [2] => blue
    [3] => black
    [4] => maroon
)
Array
(
    [0] => red
    [1] => green
    [2] => blue
    [3] => purple
    [4] => yellow
)
```

3. is_array()

is_array()函数检测变量是否为数组。语法如下:

bool is_array (mixed $var)

说明：如果 var 是 array，就返回 true，否则返回 false。此函数与 is_float()、is_int()、is_integer()、is_string()和 is_object()功能类似。

该函数的使用示例如下:

```
<?php
$a = [1,2,3];
```

```
$b = 'b';
var_dump(is_array($a));
var_dump(is_array($b));
?>
```

执行以上程序的结果为：

bool(true) bool(false)

4. array_sum()

array_sum()函数可计算数组中所有值的和，语法如下：

number array_sum (array $array)

说明：array_sum() 将数组中所有值的和以整数或浮点数的结果返回。

使用示例如下：

```
<?php
$a = ['b',2,3,'a',3,'2'];
echo array_sum($a);
?>
```

执行以上程序的结果为：

10

array_sum()计算数组元素的和时，普通字符串被当作 0，而数字类型的字符串将会转换成相应整型或浮点型数据参与计算。

5. array_product()

array_product()函数用来计算数组中所有值的成绩并返回。语法如下：

number array_product (array $array)

该函数的使用示例如下：

```
<?php
$a = ['b',2,3,'a',3,'2'];
echo array_product($a) . "\n";
$b = ['2',3,4];
echo array_product($b);
?>
```

执行以上程序的结果为：

0 24

array_product()计算数组元素乘积时，如果其中有普通字符串，那么计算结果为 0，数字类型的字符串将会被转换成对应数字数值参与计算。

6. array_flip()

array_flip()函数用来交换数组中的键和值。语法如下：

array array_flip (array $trans)

说明：trans 中的值需要能够作为合法的键名，例如需要是 integer 或者 string。如果值的类型不对将发出一个警告，并且有问题的键-值对将不会反转。如果同一个值出现了多次，那么最后一个键名将作为它的值，所有其他的都丢失了。执行成功时返回交换后的数组，失败时返回 NULL。

该函数的使用示例如下：

```php
<?php
echo "<pre>";
$trans = array("a" => 1, "b" => 1, "c" => 2);
$trans = array_flip($trans);    // 交换数组中的键和值
print_r($trans);
$trans = ['a','b','1',2,3];
print_r(array_flip($trans));
?>
```

执行以上程序的结果如下：

```
Array
(
    [1] => b
    [2] => c
)
Array
(
    [a] => 0
    [b] => 1
    [1] => 2
    [2] => 3
    [3] => 4
)
```

6.4 系统预定义数组

对于全部脚本而言，PHP 提供了大量预定义变量。这些变量将所有的外部变量表示成内建环境变量，并且将错误信息表示成返回头。这些变量大多以数组的形式被定义。

6.4.1 $_SERVER

$_SERVER 是一个包含了诸如头信息（header）、路径（path）及脚本位置（script locations）

信息的数组，这个数组中的项目由 Web 服务器创建。不能保证每个服务器都提供全部项目，服务器可能会忽略一些，或者提供一些没有在这里列举出来的项目。$_SERVER 数组部分元素如表 6-1 所示。

表6-1 $_SERVER数组

数组元素	说明
$_SERVER['PHP_SELF']	当前执行脚本的文件名，与 document root 有关。例如，在地址为 http://example.com/test.php/foo.bar 的脚本中使用 $_SERVER['PHP_SELF'] 将得到 /test.php/foo.bar
$_SERVER['SERVER_ADDR']	当前运行脚本所在服务器的 IP 地址
$_SERVER['SERVER_NAME']	当前运行脚本所在服务器的主机名。如果脚本运行于虚拟主机中，该名称就由那个虚拟主机所设置的值决定
$_SERVER['SERVER_PROTOCOL']	请求页面时通信协议的名称和版本。例如，"HTTP/1.0"
$_SERVER['REQUEST_METHOD']	访问页面使用的请求方法。例如，GET、HEAD、POST、PUT
$_SERVER['DOCUMENT_ROOT']	当前运行脚本所在的文档根目录。在服务器配置文件中定义
$_SERVER['HTTP_ACCEPT_LANGUAGE']	当前请求头中 Accept-Language:项的内容（如果存在）。例如，"en"
$_SERVER['REMOTE_ADDR']	浏览当前页面的用户 IP 地址，注意与$_SERVER['SERVER_ADDR']的区别
$_SERVER['SCRIPT_FILENAME']	当前执行脚本的绝对路径
$_SERVER['SCRIPT_NAME']	包含当前脚本的路径
$_SERVER['REQUEST_URI']	URI 用来指定要访问的页面。例如，"/index.html"
$_SERVER['PATH_INFO']	包含由客户端提供的、跟在真实脚本名称之后并且在查询语句（query string）之前的路径信息（如果存在）。例如，当前脚本是通过 URL http://www.example.com/php/path_info.php/some/stuff?foo=bar 被访问的，那么$_SERVER['PATH_INFO'] 将包含 /some/stuff

在浏览器打印出$_SERVER 数组的代码如下：

```
<?php
echo "<pre>";
print_r($_SERVER);
?>
```

浏览器的输出结果如下：

```
Array
(
    [HTTP_HOST] => localhost
    [HTTP_CONNECTION] => keep-alive
    [HTTP_CACHE_CONTROL] => max-age=0
```

```
        [HTTP_ACCEPT] => text/html,application/xhtml+xml,application/xml;q=0.9,
image/webp,*/*;q=0.8
        [HTTP_UPGRADE_INSECURE_REQUESTS] => 1
        [HTTP_USER_AGENT] => Mozilla/5.0 (Macintosh; Intel Mac OS X 10_10_5)
AppleWebKit/537.36 (KHTML, like Gecko) Chrome/50.0.2661.94 Safari/537.36
        [HTTP_ACCEPT_ENCODING] => gzip, deflate, sdch
        [HTTP_ACCEPT_LANGUAGE] => zh-CN,zh;q=0.8
        [HTTP_COOKIE] => PHPSESSID=e1bbc84e23bf85691e7c5a4ab07ee0de;
pgv_pvi=4369311744; pgv_si=s1775918080; CNZZDATA155540=cnzz_eid%3D1811041545-
1463297631-%26ntime%3D1463303031
        [PATH] => /usr/bin:/bin:/usr/sbin:/sbin
        [SERVER_SIGNATURE] =>
        [SERVER_SOFTWARE] => Apache/2.4.16 (Unix) PHP/7.0.5
        [SERVER_NAME] => localhost
        [SERVER_ADDR] => ::1
        [SERVER_PORT] => 80
        [REMOTE_ADDR] => ::1
        [DOCUMENT_ROOT] => /Library/WebServer/Documents
        [REQUEST_SCHEME] => http
        [CONTEXT_PREFIX] =>
        [CONTEXT_DOCUMENT_ROOT] => /Library/WebServer/Documents
        [SERVER_ADMIN] => you@example.com
        [SCRIPT_FILENAME] => /Library/WebServer/Documents/book/str.php
        [REMOTE_PORT] => 59377
        [GATEWAY_INTERFACE] => CGI/1.1
        [SERVER_PROTOCOL] => HTTP/1.1
        [REQUEST_METHOD] => GET
        [QUERY_STRING] =>
        [REQUEST_URI] => /book/str.php
        [SCRIPT_NAME] => /book/str.php
        [PHP_SELF] => /book/str.php
        [REQUEST_TIME_FLOAT] => 1463828978.149
        [REQUEST_TIME] => 1463828978
        [argv] => Array
            (
            )

        [argc] => 0
)
```

6.4.2 $_GET 和 $_POST 数组

页面之间传递信息可通过 GET 和 POST 两种方式完成。$_GET 和$_POST 可分别用来接收这两种方式传递过来的数据。使用 GET 方法在页面间传递数据时，所传递的数据内容会显示在浏览器地址栏，而 POST 方式则不会。

创建一个 index.html 文件，文件的代码如下：

```
<html>
<head></head>
<body></body>
<form action="get.php" method="get">
name:<input type='text' name='name'>
phone:<input type='text' name='phone'>
<input type='submit' value='submit'>
</form>
</html>
```

然后创建 get.php 文件，代码如下：

```
<?php
echo "get method:<br/>";
echo "name is " . $_GET['name'] . ",phone is " . $_GET['phone'];
?>
```

在 index.html 页面填写 name 和 phone，单击 submit 按钮，数据将会被传递到 get.php，在浏览器地址栏也会出现所填写的数据，如图 6-1 所示。

图 6-1 GET 方法接收数据

更改 index.html 的文件代码 action="post.php" method="get"，使用 POST 的方式传值给 post.php。post.php 的代码如下：

```
<?php
echo "post method:<br/>";
echo "name is " . $_POST['name'] . ",phone is " . $_POST['phone'];
?>
```

POST 方式传递的数据没有出现在浏览器中，结果如图 6-2 所示。

图 6-2 POST 方法接收数据

6.4.3 $_FILES 数组

$_FILES 数组用于获取通过 POST 方法上传文件的相关信息，如果为单个文件上传，那么该数组为二维数组，如果为多个文件上传，那么该数组为三维数组。

建立一个 file.html 演示上传文件,其中的代码如下:

```html
<html>
<head></head>
<body></body>
<form enctype="multipart/form-data" action="file.php" method="POST">
    Send this file: <input name="userfile" type="file" />
    <input type="submit" value="Send File" />
</form>
</html>
```

新建一个用于接收文件信息的 PHP 文件 file.php,代码如下:

```php
<?php
echo "<pre>";
print_r($_FILES);
?>
```

在 file.html 页面选择文件后,单击 Send File 按钮,将会在页面输出以下信息:

```
Array
(
    [userfile] => Array
        (
            [name] => Screen Shot 2016-05-12 at 18.13.24.png
            [type] => image/png
            [tmp_name] => /private/var/tmp/phplVHp3W
            [error] => 0
            [size] => 344925
        )
)
```

6.4.4 $_SESSION 和 $_COOKIE 数组

$_COOKIE[]全局数组存储了通过 HTTP COOKIE 传递到脚本的信息,PHP 可通过 setcookie() 函数设置 COOKIE 的值,用$_COOKIE[]数组接收 COOKIE 的值,$_COOKIE[]数组的索引为 COOKIE 的名称。

$_SESSION[]数组用于获取会话变量的相关信息。

6.4.5 $_REQUEST[]数组

默认情况下,$_REQUEST[]数组包含了$_GET、$_POST 和$_COOKIE 的数组。

第 7 章 时间与日期

在程序设计中，时间和日期的处理非常重要，如记录用户的注册登录时间、下单时间等。本章就来介绍 PHP 中与时间和日期处理有关的内容。

7.1 设置时区

在 PHP 中，是通过日期和时间函数来获取日期和时间的。日期和时间函数依赖于服务器的时间设置，服务器的时间设置默认是格林尼治时间（零时区时间）。如果不特意设置时间为特定时区时间，那么通过 PHP 有关函数获取到的时间为零时区的时间，比北京时间少 8 个小时。你可以通过两种方式设置时区为北京时间：在配置文件 php.ini 中设置和通过 date_default_timezone_set 函数设置。

7.1.1 在配置文件中设置

在 php.ini 设置中有一个"date.timezone="设置选项，默认是注释掉的，并且其值为空，去掉前面的分号，并设置时区为东八区（北京时间）。可以设置"date.timezone="的值为 PRC（中华人民共和国）、Asia/Hong_Kong（中国香港）、Asia/ShangHai（上海市）或者 Asia/ChongQing（重庆市）等，如图 7-1 所示。

```
[Date]
; Defines the default timezone used by the date functions
; http://php.net/date.timezone
date.timezone = PRC
```

图 7-1 设置 PHP 时区

设置完成后，保存文件，重新启动 Apache 服务器即可生效

7.1.2 通过 date_default_timezone_set 函数在文件中设置

也可通过使用 date_default_timezone_set()函数对时区进行设置，语法如下：

date_default_timezone_set(string $timezone_identifier)

使用该函数设置时区为东八区可取值 PRC（中华人民共和国）、Asia/Hong_Kong（中国香港）、Asia/ShangHai（上海市）或者 Asia/ChongQing（重庆市）等，和在 php.ini 中设置时区的效果一样。

7.2 获取当前时间

在日期和时间函数中，UNIX 时间戳的获取非常重要，时间戳是一个字符序列，是指格林尼治时间 1970 年 01 月 01 日 00 时 00 分 00 秒（北京时间 1970 年 01 月 01 日 08 时 00 分 00 秒）起至现在的总毫秒数。下面介绍几个获取当前时间的函数。

1. gmmktime

gmmktime()函数可取得 GMT 日期的 UNIX 时间戳。语法如下：

int gmmktime ([int $hour [, int $minute [, int $second [, int $month [, int $day [, int $year [, int $is_dst]]]]]]])

说明：该函数的参数可以从右到左依次空着，空着的参数会被设为相应的当前 GMT 值。

使用示例如下：

```
<?
echo gmmktime(); // 没有设置参数，则默认取得当前 GMT 时间
echo gmmktime(0,45,3,7,7,2016); //设置参数表示 GMT 时间 2016 年 7 月 7 日 0 点 45 分 3 秒
?>
```

执行以上程序的打印结果为：

1467909956   1467852303

2. mktime

mktime()也可取得一个日期的 UNIX 时间戳。语法如下：

int mktime ([int $hour = date("H") [, int $minute = date("i") [, int $second = date("s") [, int $month = date("n") [, int $day = date("j") [, int $year = date("Y") [, int $is_dst = -1]]]]]]])

说明：该函数根据给出的参数返回 UNIX 时间戳。时间戳是一个长整数，包含了从 UNIX 纪元到给定时间的秒数。

和 gmmktime 函数一样，其参数可以从右向左省略，任何省略的参数会被设置成本地日期和时间的当前值。

使用示例如下：

```
<?
echo mktime(); // 没有设置参数，则默认取得当前 GMT 时间
echo mktime(0,45,3,7,7,2016); //设置参数表示 GMT 时间 2016 年 7 月 7 日 0 点 45 分 3 秒
?>
```

执行以上程序的打印结果为：

1467910465 1467852303

3. microtime

microtime 可获得当前 UNIX 时间戳和微秒数。语法如下：

mixed microtime ([bool $get_as_float])

说明：如果设置 get_as_float 参数值为 true，microtime()将返回一个浮点数；若不带参数则返回一个"msec sec"格式的字符串，其中 sec 是自 UNIX 纪元起到现在的秒数，msec 是微秒部分。字符串的两部分都是以秒为单位返回的。

使用示例如下：

```
<?
echo microtime();   // 返回 msec sec 格式字符串表示时间
echo "<br/>";
echo microtime(true); // 返回一个浮点型字符串表示时间
```

```
?>
```

执行以上程序的打印结果如下：

```
0.40474900 1467910862
1467910862.4048
```

4. time

time 函数可返回当前的 UNIX 时间戳。语法如下：

int time (void)

time 函数的语法比较简单。使用示例如下：

```
<?
echo time();
?>
```

执行以上程序的打印结果为：

```
1467911104
```

5. getdate

getdate()可取得日期时间信息。语法如下：

array getdate ([int $timestamp = time()])

该函数返回一个根据 timestamp 得出的包含有日期信息的关联数组 array。如果没有给出时间戳则认为是当前本地时间（此时和 time()函数取值相同）。其返回的关联数组中的键名单元如表 7-1 所示。

表7-1 getdate()函数返回关联数组键名

键 名	说 明	返回值例子
seconds	秒的数字表示	0 到 59
minutes	分钟的数字表示	0 到 59
hours	小时的数字表示	0 到 23
mday	月份中第几天的数字表示	1 到 31
wday	星期中的第几天的数字表示	0（周日）到 6（周六）
mon	月份的数字表示	1 到 12
year	4 位数字表示的完整年份	比如：1999 或 2003
yday	一年中第几天的数字表示	0 到 365
weekday	星期几的完整文本表示	Monday 到 Sunday
month	月份的完整文本表示，比如 January 或 March	January 到 December
0	自从 UNIX 纪元开始至今的秒数，和 time() 的返回值以及用于 date() 的值类似。	系统相关，典型值为-2147483648～2147483647

getdate()函数的使用示例如下：

```
<?
echo "<pre>";
var_dump(getdate());
?>
```

执行以上程序的打印结果如下：

```
array(11) {
  ["seconds"]=>
  int(57)
  ["minutes"]=>
  int(18)
  ["hours"]=>
  int(17)
  ["mday"]=>
  int(7)
  ["wday"]=>
  int(4)
  ["mon"]=>
  int(7)
  ["year"]=>
  int(2016)
  ["yday"]=>
  int(188)
  ["weekday"]=>
  string(8) "Thursday"
  ["month"]=>
  string(4) "July"
  [0]=>
  int(1467911937)
}
```

7.3 常用时间处理方法

在 PHP 编程中经常需要对时间进行处理，在不同的情况下为了方便阅读会显示不同的时间格式，或者计算两个日期节点之间的时间差等。

7.3.1 格式化时间显示

可以使用 date()函数对获取的时间进行格式化处理，语法如下：

string date (string $format [, int $timestamp])

该函数返回将整数 timestamp 按照给定的格式字符串而产生的字符串，如果没有给出时间戳就使用本地时间。格式化字符串中可以识别的 format 参数如表 7-2 所示。

表7-2　date()函数可识别的format参数

format 字符	说　　明	返回值例子
d	月份中的第几天，有前导零的 2 位数字	01 到 31
D	星期中的第几天，文本表示，3 个字母	Mon 到 Sun
l("L"的小写字母)	星期几，完整的文本格式	Sunday 到 Saturday
N	ISO-8601 格式数字表示的星期中的第几天（PHP 5.1.0 新加）	1（表示星期一）到 7（表示星期天）
S	每月天数后面的英文后缀，2 个字符	st，nd，rd 或者 th。可以和 j 一起用
w	星期中的第几天，数字表示	0（表示星期天）到 6（表示星期六）
z	年份中的第几天	0 到 365
W	ISO-8601 格式年份中的第几周，每周从星期一开始（PHP 4.1.0 新加）	例如：42（当年的第 42 周）
F	月份，完整的文本格式，例如 January 或者 March	January 到 December
m	数字表示的月份，有前导零	01 到 12
M	3 个字母缩写表示的月份	Jan 到 Dec
n	数字表示的月份，没有前导零	1 到 12
t	给定月份所应有的天数	28 到 31
L	是否为闰年	如果是闰年值为 1，否则为 0
o	ISO-8601 格式年份数字。这和 Y 的值相同，除了 ISO 的星期数（W）属于前一年或下一年，则用那一年（PHP 5.1.0 新加）	1999 or 2003
Y	4 位数字完整表示的年份	例如：1999 或 2003
y	2 位数字表示的年份	例如：99 或 03
a	小写的上午和下午值	am 或 pm
A	大写的上午和下午值	AM 或 PM
B	Swatch Internet 标准时	000 到 999
g	小时，12 小时格式，没有前导零	1 到 12
G	小时，24 小时格式，没有前导零	0 到 23
h	小时，12 小时格式，有前导零	01 到 12
H	小时，24 小时格式，有前导零	00 到 23
i	分钟数，有前导零	00 到 59>
s	秒数，有前导零	00 到 59>
u	毫秒（PHP 5.2.2 新加）。需要注意的是 date() 函数总是返回 000000，因为它只接受 integer 参数，而 DateTime::format() 才支持毫秒	例如：654321

(续表)

format 字符	说　明	返回值例子
e	时区标识	例如：UTC，GMT，Atlantic/Azores
I	是否为夏令时	夏令时为 1，否则为 0
O	与格林尼治时间相差的小时数	例如：+0200
P	与格林尼治时间（GMT）的差别，小时和分钟之间由冒号分隔	例如：+02:00
T	本机所在的时区	例如：EST，MDT（在 Windows 下为完整文本格式，例如"Eastern Standard Time"，中文版会显示"中国标准时间"）
Z	时差偏移量的秒数。UTC 西边的时区偏移量总是负的，UTC 东边的时区偏移量总是正的	-43200 到 43200
c	ISO 8601 格式的日期	2004-02-12T15:19:21+00:00
r	RFC 822 格式的日期	例如：Thu, 21 Dec 2000 16:01:07 +0200
U	从 UNIX 纪元（January 1 1970 00:00:00 GMT）开始至今的秒数	和 time()返回相同的时间戳

下面一个例子演示 date()函数以不同的时间格式输出当前时间：

```
<?
// 设定要用的时区
date_default_timezone_set('PRC');
// 输出类似 Monday
echo date("l");
echo "<br/>";
// 输出类似 Monday 15th of August 2005 03:12:46 PM
echo date('l dS \of F Y h:i:s A');
echo "<br/>";
// 输出 July 1, 2000 is on a Saturday
echo "July 1, 2000 is on a " . date("l");
echo "<br/>";
/* 在格式参数中使用常量 */
// 输出类似 Wed, 25 Sep 2013 15:28:57 -0700
echo date(DATE_RFC2822);
echo "<br/>";
// 输出类似 2000-07-01T00:00:00+00:00
echo date(DATE_ATOM);
echo "<br/>";
//输出类似 2000-07-01 14:00:00
echo date('Y-m-d H:i:s');
?>
```

执行以上程序的输出结果如下：

```
Sunday
Sunday 10th of July 2016 03:46:01 PM
July 1, 2000 is on a Sunday
Sun, 10 Jul 2016 15:46:01 +0800
2016-07-10T15:46:01+08:00
2016-07-10 15:46:01
```

7.3.2 计算两个日期间的时间差

假如想知道用户最后登录网站距离现在已经过去了多长时间，这时就要计算两个日期间相差多长时间。

计算日期时间差需要先把两个日期转换成纪元时间戳再计算。示例如下：

```
<?php
//2016年1月1日19点30分0秒
$start = mktime(19,30,0,1,1,2016);
//2016年7月7日7点30分0秒
$end = mktime(7,30,0,7,7,2016);
$diff_seconds = $end - $start;
//一周的秒数是 24*60*60=604800 秒
$diff_weeks = floor($diff_seconds/604800);
//一天的描述是 24*60*60=86400
$diff_days = floor($diff_seconds/86400);
$diff_hours = floor($diff_seconds/3600);
$diff_minutes = floor($diff_seconds/60);
echo "2016年1月1日19点30分0秒和2016年7月7日7点30分0秒之间相差 $diff_seconds 秒，
$diff_weeks 个星期, $diff_days 天, $diff_hours 个小时, $diff_minutes 分钟";
?>
```

执行以上程序的输出结果为：

2016年1月1日19点30分0秒和2016年7月7日7点30分0秒之间相差 16200000 秒，26 个星期, 187 天, 4500 个小时, 270000 分钟

7.3.3 从字符串中解析日期时间

在 PHP 中还经常使用 strtotime()函数。这个函数可将任何英文文本的日期时间描述解析为 UNIX 时间戳，语法如下：

int strtotime (string $time [, int $now = time()])

说明：该函数执行成功，则返回时间戳，否则返回 false。

strtotime()函数的使用示例如下：

```
<?php
echo strtotime("now"), "\n";
echo strtotime("10 September 2000"), "\n";
```

```
echo strtotime("+1 day"), "\n";
echo strtotime("+1 week"), "\n";
echo strtotime("+1 week 2 days 4 hours 2 seconds"), "\n";
echo strtotime("next Thursday"), "\n";
echo strtotime("last Monday"), "\n";
?>
```

执行以上程序打印出来的结果类似：

1468137722 1473465600 1468224122 1468742522 1468929724 1468454400 1467590400

7.3.4 日期的加减运算

有时我们需要在一个日期上加减一定的时间间隔。可以使用 strtotime() 来计算一些日期时间间隔。示例如下：

```
<?php
$start = 'last Monday';
$interval = strtotime("$start + 4 days");
echo "现在\$interval 表示上周的" . date('l',$interval);
?>
```

执行以上程序的输出结果为：现在$interval 表示上周的 Friday 。

如果日期使用时间戳表示，并且时间间隔也可用秒来表示，就可以从时间戳中减去时间间隔。示例如下：

```
<?php
$start = time();
echo date('Y-m-d',$start);
$interval = 7 * 24 * 3600; // 一周
$end = $start - $interval;
echo date('Y-m-d',$end);
?>
```

执行以上程序的输出结果为：

2016-07-10 2016-07-03

前后两个日期正好相差 7 天。

7.4 验证日期

一年有 12 个月，一周有 7 天，一个月有 30 天、31 天或者 29 天等，这些对人类来说是基本的常识，但是计算机并不能分辨数据的对与错，比如如何防止用户输入一个类似 2016 年 7 月 32 日这样的一个无效日期。PHP 中提供了 checkdate() 函数来检验日期和时间的有效性，语法如下：

bool checkdate (int $month , int $day , int $year)

month 的值是从 1 到 13，day 的值在给定的 month 所应该具有的天数范围之内，闰年也考虑进去，year 的值是从 1 到 32767。如果给出的日期有效就返回 true，否则返回 false。

checkdate()使用示例如下：

```
<?php
var_dump(checkdate(7,32,2016));
var_dump(checkdate(7, 9, 2016));
?>
```

执行以上程序的结果为：bool(false) bool(true)。

第 8 章 表 单

在网页开发中,用户在注册登录或者下单购买时,都需要用到表单。程序需要收集用户通过表单提交来的信息做进一步的处理。表单是程序和用户交互的主要方式。在本书第 1 章简单介绍过有关表单的内容,本章将详细介绍关于 PHP 如何处理 HTML 网页提交表单信息的内容。

8.1 表单的种类

8.1.1 文本域及其类型

文本域是最为常用的表单类型，使用"input"表示。另外，对于文本域表单，在 HTML 5 中提供了很多不同的输入类型，输入类型使用"type"定义。下面分别介绍演示。

1. text

text 类型的文本域是最常见的文本域类型，表示如下：

text 文本框：<input type='text' name='test'>

网页展现结果如图 8-1 所示。

图 8-1　text 文本框

2. color

color 类型的表单将会调出拾色器用于选取颜色，例如：

color：<input type='color' name='test'>

当用鼠标点中表单时将会调出拾色器，结果如图 8-2 所示。

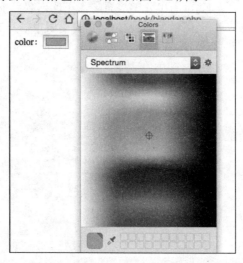

图 8-2　color 类型文本框

3. date

date 类型允许从一个日期选择器选择一个日期，例如：

生日: <input type="date" name="bday">

当鼠标移动到表单点选时效果如图 8-3 所示。

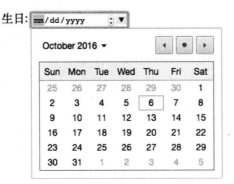

图 8-3　date **类型表单**

4. datetime

datetime 类型允许你选择一个日期（UTC 时间），例如：

生日 (日期和时间): <input type="datetime" name="bdaytime">

选择日期的效果如图 8-4 所示。

图 8-4　datetime **类型**

5. email

email 类型用于应该包含 email 地址的输入域，例如：

<form action="demo-form.php">
　E-mail: <input type="email" name="usremail">
　<input type="submit">
</form>

当单击 Submit 按钮时，程序会对 email 表单进行验证，若不符合 email 格式则会提示，如图 8-5 所示。

图 8-5　email **表单类型**

6. month

month 类型允许选择一个月份，不包含日期，例如：

生日(月和年): <input type="month" name="bdaymonth">

效果如图 8-6 所示。

图 8-6　month 类型表单

7. number

number 类型用于应该包含数值的输入域，并且还能够设定对所接收数字的限定，也可设置步进长度，例如：

数量（1~10，步进为3）<input type="number" name="quantity" min="1" max="10" step="3">

此文本域中数量从 1 开始，每次可以增加 3，最大不超过 10，所以可取值为 1、4、7、10。效果如图 8-7 所示。

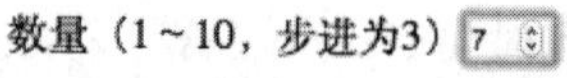

图 8-7　number 类型

8. range

range 类型用于应该包含一定范围内数字值的输入域，显示为滑动条，例如：

<input type="range" name="points" min="1" max="10">

效果如图 8-8 所示。

图 8-8　range 类型

9. search

search 类型用于搜索域，比如站点搜索或 Google 搜索，例如：

Search Google: <input type="search" name="googlesearch">

其和普通文本框 text 表现形式一致。

10. tel

tel 类型表单定义输入电话号码字段，例如：

电话号码: <input type="tel" name="usrtel">

表现形式和 text 文本框一致。

11. url

url 类型用于应该包含 URL 地址的输入域。在提交表单时，会自动验证 url 域的值，例如：

```
<form action="demo-form.php">
    添加你的主页: <input type="url" name="homepage"><br>
    <input type="submit">
</form>
```

效果如图 8-9 所示。

图 8-9　url 类型

12. week

week 类型允许选择周和年，例如：

```
<input type='week'>
```

效果如图 8-10 所示。

图 8-10　week 类型

8.1.2　其他表单类型

除了文本域之外，HTML 中还提供了很多其他类型的表单。

1. 密码字段

密码字段通过标签 <input type="password"> 来定义：

```
<form>
Password: <input type="password" name="pwd">
</form>
```

浏览器显示效果如图 8-11 所示。

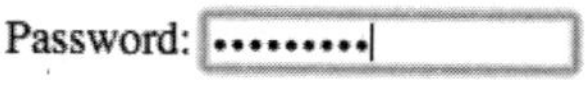

图 8-11　密码字段表单

注意：密码字段字符不会明文显示，而是以星号或圆点替代。

2. 单选按钮

<input type="radio"> 标签定义了表单单选框选项。如下代码定义了一组单选按钮：

```
<input type="radio" name="sex" value="male">Male
<input type="radio" name="sex" value="female">Female
```

效果如图 8-12 所示。

图 8-12　单选按钮

一组单选按钮的 name 应该保持一致。

3. 复选框

<input type="checkbox">标签定义了复选框。用户需要从若干给定的选择中选取一个或若干选项。下面的示例定义了一组复选框。

```
<input type="checkbox" name="vehicle" value="Bike">bike
<input type="checkbox" name="vehicle" value="Car">car
```

效果如图 8-13 所示。

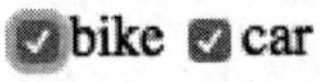

图 8-13　复选框

4. 提交按钮

<input type="submit"> 定义了提交按钮。当用户单击确认按钮时，表单的内容会被传送到另一个文件。表单的动作属性定义了目的文件的文件名。由动作属性定义的这个文件通常会对接收到的输入数据进行相关的处理。在介绍文本域的时候已经用到过提交按钮。如下代码定义一个完整的带提交按钮的表单。

```
<form name="input" action="html_form_action.php" method="get">
Username: <input type="text" name="user">
<input type="submit" value="Submit">
</form>
```

效果如图 8-14 所示。

图 8-14　提交按钮

5. 下拉框

下来框使用 select 标签定义。如下代码定义一组下拉框。

```
<select name="car">
<option value="volvo" >Volvo</option>
<option value="saab" >Saab</option>
<option value="mercedes" >Mercedes</option>
<option value="audi" >Audi</option>
</select>
```

效果如图 8-15 所示。

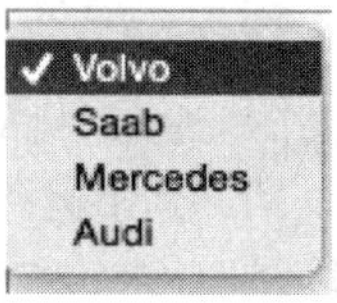

图 8-15 下拉框

6. 文件域

使用 HTML 表单可上传文件到服务器，用 PHP 接收处理。HTML 中使用 type="file"来定义文件域表单，例如：

```
<input type="file">
```

在 chrome 浏览器中的效果如图 8-16 所示。在不同的浏览器中显示样式会有所不同。

图 8-16 文件域

8.2 get 和 post 方法

在 PHP 中使用 get 和 post 接收来自 HTML 表单的值，在 form 表单中定义 PHP 的接收方式和接收地址。get 和 post 方法主要有以下几点区别。

（1）get 是把参数数据队列加到提交表单的 ACTION 属性所指的 URL 中，值和表单内各个字段一一对应，在 URL 中可以看到。post 是通过 HTTP post 机制将表单内各个字段与其内容放置在 HTML HEADER 内一起传送到 ACTION 属性所指的 URL 地址。用户看不到这个过程。

（2）get 传送的数据量较小，不能大于 2KB，这主要是因为受 URL 长度限制。post 传送的数据量较大，一般被默认为不受限制。

（3）get 安全性非常低，post 安全性较高，但是 get 执行效率却比 post 方法好。

（4）get 是 form 的默认方法。

建议在传输的数据包含机密信息时用 post 数据提交方式，在做数据查询时用 get 方式，在做数据添加、修改或删除时用 post 方式。

8.2.1 获取表单值

在 form 表单中，action 属性定义提交表单的地址，method 属性定义提交的方法。例如：

```html
<form action="user.php" method="post">
Username: <input type="text" name="user">
Password: <input type="password" name="pwd">
Birthday: <input type="date" name="bday">
<input type="radio" name="sex" value="male">Male
<input type="radio" name="sex" value="female">Female
<!-- checkbox 的 name 须使用数组形式命名，否则 PHP 只能接收到最后一个被选的值 -->
<input type="checkbox" name="vehicle[]" value="Bike">bike
<input type="checkbox" name="vehicle[]" value="Car">car
<select name="car">
<option value="volvo" >Volvo</option>
<option value="saab" >Saab</option>
<option value="mercedes" >Mercedes</option>
<option value="audi" >Audi</option>
</select>
<input type="submit" value="Submit">
</form>
```

代码中定义接收表单值的地址是 user.php，接收方式是 post，所以我们编写代码查看在 user.php 中都接收到了哪些数据。user.php 中的代码如下：

```php
<?php
var_dump($_POST);
?>
```

这里用 $_POST 全局变量接收来自表单提交的所有数据并打印出来。提交表单获得的结果示例如下：

array(6) { ["user"]=> string(5) "admin" ["pwd"]=> string(5) "admin" ["bday"]=> string(10) "2016-10-06" ["sex"]=> string(4) "male" ["vehicle"]=> array(2) { [0]=> string(4) "Bike" [1]=> string(3) "Car" } ["car"]=> string(5) "volvo" }

注意，接收到的复选框 vehicle 是一个数组。另外，$_POST 接收的值是一个以表单元素的 name 为键，以用户选择或输入的值为对应值的数组。

如果 form 中选择使用 get 方式上传数据，那么将本例中的 post 改为 get 即可。

8.2.2 处理上传文件

HTML 中使用 type="file" 类型的表单可向服务器上传文件，服务端使用 PHP 接收文件数据和接收普通表单元素数据的处理方法稍有不同。例如：

```
<form action="user.php" enctype="multipart/form-data" method="post"
name="upvideo">
上传文件：<input type="file" name="video" />
            <input type="submit" value="上传" /></form>
```

上传文件的表单必须在 form 中定义 enctype="multipart/form-data"。此时用于接收文件信息的代码如下：

```
<?php
var_dump($_POST);
var_dump($_FILES);
if ($_FILES["video"]["error"] > 0)
  {
  echo "Error: " . $_FILES["video"]["error"] . "<br />";
  } else {
      print_r($_FILES["video"]);
if(is_uploaded_file($_FILES['video']['tmp_name'])){
$upfile=$_FILES["video"];
//获取数组里面的值
$name=$upfile["name"];//上传文件的文件名
$type=$upfile["type"];//上传文件的类型
$size=$upfile["size"];//上传文件的大小
$tmp_name=$upfile["tmp_name"];//上传文件的临时存放路径
// 移动上传的文件到指定目录
move_uploaded_file($tmp_name, '/Library/WebServer/Documents/book/'.$name);
}
    }
?>
```

执行上述上传文件操作，打印结果如下：

```
    array(0) { } array(1) { ["video"]=> array(5) { ["name"]=> string(14) "linux
icon.gif" ["type"]=> string(9) "image/gif" ["tmp_name"]=> string(26)
"/private/var/tmp/phpyiMCwf" ["error"]=> int(0) ["size"]=> int(15712) } } Array
( [name] => linux icon.gif [type] => image/gif [tmp_name] =>
/private/var/tmp/phpyiMCwf [error] => 0 [size] => 15712 )
```

第一个数组为空，表明在使用 file 类型表单提交数据时并不使用$_POST 接收数据，而是使用全局变量$_FILE 来接收。PHP 中使用 move_uploaded_file 函数将上传的文件移动到指定位置。

另外，在 PHP 配置文件 php.ini 中默认上传文件的大小只有 2MB，在上传大文件时需要对配置文件进行修改。php.ini 中有关上传文件的设置如下：

- file_uploads 是否允许 HTTP 文件上传，默认值为 On，允许 HTTP 文件上传，此选项不能设置为 Off。
- upload_tmp_dir 文件上传的临时存放目录。如果没指定，那么 PHP 会使用系统默认的临时目录。该选项默认为空，如果不配置这个选项，文件上传功能就无法实现。

- **upload_max_filesize** 上传文件的最大尺寸。这个选项默认值为 2MB，即文件上传的大小为 2MB，如果想上传一个 50MB 的文件，就必须设定 upload_max_filesize = 50M。

  仅设置 upload_max_filesize = 50M 还是无法实现大文件的上传功能，还必须修改 php.ini 文件中的 post_max_size 选项。

- **post_max_size** 通过表单 POST 给 PHP 所能接收的最大值，包括表单里的所有值，默认为 8MB。如果 POST 数据超出限制，那么 $_POST 和 $_FILES 将会为空。

  要上传大文件，必须设定该选项值大于 upload_max_filesize 选项的值，例如设置了 upload_max_filesize = 50M，这里就可以设置 post_max_size = 100M。

  另外，如果启用了内存限制，那么该值应当小于 memory_limit 选项的值。

- **max_execution_time** 每个 PHP 页面运行的最大时间值（单位秒），默认为 30 秒。当我们上传一个较大的文件时，例如 50MB，很可能要几分钟才能上传完，但 PHP 默认页面最久执行时间为 30 秒，超过 30 秒该脚本就停止执行，导致出现无法打开网页的情况。因此我们可以把值设置得较大些，如 max_execution_time = 600。如果设置为 0，就表示无时间限制。

- **max_input_time** 每个 PHP 脚本解析请求数据所用的时间（单位秒），默认为 60 秒。当我们上传大文件时，可以将这个值设置得较大些。如果设置为 0，就表示无时间限制。

- **memory_limit** 这个选项用来设置单个 PHP 脚本所能申请到的最大内存空间。这有助于防止写得不好的脚本消耗光服务器上的可用内存。如果不需要任何内存上的限制将其设为 -1。

php.ini 配置上传文件功能示例

假设要上传一个 50MB 的大文件，php.ini 配置如下：

```
file_uploads = On
upload_tmp_dir = "/user/file"
upload_max_filesize = 50M
post_max_size = 100M
max_execution_time = 600
max_input_time = 600
max_input_time = 600
```

第 9 章 类与对象

面向对象编程（Object Oriented Programming，OOP）是一种被很多语言广泛支持的编程模式，有别于之前的面向过程编程。面向对象编程的思想是把具有相似特性的事物抽象成类，通过对类的属性和方法的定义实现代码共用。其将实现某一特定功能的代码部分进行封装，这样可被多处调用，而且封装的粒度越细小被重用的概率越大。面向对象编程的继承性和多态性也提高了代码的复用度。总之，面向对象编程充分地体现软件编程中的"高内聚，低耦合"的思想。

9.1 什么是类

面向对象编程就是要把需要解决的问题抽象为类。在现实生活中我们可以找到很多种这样的例子，比如可以抽象出这个世界上的一个物种为人类，人类具有身高、体重、腰围等属性，同时人类还可以执行一些动作，比如行走、吃饭、跳跃等。同理，在编程中，抽象出的类也具有这样的属性和动作，不过在类中我们把这种"动作"称作类的方法。比如常用的数据库连接类，在这个类中一般会包含数据库类型、数据库的 HOST、数据库用户名、密码等属性，同时也包含一些数据库操作的方法，如插入、更新、查询、删除数据等。数据库连接类的示例图如图 9-1 所示。

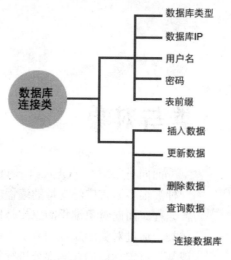

图 9-1　数据库连接类

9.1.1 声明一个类

类在使用前需要声明，声明一个类使用关键词 class，比如声明一个数据库连接类，例如：

```
<?php
class conn{
    private $dbtype = 'mysql';
    private $host = '127.0.0.1';
    private $username = 'root';
    private $password = '123456';
    private $pre = 'zwt_';
    public function insert(){}
    public function update(){}
    public function delete(){}
    public function select(){}
}
?>
```

以上代码声明了一个包含数据库连接属性和操作方法的类 conn，其中的 private 和 public 是定义属性和方法的关键词，其规定了被定义的属性和方法可在什么地方被访问。

$dbtype、$host、$username、$password、$pre 是该类中的属性，function 定义类中的方法。

9.1.2 实例化一个类

在声明一个类之后，要使用类中的方法，一般需要先实例化一个类，这个实例便是类中的对象。创建一个类的实例使用关键词 new。示例如下：

```
<?php
class conn{
    private $dbtype = 'mysql';
    private $host = '127.0.0.1';
    private $username = 'root';
    private $password = '123456';
    private $pre = 'zwt_';
    public function insert(){}
    public function update(){}
    public function delete(){}
    public function select(){}
}
$connObj = new conn();
var_dump($connObj);
?>
```

本例创建了类 conn 的一个实例。如果是在类内部创建实例，可以使用 new self 来创建新对象。一个类可以实例化多个对象，每个对象都是独立的个体，这些实例化的对象拥有类中定义的全部属性和方法。当对其中一个对象进行操作时，比如改变该对象的属性等，不会影响其他对象。

9.1.3 访问类中成员

实例化一个类后，要访问类中的成员，可使用符号 "->"，请看下面的示例：

```
<?php
class conn{
    public $dbtype = 'mysql';
    private $pre = 'zwt_';
    public function test(){
        echo "test";
    }
}
$obj = new conn();
$obj->test();
echo $obj->dbtype;
?>
```

该例中使用"->"访问类 conn 中的 test 对象。

在对象方法执行的时候会自动定义一个 $this 的特殊变量，表示对象本身的引用。通过 $this-> 形式可引用该对象的方法和属性，其作用就是完成对象内部成员之间的访问，示例如下：

```php
<?php
class conn{
    public $dbtype = 'mysql';
    public function test(){
        echo $this->getDbtype();
    }
    public function getDbtype(){
        echo $this->dbtype;
    }


}
$obj = new conn();
$obj->test();
?>
```

访问对象的成员有时还可使用"::"符号。使用该符号一般有以下 3 种情况：

- parent::父类成员，这种形式的访问可调用父类的成员变量常量和方法。
- self::自身成员，这种形式的访问可调用当前类中的静态成员和常量。
- 类名::成员，这种形式的访问可调用类中的变量常量和方法。

"::"符号的使用示例如下：

```php
<?php
class conn{
    public $dbtype = 'mysql';
    const HOST = '127.0.0.1';              // 在类中使用 const 定义常量 HOST
    public function test(){
        echo "test";
        //echo $this->getDbtype();         //静态方法 getDbtype()不能在类内部以$this->的形式访问
    }
    public function test1(){
        echo self::HOST;                   // self 访问常量 HOST
        self::getDbtype();                 // self 访问静态方法 getDtype()
    }
    public static function getDbtype(){    //使用 static 修饰的方法称为静态方法
        echo "mysql";
    }
}
$obj = new conn();
$obj->test1();
```

```
conn::test();                    // 没有实例化类，使用"::"访问类中的方法
?>
```

本示例运行结果为：

```
127.0.0.1mysqltest
```

9.1.4 静态属性和静态方法

在 PHP 中，通过 static 关键词修饰的成员属性和方法称为静态属性和静态方法。静态属性和静态方法可在不被实例化的情况下直接使用。

1. 静态属性

在类中，有一个静态属性的概念。和常规属性不一样的是，静态属性属于类本身，而不属于任何实例。因此其也可称为类属性，以便和对象的属性区分开来。静态属性使用 static 关键词定义，在类外部可使用"类名::静态属性名"的方式访问，在类内部可使用"self::静态属性名"的方式访问。

示例如下：

```
<?
class myclass{
    static $staticVal = 0;
    function getStatic(){
        echo self::$staticVal;
        self::$staticVal++;
    }
}
echo myclass::$staticVal; // 输出 0
$obj = new myclass();
$obj->getStatic();   // 输出 0
echo myclass::$staticVal;  // 输出 1
?>
```

执行以上程序的结果为：

```
001
```

可见在实例化的对象中改变了静态属性 $staticVal 的值，再次访问类属性时其值已被改变。

2. 静态方法

和静态属性相似，使用 static 修饰的方法称为静态方法，也可在不被实例化的情况下使用，其属于类而不是被限制到任何一个特定的对象实例。因此 $this 在静态方法中不可使用，但可在对象实例中通过"$this->静态方法名"的形式调用静态方法，在类内部需要使用"self::静态方法名"的形式访问。示例代码如下：

```
<?
class myclass{
```

```php
        static $staticVal = 0;
        public $val = 100;
        static function getStaticVal(){
            echo self::$staticVal;
        }
        static function changeStaticVal(){
            self::$staticVal++;
            echo self::$staticVal;
            //$this->val++;
        }
        function change(){
            $this->changeStaticVal(); // 在类内部使用$this 调用静态方法
        }
}
myclass::getStaticVal();
myclass::changeStaticVal();
$obj = new myclass();
$obj->change();
?>
```

执行以上程序的输出结果为：

```
012
```

9.1.5 构造方法和析构方法

构造方法是在创建对象时自动调用的方法，析构方法是在对象销毁时自动调用的方法。

1. 构造方法

构造方法常用的场景是在创建对象时用来给变量赋值，构造方法使用"__construct"定义。使用示例如下：

```php
<?php
class yourclass{
    public $name;
    public $age;
    function __construct($name,$age){
        $this->name = $name;
        $this->age = $age;
    }
    function get($key){
        return $this->$key;
    }
}
$test_1 = new yourclass('Tom',20);
```

```
echo $test_1->get('name');
$test_2 = new yourclass('Jim',30);
echo $test_2->get('age');
?>
```

执行以上程序输出结果为：

```
Tom 30
```

2. 析构方法

析构方法和构造方法正好相反，析构方法是在对象被销毁前自动执行的方法。析构方法使用"__desctruct"定义。使用示例如下：

```
<?php
class yourclass{
    public $name;
    public $age;
    function __construct($name,$age){
        $this->name = $name;
        $this->age = $age;
    }
    function get($key){
        return $this->$key;
    }
    function __destruct(){
        echo "execute automatically";
    }
}
$test_1 = new yourclass('Tom',20);
echo $test_1->get('name');
echo $test_1->get('age');
?>
```

执行以上程序的输出结果为：

```
Tom 20 execute automatically
```

在 PHP 中有一种垃圾回收机制，可以自动清除不再使用的对象，释放内存。析构方法在垃圾回收程序执行之前被执行。

9.2 封装和继承特性

面向对象的封装特性就是将类中的成员属性和方法内容细节尽可能地隐藏起来，确保类外部代码不能随意访问类中内容。

面向对象的继承特性使得子类可继承父类中的属性和方法，提高类代码复用性。

9.2.1 封装特性

可使用 public、protected、private 来修饰对象的属性和方法。使用不同修饰符的属性和方法其可被访问的权限也不同。使用 public 修饰的属性和方法可以在任何地方调用，如果在类中的属性和方法前面没有修饰符，则默认修饰符为 public。使用 protected 修饰的属性和方法可在本类和子类中被调用，在其他地方调用将会报错。使用 private 修饰的属性和方法只能在本类中被访问。

关于修饰符的使用示例如下：

```php
<?php
class yourclass{
    public $name;
    private $age;
    protected $weight;
    function __construct($name,$age,$weight){
        $this->name = $name;
        $this->age = $age;
        $this->weight = $weight;
    }
    private function get($key){
        return $this->$key;
    }
}

class hisclass extends yourclass{
    function key($key){    //父类中 get 方法为 private，子类中不可访问，故重新定义一个相同功能的函数
        return $this->$key;
    }
}
$obj = new yourclass('tom',22,'60kg');
echo $obj->name;
//echo $obj->age;        // 将会报错
echo $obj->get('age');   // 可通过调用公共方法访问
$son = new hisclass('jim',23,'70kg');
echo $son->name;
echo $son->key('weight');
echo $son->key('age');   // 访问不到$age
?>
```

执行以上程序的输出结果为：

tom22jim70kg

9.2.2 继承特性

把一个类作为公共基类，其他的类继承自这个基类，则其他类中都具有这个基类的属性和方法，其他类也可各自额外定义自己不同的属性和方法。类的继承使用关键词"extends"。在子类中可使用 parent 访问父类的方法。在子类中可重写父类的方法。

关于类继承特性的代码如下：

```php
<?php
class yourclass{
    public $name;
    private $age;
    protected $weight;
    function __construct($name,$age,$weight){
        $this->name = $name;
        $this->age = $age;
        $this->weight = $weight;
    }
    function like(){
        echo "I like money. ";
    }
    function age(){
        echo $this->name . ' is ' . $this->age . 'years old';
    }
    protected function get($key){
        return $this->$key;
    }
    function set($key,$value){
        $this->$key = $value;
    }
}

class hisclass extends yourclass{
    function get($key){      //重写父类方法
        echo $this->key;
    }
    function what(){
        parent::like();      //子类中访问父类方法
    }
    function getAge(){
        $this->age();        //调用从父类继承来的方法
    }
}
```

```
$obj = new hisclass('tom',22,'60kg');    //使用继承自父类的__construct方法初始化实例
$obj->get('name');
$obj->what();
$obj->set('age',33);
$obj->getAge();
?>
```

执行以上程序的输出结果为：

```
I like money. tom is 33years old
```

9.2.3 通过继承实现多态

多态通过继承复用代码而实现，可编写出健壮可扩展的代码，减少流程控制语句（if else)的使用，例如：

```
<?php
class animal{
    function can(){
        echo "this function weill be re-write in the children";
    }
}
class cat extends animal{
    function can(){
        echo "I can climb";
    }
}

class dog extends animal{
    function can(){
        echo "I can swim";
    }
}

function test($obj){
    $obj->can();
}
test(new cat());
test(new dog());
?>
```

上述例子便体现了面向对象的多态性，可以改进代码将 animal 类定义为抽象类，或者使用接口都是可以的，这样就无须在父类的方法中定义无意义的函数体了。

9.3 魔术方法

PHP 中提供了内置的拦截器，也称为魔术方法，它可以"拦截"发送到未定义方法和属性的消息。魔术方法通常以两个下划线"__"开始。

9.3.1 __set()和__get()方法

1. __set()方法

__set()方法在代码试图要给未定义的属性赋值时调用，或在类外部修改被 private 修饰的类属性时被调用。它会传递两个参数：属性名和属性值。通过__set()方法也可实现对 private 关键词修饰的属性值进行更改。

__set()方法使用示例如下：

```php
<?php
class magic{
    private $_name;
    private $_age = '22 years old';
    function __set($key,$value){
        echo 'execute __set method ';
        $this->$key = $value;
    }
}
$obj = new magic();
echo $obj->_weight = '55kg';   // 访问类中不存在的 $_weight 属性被 __set() 方法拦截
$obj->_name = 'chenxiaolong';  // 在类外部修改 private 修饰的属性 $_name 被拦截
?>
```

执行以上程序的输出结果为：

```
execute __set method 55kg execute __set method 。
```

可见程序两次调用了 __set() 方法。

2. __get()方法

当在类外部访问被 private 或 protected 修饰的属性或者访问一个类中原来不存在的属性时被调用。使用示例如下：

```php
<?php
class magic{
    private $_age = '22 years old ';
    protected $__height = '170cm ';
    function __get($key){
```

```
            echo 'execute __get() method ';
            //var_dump($key);
            $oldKey = $key;
            if(isset($this->$key)){
                return $this->$key;
            }
            $key = '_' . $key;
            if(isset($this->$key)){
                return $this->$key;
            }
            $key = '_' . $key;
            if(isset($this->$key)){
                return $this->$key;
            }
            return '$this->' . $oldKey . ' not exist ';
        }
    }
    $obj = new magic();
    echo $obj->_age;    // 访问被 private 修饰的属性
    echo $obj->__height; // 访问被 protected 修饰的属性
    echo $obj->job; // 访问不存在的属性
?>
```

执行以上程序的运行结果为：

```
execute __get() method 22 years old execute __get() method 170cm execute __get() method $this->job not exist
```

可见"excute __get() method"这个字符串被打印了 3 次，说明这 3 次都成功调用了__get() 方法。在__get()方法里加入了 3 个判断，是因为在定义被 private 和 protected 修饰的属性时习惯在名称前加上一个或两个下划线，所以在类外部访问一个不存在的属性时可在__get()方法中确定要访问的是否为被加了下划线的非公开属性。

9.3.2 __isset()和__unset()方法

1. __isset()方法

当在类外部对未定义的属性或者非公有属性使用 isset()函数时，魔术方法__isset()将会被调用。示例代码如下：

```
<?php
class magic{
    public $father = 'chenxiaolong';
    private $_name;
    //private $_wight = '55kg';
    private $_age = '22 years old ';
```

```php
        protected $__height = '170cm';
        private $_hobby = 'basketball';
        function __isset($key){
            if (property_exists('magic', $key)) {
                echo 'property ' . $key . ' exists<br/>';
            } else {
                echo 'property ' . $key . ' not exists<br/>';
            }
        }
}
$obj = new magic();
isset($obj->_hobby);        // 被 private 修饰的属性
isset($obj->lover);         // 不存在的属性
isset($obj->father);        // 被 public 修饰的属性，不会触发 __isset() 方法
isset($obj->__height);      // 被 protected 修饰的属性
```

执行以上程序打印的结果为：

```
property _hobby exists
property lover not exists
property __height exists
```

说明：property_exists()用来检测类中是否定义了该属性，用法为 property_exists(class_name, property_name)，即判断类 class_name 中是否定义了 property_name 属性。

2. __unset()方法

对类中未定义的属性或非公有属性进行 unset()操作时，将会触发__unset()方法。如果属性存在，unset()操作会销毁这个属性，释放该属性在内存中占用的空间。再用对象访问这个属性时，将会返回 NULL。示例如下：

```php
<?php
class magic{
    public $father = 'chenxiaolong';
    private $_name;
    //private $_wight = '55kg';
    private $_age = '22 years old ';
    protected $__height = '170cm';
    private $_hobby = 'basketball';
    
    function __unset($key){
        if (property_exists('magic', $key)) {
            unset($this->$key);
            echo 'property ' . $key . ' has been unseted<br/>';
        } else {
            echo 'property ' . $key . ' not exists<br/>';
        }
```

```php
        }
}
$obj = new magic();
unset($obj->_hobby);
unset($obj->lover);
unset($obj->father);    // 存在该属性且被 public 修饰，不会触发 __unset() 修饰
unset($obj->__height);
?>
```

执行以上程序的打印结果为：

```
property_hobby has been unseted
property lover not exists
property__height has been unseted
```

9.3.3 __call() 和 __toString() 方法

1. __call() 方法

当试图调用类中不存在的方法时会触发__call()方法。__call()方法有两个参数，即方法名和参数，参数以索引数组的形式存在。使用示例如下：

```php
<?php
class magic{
    function __call($func,$param){
        echo "$func method not exists <br/>";
        var_dump($param);
    }
}
$obj = new magic();
$obj->register('param1','param2','param3');
?>
```

执行以上程序的结果如下：

```
register method not exists
array(3) { [0]=> string(6) "param1" [1]=> string(6) "param2" [2]=> string(6) "param3" }
```

2. __toString()方法

当使用 echo 或 print 打印对象时会调用__toString()方法将对象转化为字符串。使用示例如下：

```php
<?php
class magic{
    function __toString(){
        return 'when you want to echo or print the object, __toString() will be called';
    }
}
```

```
    }
    $obj = new magic();
    print $obj;
?>
```

执行以上程序输出的结果为:

when you want to echo or print the object, __toString() will be called。

9.4　自动加载

很多时候写面向对象的应用程序时对每个类的定义建立一个 PHP 源文件。一个很大的烦恼是不得不在每个脚本开头写一个长长的包含文件列表（每个类一个文件），对于每一个类文件都需要使用 require 或者 include 引入。PHP 中提供了两个可用来自动加载文件的函数__autoload() 和 spl_autoload_register()函数。

9.4.1　__autoload() 方法

当在代码中尝试加载未定义的类时会触发__autoload()函数，语法如下：

void __autoload (string $class)

其中，class 是待加载的类名，该函数没有返回值。

下面演示如何使用__autoload()方法。假设有两个文件，分别为 myclass.php 和 yourclass.php，myclass.php 代码：

```
<?php
class myclass{
    function myname(){
        echo "My name is chenxiaolong";
    }
}
?>
```

yourclass.php 代码：

```
<?php
class yourclass{
    function yourname(){
        echo "Your name is lixiaolong ";
    }
}
?>
```

另外，在同一目录下写一个 autoload.php 文件，代码如下：

```php
<?php
function __autoload($name){
    if(file_exists($name . ".php")){
        require_once $name . '.php';
    } else {
        echo "The path is error";
    }
}
$my = new myclass();
$my->myname();
$your = new yourclass();
$your->yourname();
?>
```

执行 autoload.php 文件,输出结果为:

```
My name is chenxiaolong Your name is lixiaolong
```

当语句运行到$my = new myclass()和$your = new yourclass()时便会调用__autoload()函数,在__autoload()函数里实现了把相应类文件加载进来的功能。

9.4.2 spl_autoload_register() 函数

PHP 还提供了 spl_autoload_register()函数,可实现自动加载,以及注册给定的函数作为__autoload()的实现。spl_autoload_register()函数语法如下:

bool spl_autoload_register ([callable $autoload_function [, bool $throw = true [, bool $prepend = false]]])

说明:autoload_function 是要注册的自动装载函数。若没有提供任何参数,则自动注册 autoload 的默认实现函数 spl_autoload()。throw 参数设置了 autoload_function 无法成功注册时 spl_autoload_register()是否抛出异常,若 throw 为 true 或未设置值,则抛出异常,为 false 则不抛出。prepend 如果为 true,spl_autoload_register()会添加函数到队列之首,而不是队列尾部。

假设当前目录下存在 myclass.php 和 yourclass.php,并且两个文件中的代码和上例相同,此时我们将 autoload.php 中的代码改为如下内容:

```php
<?php
function my_autoloader($class) {
    include $class . '.php';
}
spl_autoload_register('my_autoloader');

// 自 PHP 5.3.0 起,可以使用一个匿名函数
// spl_autoload_register(function ($class) {
//     include $class . '.php';
// });

$my = new myclass();
```

```
$my->myname();
$your = new yourclass();
$your->yourname();
?>
```

此时运行 autoload.php，执行结果为：

```
My name is chenxiaolong Your name is lixiaolong
```

9.5 抽象类和接口

抽象类和接口都是不能被实例化的特殊类，可以在抽象类和接口中保留公共的方法，将抽象类和接口作为公共的基类。

9.5.1 抽象类

创建一个抽象类可使用关键词 abstract ，语法格式如下：

```
abstract class class_name {
    abstract public function func_name1(arg1,arg2);
    abstract function func_name2(arg1,arg2,arg3);
}
```

一个抽象类必须至少包含一个抽象方法，抽象类中的方法不能被定义为私有的（private），因为抽象类中的方法需要被子类覆盖，同样抽象类中的方法也不能用 final 修饰，因为其需要被子类继承。抽象类中的抽象方法不包含方法实体。如果一个类中包含了一个抽象方法，那么这个类也必须声明为抽象类。

比如我们定义一个数据库抽象类，有很多种数据库，比如 MySQL、Oracle、MSSQL 等，虽然每种数据库都有不同的使用方法，但是对于数据库来说都有一些共同的操作部分，比如建立数据库链接、查询数据、关闭数据库链接等。这样我们就能抽象出可适用于不同数据库操作的抽象基类。如下示例定义一个抽象 Database 类：

```
abstract class Database {
    abstract function connect($host,$username,$pwd,$db);
    abstract function query($sql);
    abstract function fetch();
    abstract function close();
    function test(){
        echo 'test';
    }
}
```

下面定义一个 MySQL 类继承自抽象基类 Database 。

```
class mysql extends Database {
    protected $conn;
    protected $query;
    function connect($host,$username,$pwd,$db){
        $this->conn = new mysqli($host,$username,$pwd,$db);
    }

    function query($sql){
        return $this->conn->query($sql);
    }

    function fetch(){
        return $this->query->fetch();
    }

    function close(){
        $this->conn->close();
    }
}
```

抽象类中的抽象方法必须被子类实现（除非该抽象类的子类也为抽象类），否则会报错；抽象类中的非抽象方法可不被子类实现（如示例中的 test() 方法）。非抽象方法必须包含实体，抽象方法不能包含实体。

9.5.2 接口

子类只能继承自一个抽象类，却可以继承自多个接口。接口实现了 PHP 的多重继承。声明一个接口的关键词是 interface，在 9.5.1 小节的内容中，我们也可以将 Database 定义为接口。示例代码如下：

```
interface Database {
    function connect($host,$username,$pwd,$db);
    function query($sql);
    function fetch();
    function close();
    function test();
}
```

同样，接口是需要被继承的，所以接口中定义的方法不能为私有方法或被 final 修饰。接口中定义的方法必须被子类实现，并且不能包含实体。下面定义一个 MySQL 类继承自接口 Database，代码如下：

```
class mysql implements Database {
    protected $conn;
    protected $query;
    function connect($host,$username,$pwd,$db){
```

```php
        $this->conn = new mysqli($host,$username,$pwd,$db);
    }

    function query($sql){
        return $this->conn->query($sql);
    }

    function fetch(){
        return $this->query->fetch();
    }

    function close(){
        $this->conn->close();
    }
    function test(){
        echo 'test';
    }
}
```

在 9.5.1 小节抽象 Database 中定义的非抽象方法 test()没有在子类中实现,但在本例的接口示例中,接口中所有的方法都必须被子类实现,所以本例中子类 MySQL 要实现接口中定义的 test()方法。

与抽象类不同的是,一个子类可继承自多个接口,如我们再定义一个接口 MysqlAdmin,代码如下:

```php
interface MysqlAdmin{
    function import();
    function export();
}
```

这时我们实现 MySQL 类继承自接口 Database 和 MysqlAdmin,代码如下:

```php
class mysql implements Database,MysqlAdmin {
    protected $conn;
    protected $query;
    function import(){
        $sql = " load data local infile '/data/import.txt' into table table_name;";
        $this->conn->query($sql);
    }
    function export(){
        $sql = "select * from table_name into outfile 'export.txt'";
        $this->conn->query($sql);
    }
    function connect($host,$username,$pwd,$db){
        $this->conn = new mysqli($host,$username,$pwd,$db);
```

```
        }

        function query($sql){
            return $this->conn->query($sql);
        }

        function fetch(){
            return $this->query->fetch();
        }

        function close(){
            $this->conn->close();
        }
        function test(){
            echo 'test';
        }
    }
```

类继承多个接口，多个接口之间用","分开，类要实现其继承的所有接口的全部方法。本例中 MySQL 类必须实现 Database 和 MysqlAdmin 这两个接口的全部方法。

除了类可以继承接口外，接口也可以继承接口。改写上面的例子，让 Database 接口继承自 MysqlAdmin 接口，代码如下：

```
interface MysqlAdmin{
    function import();
    function export();
}

interface Database extends MysqlAdmin{
    function connect($host,$username,$pwd,$db);
    function query($sql);
    function fetch();
        function close();
    function test();
}
```

同样，一个接口也可继承自多个接口。这样我们在定义一个继承自 Database 接口的 MySQL 类时，也要实现 Database 接口继承的父接口中的方法。

9.6 类中的关键字

本节介绍几个在类中经常使用到的关键字：final、clone、instanceof、"=="和"==="。

9.6.1 final 关键字

子类可覆写父类中的方法，但是在有些时候并不希望父类中的方法被重写，这时只需要在父类中的方法前加上 final 控制符，该方法便不能被子类重写，否则会报错。例如，下面的代码就不是一个合法的 PHP 脚本：

```
class father{
    final function test(){
        echo "test";
    }
}

class son extends father{
    function test(){
        echo "new test";
    }
}
```

因为子类 son 试图重写父类中被 final 修饰的 test()方法，所以执行以上程序将会出现如下错误：

```
Fatal error: Cannot override final method father::test()
```

9.6.2 clone 关键字

可通过 clone 关键字克隆一个对象，克隆后的对象相当于在内存中重新开辟了一个空间，克隆得到的对象拥有和原来对象相同的属性和方法，修改克隆得到的对象不会影响原来的对象，例如：

```
class father{
    protected $name = 'chenxiaolong';
    function test(){
        echo "test";
    }
}
$obj = new father();
$obj_clone = clone $obj;
$obj_clone->name = 'chendalong';
echo $obj->name;
```

执行以上程序，将会打印出结果：chenxiaolong。可见克隆得到的对象$obj_clone 修改自己的属性名并不影响被克隆的对象。

注意，如果使用 "=" 将一个对象赋值给一个变量，那么这时得到的将是一个对象的引用，通过这个变量改变属性的值将会影响原来的对象。示例如下：

```php
class father{
    public $name = 'chenxiaolong';
    function test(){
        echo "test";
    }
}
$obj = new father();
$obj_clone = $obj;
$obj_clone->name = 'chendalong';
echo $obj->name,$obj_clone->name;
```

执行以上程序的输出结果为：

chendalongchendalong

可以使用__clone()魔术方法将克隆后的副本初始化，也可理解为当对象被克隆时自动调用这个方法。

```php
class father{
    public $name = 'chenxiaolong';
    function test(){
        echo "test";
    }
    function __clone(){
        echo "hah";
        $this->name = 'chendalong';
        // 当克隆对象时，克隆后对象得到的将是此处的 name 属性值
    }
}
$obj = new father();
$obj_clone = clone $obj;    // 触发 __clone() 方法
echo $obj->name,$obj_clone->name;
```

执行以上程序的结果为：

hahchenxiaolongchendalong

9.6.3　instanceof 关键字

instanceof 关键字可检测对象属于哪个类，也可用于检测生成实例的类是否继承自某个接口。示例代码如下：

```php
class father{
    public $name = 'chenxiaolong';
    function test(){
        echo "test";
    }
}
```

```php
}
interface Database{
    function test();
}
class mysql implements Database{
    function test(){
        echo "test";
    }
}
$obj = new father();
$mysql = new mysql();
var_dump($obj instanceof father);
var_dump($mysql instanceof Database);
```

执行以上程序将会输出以下结果：

bool(true) bool(true)

9.6.4 "==" 和 "==="

可使用 "＝＝" 和 "＝＝＝" 比较两个对象，"＝＝" 比较两个对象的内容是否相同，即是否具有相同的属性和方法，相同就返回 bool(true)，否则返回 bool(false)。"＝＝＝" 比较两个对象是否为同一引用，是就返回 bool(true)，否则返回 bool(false)。示例代码如下：

```php
class father{
    public $name = 'chenxiaolong';
    function test(){
        echo "test";
    }
}
$obj = new father();
$obj_2 = clone $obj;
$obj_3 = $obj;
var_dump(($obj==$obj_2),($obj===$obj_2),($obj===$obj_3));
```

执行以上程序的结果为：

bool(true) bool(false) bool(true)

第10章 正则表达式

"正则表达式"描述在搜索文本正文时要匹配的一个或多个字符串。该表达式可用作与要搜索的文本相比较的字符模式。可以使用正则表达式来搜索字符串中的模式，替换文本以及提取子字符串。在 PHP 中有两套函数库支持的正则表达式处理操作：一套是由 PCRE（Perl Compatible Regular Expression）库提供、与 Perl 语言兼容的正则表达式函数，以"preg_"为函数的前缀名称；另一套是 POSIX（Portable Operating System Interface）扩展语法正则表达式函数，以"ereg_"为函数的前缀。两套函数库的功能相似，但是 PCRE 的执行效率高于 POSIX。本章只介绍 PCRE 函数库。

10.1　正则表达式的用途

典型的搜索和替换操作要求提供与预期的搜索结果匹配的确切文本。虽然这种技术对静态文本执行简单搜索和替换任务可能已经足够了，但它缺乏灵活性，采用这种方法搜索动态文本将会变得比较困难。正则表达式可以让你灵活地从字符串中匹配出特定格式的文本。

通过使用正则表达式，可以测试字符串内的模式。例如，可以测试输入字符串，以查看字符串内是否出现电话号码模式或信用卡号码模式。这称为数据验证。替换文本，可以使用正则表达式来识别文档中的特定文本、完全删除该文本或者用其他文本替换。基于模式匹配从字符串中提取子字符串，可以查找文档内或输入域内特定的文本。

有时我们可能需要搜索整个网站、删除过时的材料以及替换某些 HTML 格式标记。在这种情况下，可以使用正则表达式来确定在每个文件中是否出现该材料或该 HTML 格式标记。此过程将受影响的文件列表缩小到包含需要删除或更改的材料的那些文件。然后可以使用正则表达式来删除过时的材料。最后，使用正则表达式来搜索和替换标记。

10.2　正则表达式的语法

正则表达式的结构与所创建的算术表达式的结构类似。较大的表达式可由小的表达式通过使用各种元字符和运算符进行组合而创建。正则表达式的各组成部分可以是单个字符、字符集、字符范围或在几个字符之间选择，也可以是这些组成部分的任意组合。通过在一对分隔符之间放置表达式的各种组成部分就可以构建正则表达式。在 PHP 中，分隔符是一对正斜杠（/）字符，如以下示例所示：

/^(\d+)?\.\d+$/

10.2.1　正则表达式中的元素

在构成正则表达式的元素中一般包括普通字符、元字符、限定符、定位点、非打印字符和指定替换项等。

1. 普通字符

最简单的正则表达式是与搜索字符串相比较的单个普通字符。例如，单字符正则表达式 A 会始终匹配字母 A，无论其会出现在搜索字符串的哪个位置。可以将多个单字符组合起来以形成较长的表达式。例如，正则表达式/the/会匹配搜索字符串中的"the" "the" "there" "other"和"over the lazy dog"。无须使用任何串联运算符，只需连续输入字符即可。

2. 元字符

除普通字符之外，正则表达式还可以包含"元字符"。其中，元字符又可分为单字符元字符和多字符元字符。例如，元字符\d，它与数字字符相匹配。普通字符包括没有显式指定为元字符的所有可打印和不可打印字符，包括所有大小写字母、数字、标点符号和一些符号。表 10-1 列出了所有的单字符元字符。

表10-1 单字符元字符

元字符	行为	示例
*	零次或多次匹配前面的字符或子表达式，等效于{0,}	zo*与"z"和"zoo"匹配。
+	一次或多次匹配前面的字符或子表达式，等效于{1,}	zo+与"zo"和"zoo"匹配，但与"z"不匹配。
?	零次或一次匹配前面的字符或子表达式，等效于{0,1} 当?紧随任何其他限定符（*、+、?、{n}、{n,}或{n,m}）之后时，匹配模式是非贪婪的。非贪婪模式匹配搜索到的、尽可能少的字符串，而默认的贪婪模式匹配搜索到的、尽可能多的字符串	zo?与"z"和"zo"匹配，但与"zoo"不匹配 o+?只与"oooo"中的单个"o"匹配，而 o+与所有"o"匹配 do(es)?与"do"或"does"中的"do"匹配
^	匹配搜索字符串开始的位置。如果标志中包括 m（多行搜索）字符，^ 还将匹配 \n 或 \r 后面的位置。如果将 ^ 用作括号表达式中的第一个字符，就会对字符集求反	^\d{3}与搜索字符串开始处的 3 个数字匹配 [^abc]与除 a、b 和 c 以外的任何字符匹配
$	匹配搜索字符串结尾的位置。如果标志中包括 m（多行搜索）字符，^ 还将匹配 \n 或 \r 前面的位置	\d{3}$与搜索字符串结尾处的 3 个数字匹配
.	匹配除换行符 \n 之外的任何单个字符。若要匹配包括 \n 在内的任意字符，请使用诸如 [\s\S] 之类的模式	a.c 与"abc"、"a1c"和"a-c"匹配
[]	标记括号表达式的开始和结尾	[1-4]与"1"、"2"、"3"或"4"匹配 [^aAeEiIoOuU] 与任何非元音字符匹配
{}	标记限定符表达式的开始和结尾	a{2,3}与"aa"和"aaa"匹配
()	标记子表达式的开始和结尾，可以保存子表达式，以备将来之用	A(\d)与"A0"至"A9"匹配。 保存该数字以备将来之用
|	指示在两个或多个项之间进行选择	z|food 与"z"或"food"匹配 (z|f)ood 与"zood"或"food"匹配
/	表示 JScript 中的文本正则表达式模式的开始或结尾。在第二个 "/" 后添加单字符标志可以指定搜索行为	/abc/gi 是与"abc"匹配的 JScript 文本正则表达式。g（全局）标志指定查找模式的所有匹配项，i（忽略大小写）标志使搜索不区分大小写
\	将下一字符标记为特殊字符、文本、反向引用或八进制转义符	\n 与换行符匹配。\(与"("匹配。\\与"\"匹配

这些特殊字符在括号表达式内出现时失去它们的意义，并表示普通字符。若要匹配这些特殊字符，必须首先转义字符，即在字符前面加反斜杠字符"\"。例如，若要搜索"+"文本字符，则可使用表达式"\+"。

除了以上单字符元字符外，还有一些多字符元字符，如表 10-2 所示。

表10-2 多字符元字符

元字符	行为	示例
\b	与一个字边界匹配，即字与空格间的位置	er\b 与"never"中的"er"匹配，但与"verb"中的"er"不匹配
\B	非边界字匹配	er\B 与"verb"中的"er"匹配，但与"never"中的"er"不匹配
\d	数字字符匹配，等效于[0-9]	在搜索字符串"12 345"中，\d{2} 与"12"和"34"匹配。\d 与"1"、"2"、"3"、"4"和"5"匹配
\D	非数字字符匹配，等效于[^0-9]	\D+与"abc123 def"中的"abc"和"def"匹配
\w	与 A-Z、a-z、0-9 和下划线中的任意字符匹配，等效于[A-Za-z0-9_]	在搜索字符串"The quick brown fox…"中，\w+与"The"、"quick"、"brown"和"fox"匹配
\W	与除 A-Z、a-z、0-9 和下划线以外的任意字符匹配，等效于 [^A-Za-z0-9_]	在搜索字符串"The quick brown fox…"中，\W+ 与 "…"和所有空格匹配
[xyz]	字符集，与任何一个指定字符匹配	[abc]与"plain"中的"a"匹配
[^xyz]	反向字符集，与未指定的任何字符匹配	[^abc]与"plain"中的"p"、"l"、"i"和"n"匹配
[a-z]	字符范围，匹配指定范围内的任何字符	[a-z]与"a"到"z"范围内的任何小写字母字符匹配
[^a-z]	反向字符范围，与不在指定范围内的任何字符匹配	[^a-z]与不在范围"a"到"z"内的任何字符匹配
{n}	正好匹配 n 次，n 是非负整数	o{2}与"Bob"中的"o"不匹配，但与"food"中的两个"o"匹配
{n,}	至少匹配 n 次，n 是非负整数 *与{0,}相等 +与{1,}相等	o{2,}与"Bob"中的"o"不匹配，但与"foooood"中的所有"o"匹配
{n,m}	匹配至少 n 次，至多 m 次。n 和 m 是非负整数，其中 n <= m。逗号和数字之间不能有空格 ?与{0,1}相等	在搜索字符串"1234567"中，\d{1,3}与"123"、"456"和"7"匹配
(模式)	与模式匹配并保存匹配项。可以从由 JavaScript 中的 exec Method 返回的数组元素中检索保存的匹配项。若要匹配括号字符( )，请使用"\("或者"\)"	(Chapter|Section) [1-9]与"Chapter 5"匹配，保存"Chapter"以备将来之用
(?:模式)	与模式匹配，但不保存匹配项，即不会存储匹配项以备将来之用。这对于用"or"字符(|)组合模式部件的情况很有用	industr(?:y|ies)与 industry|industries 相等

(续表)

元字符	行为	示例
(?=模式)	正预测先行。找到一个匹配项后，将在匹配文本之前开始搜索下一个匹配项。不会保存匹配项以备将来之用	^(?=.*\d).{4,8}$ 对密码应用以下限制： 其长度必须介于4到8个字符之间，并且必须至少包含一个数字 在该模式中，*\d 查找后跟有数字的任意多个字符。对于搜索字符串"abc3qr"，与"abc3"匹配 从该匹配项之前（而不是之后）开始，{4,8} 与包含 4~8 个字符的字符串匹配，与"abc3qr"匹配 ^和$指定搜索字符串的开始和结束位置，将在搜索字符串包含匹配字符之外的任何字符时阻止匹配
(?!模式)	负预测先行。匹配与模式不匹配的搜索字符串。找到一个匹配项后，将在匹配文本之前开始搜索下一个匹配项。不会保存匹配项以备将来之用	\b(?!th)\w+\b 与不以"th"开头的单词匹配 在该模式中，\b 与一个字边界匹配。对于搜索字符串"quick"，与第一个空格匹配。(?!th)与非"th"字符串匹配与"qu"匹配 从该匹配项开始，\w+与一个字匹配，即与"quick"匹配
\cx	匹配 x 指示的控制字符。x 的值必须在 A-Z 或 a-z 范围内。如果不是这样，就假定 c 是文本"c"字符本身	\cM 与 Ctrl+M 或一个回车符匹配
\xn	匹配 n, 此处的 n 是一个十六进制转义码。十六进制转义码必须正好是两位数长。允许在正则表达式中使用 ASCII 代码	\x41 与"A"匹配。\x041 等效于后跟有"1"的"\x04"（因为 n 必须正好是两位数）
\num	匹配 num, 此处的 num 是一个正整数。这是对已保存的匹配项的引用	(.)\1 与两个连续的相同字符匹配
\n	标识一个八进制转义码或反向引用。如果\n 前面至少有 n 个捕获子表达式，那么 n 是反向引用；否则，如果 n 是八进制数(0-7)，那么 n 是八进制转义码	(\d)\1 与两个连续的相同数字匹配
\nm	标识一个八进制转义码或反向引用。如果\nm 前面至少有 nm 个捕获子表达式，那么 nm 是反向引用。如果\nm 前面至少有 n 个捕获子表达式，则 n 是反向引用，后面跟有文本 m。如果上述情况都不存在，当 n 和 m 是八进制数字 (0-7)时，\nm 匹配八进制转义码 nm	\11 与制表符匹配
\nml	当 n 是八进制数字(0-3)、m 和 1 是八进制数字(0-7)时，匹配八进制转义码 nml。	\011 与制表符匹配
\un	匹配 n, 其中 n 是以 4 位十六进制数表示的 Unicode 字符	\u00A9 与版权符号(©)匹配

3. 非打印字符

非打印字符是由普通字符转义、用来在正则表达式中匹配特定行为的字符，如换行、换页、空白符等。表10-3列出了非打印字符。

表10-3 非打印字符

字 符	匹 配	等 效 于
\f	换页符	\x0c 和 \cL
\n	换行符	\x0a 和 \cJ
\r	回车符	\x0d 和 \cM
\s	任何空白字符，包括空格、制表符和换页符	[\f\n\r\t\v]
\S	任何非空白字符	[^ \f\n\r\t\v]
\t	Tab 字符	\x09 和 \cI
\v	垂直制表符	\x0b 和 \cK

4. 优先级顺序

正则表达式的计算方式与算术表达式非常类似，即从左到右进行计算，并遵循优先级顺序，如表10-4所示。

表10-4 正则表达式优先级

运 算 符	说 明	运 算 符	说 明
\	转义符	^、$、\任何元字符	定位点和序列
()、(?:)、(?=)、[]	括号和中括号	|	替换
*、+、?、{n}、{n,}、{n,m}	限定符		

另外，字符具有高于替换运算符的优先级，例如，允许"m|food"匹配"m"或"food"。

10.2.2 替换和子表达式

1. 替换

正则表达式中的替换允许对两个或多个替换选项之间的选择进行分组。实际上可以在模式中指定两种匹配模式的或关系。可以使用管道"|"字符指定两个或多个替换选项之间的选择，称之为"替换"。匹配管道字符任一侧最大的表达式。

例如：

/Chapter|Section [1-9][0-9]{0,1}/

该正则表达式匹配的是字符串"Chapter"或者字符串"Section"后跟一个或两个数字。如果搜索字符串是"Section 22"，那么该表达式匹配"Section 22"。但是，如果搜索字符串是"Chapter 22"，那么表达式匹配单词"Chapter"，而不是匹配"Chapter 22"。

为了解决这种形式的表达式可能带来的误导，可以使用括号来限制替换的范围，即确保它只应用于两个单词"Chapter"和"Section"。可以通过添加括号来使正则表达式匹配"Chapter 1"

或"Section 3"。将以上表达式改成如下形式：

/(Chapter|Section) [1-9][0-9]{0,1}/

修改后，如果搜索字符串是"Section 22"，那么该表达式匹配"Section 22"。如果搜索字符串是"Chapter 22"，那么表达式匹配单词也会是"Chapter 22"。

2. 子表达式

在正则表达式中放置括号可创建子表达式，子表达式允许匹配搜索文本中的模式并将匹配项分成多个单独的子匹配项，程序可检索生成的子匹配项。如匹配邮箱账号的正则表达式：

/(\w+)@(\w+)\.(\w+)/

该正则表达式包含 3 个子表达式，3 个子表达式分别进行匹配并保留匹配结果，与其他表达式匹配结果作为一个整体显示出来。

下面的示例将通用资源指示符（URI）分解为其组件：

/(\w+):\/\/([^/:]+)(:\d*)?([^#]*)/

第一个括号子表达式保存 Web 地址的协议部分，匹配在冒号和两个正斜杠前面的任何单词。第二个括号子表达式保存地址的域地址部分，匹配不包括左斜线(/)或冒号(:)字符的任何字符序列。第三个括号子表达式保存网站端口号（如果指定了的话），匹配冒号后面的零个或多个数字。第四个括号子表达式保存 Web 地址指定的路径和/或页信息，匹配零个或多个数字字符(#)或空白字符之外的字符。

如果我们使用这个正则表达式匹配字符串"http://msdn.microsoft.com:80/scripting/default.htm"。那么 3 个子表达式的匹配结果分别为 http、masn.microsoft.com、80、/scripting/default.htm。

10.2.3 反向引用

反向引用用于查找重复字符组。此外，可使用反向引用来重新排列输入字符串中各个元素的顺序和位置，以重新设置输入字符串的格式。

可以从正则表达式和替换字符串中引用子表达式。每个子表达式都由一个编号来标识，并称作反向引用。

在正则表达式中，每个保存的子匹配项按照它们从左到右出现的顺序存储。用于存储子匹配项的缓冲区编号从 1 开始，最多可存储 99 个子表达式。在正则表达式中，可以使用\n 来访问每个缓冲区，其中 n 标识特定缓冲区的一位或两位十进制数字。

反向引用的一个应用是，提供查找文本中两个相同单词的匹配项的能力。以下面的句子为例：

Is is the cost of of gasoline going up up?

该句子包含多个重复的单词。如果能设计一种方法定位该句子，而不必查找每个单词的重复出现，就会很有用。下面的正则表达式使用单个子表达式来实现这一点：

/\b([a-z]+) \1\b/

在此情况下，子表达式是括在括号中的所有内容。该子表达式包括由[a-z]+指定的一个或多个字母字符。正则表达式的第二部分是对以前保存的子匹配项的引用，即单词的第二个匹配项正好由括号表达式匹配。\1 用于指定第一个子匹配项。\b 单词边界元字符确保只检测单独的单词。否则，诸如"is issued"或"this is"之类的词组将不能正确地被此表达式识别。所以，使用表达式/\b([a-z]+)\1\b/匹配字符串"Is is the cost of of gasoline going up up?"得到的结果为 is、of、up。

10.3 在 PHP 中使用正则表达式

在 PHP 中使用正则表达式可实现对数据元素的搜索替换分割等操作。PHP 中有多个函数可供使用。

10.3.1 匹配与查找

1. preg_match()函数

preg_match()函数根据正则表达式的模式对字符串进行搜索匹配，语法如下：

int preg_match (string $pattern , string $subject [, array &$matches [, int $flags = 0 [, int $offset = 0]]])

说明：其中，pattern 是要搜索的模式，例如'/^def/'；subject 是指定的被搜索的字符串；matches 是可选参数，被填充为搜索结果；$matches[0]将包含完整模式匹配到的文本，$matches[1] 将包含第一个捕获子组匹配到的文本，以此类推。flags 可被设置为 PREG_OFFSET_CAPTURE，如果传递了这个标记，对于每一个出现的匹配返回时都会附加字符串偏移量（相对于目标字符串的）。注意：这会改变填充到 matches 参数的数组，每个元素成为一个由第 0 个元素是匹配到的字符串，第 1 个元素是该匹配字符串在目标字符串 subject 中的偏移量。如果设置了 offset 参数，将会从目标字符串偏移 offset 的值处开始搜索。

preg_match()返回 pattern 的匹配次数，它的值将是 0 次（不匹配）或 1 次，因为 preg_match()在第一次匹配后将会停止搜索。

使用 preg_match()函数的示例如下：

```
<?php
echo "<pre>";
$subject = "abcdefghijkdef";
$pattern_1 = '/def/';
$num = preg_match($pattern_1, $subject, $matches_1,PREG_OFFSET_CAPTURE,8);
var_dump($matches_1);
var_dump($num);     // 匹配次数为 1 次
$pattern_2 = '/def$/';
$num = preg_match($pattern_2, $subject, $matches_2, PREG_OFFSET_CAPTURE, 3);
var_dump($matches_2);
?>
```

执行以上程序的输出结果如下：

```
array(1) {
  [0]=>
  array(2) {
    [0]=>
    string(3) "def"
    [1]=>
    int(3)
  }
}
int(1)
array(1) {
  [0]=>
  array(2) {
    [0]=>
    string(3) "def"
    [1]=>
    int(11)
  }
}
```

对于第一次匹配,将从字符串的第 8 位搜索与$pattern_1 匹配的子串,$matches_2 数组中包含匹配得到的子串和其出现在目标字符串中的位置。注意第二次正则表达式与第一次的正则表达式不同,其中加了一个定位符号"$",表示匹配字符串结尾处的位置。

2. preg_match_all()函数

preg_match_all()函数和 preg_match()函数相似,主要的不同是后者在第一次匹配成功后将会停止搜索,而前者则会一直搜索匹配到目标字符串的结尾处;另一个不同是 preg_match_all()的 flags 参数可设置为 PREG_PATTERN_ORDER、PREG_SET_ORDER 或 PREG_OFFSET_CAPTURE。flags 设置为 PREG_PATTERN_ORDER 则结果排序为$matches[0]保存完整模式的所有匹配,$matches[1] 保存第一个子组的所有匹配,以此类推。flags 设置为 PREG_SET_ORDER 则结果排序为$matches[0]包含第一次匹配得到的所有匹配(包含子组),$matches[1]是包含第二次匹配到的所有匹配(包含子组)的数组,以此类推。当 flags 的值被设置为 PREG_OFFSET_CAPTURE 时,每个发现的匹配返回时会增加它相对目标字符串的偏移量。注意,这会改变 matches 中的每一个匹配结果字符串元素,使其成为一个第 0 个元素为匹配结果字符串、第 1 个元素为匹配结果字符串在 subject 中的偏移量。如果没有给定排序标记,假定设置为 PREG_PATTERN_ORDER。

preg_match_all()函数的使用示例如下:

```
<?php
echo "<pre>";
$subject = "abcdefghijkdefabcedfdefxyzdef";
$pattern_1 = '/(def)(abc)/';
$num_1 = preg_match_all($pattern_1, $subject, $matches_1,PREG_PATTERN_ORDER);
```

```
var_dump($matches_1);
var_dump($num_1);
$pattern_2 = '/(def)(abc)/';
$num_2 = preg_match_all($pattern_2, $subject, $matches_2, PREG_OFFSET_CAPTURE
, 3);
var_dump($matches_2);
var_dump($num_2);
?>
```

执行以上程序的结果如下：

```
array(3) {
  [0]=>
  array(1) {
    [0]=>
    string(6) "defabc"
  }
  [1]=>
  array(1) {
    [0]=>
    string(3) "def"
  }
  [2]=>
  array(1) {
    [0]=>
    string(3) "abc"
  }
}
int(1)
array(3) {
  [0]=>
  array(1) {
    [0]=>
    array(2) {
      [0]=>
      string(6) "defabc"
      [1]=>
      int(11)
    }
  }
  [1]=>
  array(1) {
    [0]=>
    array(2) {
```

```
      [0]=>
      string(3) "def"
      [1]=>
      int(11)
    }
  }
  [2]=>
  array(1) {
    [0]=>
    array(2) {
      [0]=>
      string(3) "abc"
      [1]=>
      int(14)
    }
  }
}
int(1)
```

3. preg_grep()函数

preg_grep()函数可返回匹配模式的数组条目，语法如下：

array preg_grep (string $pattern , array $input [, int $flags = 0])

说明：参数pattern是要搜索的模式，input为输入数组，如果设置flags为PREG_GREP_INVERT，那么这个函数将返回输入数组中与给定模式pattern不匹配的元素组成的数组。

preg_grep()函数的使用示例如下：

```
<?php
echo "<pre>";
$subject = ['abc','def','efg','hijk','abcdef','defabc'];
$pattern = '/def$/';
$grep_1 = preg_grep($pattern, $subject);
var_dump($grep_1);
$grep_2 = preg_grep($pattern, $subject,PREG_GREP_INVERT);
var_dump($grep_2);?>
```

执行以上程序的输出结果如下：

```
array(2) {
  [1]=>
  string(3) "def"
  [4]=>
  string(6) "abcdef"
}
array(4) {
```

```
    [0]=>
    string(3) "abc"
    [2]=>
    string(3) "efg"
    [3]=>
    string(4) "hijk"
    [5]=>
    string(6) "defabc"
}
```

10.3.2 搜索与替换

1. preg_replace()函数

preg_replace()函数执行一个正则表达式的搜索和替换，语法如下：

mixed preg_replace (mixed $pattern , mixed $replacement , mixed $subject [, int $limit = -1 [, int &$count]])

各参数说明如下：

- Pattern 要搜索的模式，可以是一个字符串或字符串数组。
- Replacement 用于替换的字符串或字符串数组。如果这个参数是一个字符串，并且 pattern 是一个数组，那么所有的模式都使用这个字符串进行替换。如果 pattern 和 replacement 都是数组，那么每个 pattern 使用 replacement 中对应的元素进行替换。如果 replacement 中的元素比 pattern 中的少，那么多出来的 pattern 使用空字符串进行替换。
- Subject 要进行搜索和替换的字符串或字符串数组。如果 subject 是一个数组，搜索和替换会在 subject 的每一个元素上进行，并且返回值也会是一个数组。
- Limit 每个模式在每个 subject 上进行替换的最大次数，默认是-1（无限）。
- Count 如果指定，就将会被填充为完成的替换次数。

如果 subject 是一个数组，preg_replace()就返回一个数组，其他情况下返回一个字符串。如果匹配被查找到，那么替换后的 subject 被返回，其他情况下返回没有改变的 subject。如果发生错误，就返回 NULL。

preg_replace()函数的使用示例如下：

```
<?php
echo "<pre>";
$string_1 = 'lily likes apple,no reason';
$pattern_1 = ['/lily/','/likes/','/apple/'];
$replacement_1 = ['Tom','hates','oranger'];
echo preg_replace($pattern_1, $replacement_1, $string_1);
echo "<br/>";
$arr = ['lily likes apple,no reason','Tom hates oranger,no reason'];
$pattern_2 = ['/no/','/reason/'];
$replacement_2 = ['why','?'];
```

```
$res = preg_replace($pattern_2, $replacement_2, $arr);
var_dump($res);
?>
```

执行以上程序的结果如下:

```
Tom hates oranger,no reason
array(2) {
  [0]=>
  string(22) "lily likes apple,why ?"
  [1]=>
  string(23) "Tom hates oranger,why ?"
}
```

2. preg_filter()函数

preg_filter()函数也是执行一个正则表达式的搜索和替换，等价于 preg_replace()，不同的是 preg_filter()仅返回与目标匹配的结果。

preg_filter()函数的使用示例如下:

```
<?php
$subject = array('1', 'a', '2', 'b', '3', 'A', 'B', '4');
$pattern = array('/\d/', '/[a-z]/', '/[1a]/');
$replace = array('A:$0', 'B:$0', 'C:$0');

echo "preg_filter returns\n";
print_r(preg_filter($pattern, $replace, $subject));

echo "preg_replace returns\n";
print_r(preg_replace($pattern, $replace, $subject));
?>
```

执行以上程序的结果如下:

```
preg_filter returns
Array
(
    [0] => A:C:1
    [1] => B:C:a
    [2] => A:2
    [3] => B:b
    [4] => A:3
    [7] => A:4
)
preg_replace returns
Array
(
```

```
    [0] => A:C:1
    [1] => B:C:a
    [2] => A:2
    [3] => B:b
    [4] => A:3
    [5] => A
    [6] => B
    [7] => A:4
)
```

10.3.3 分割与转义

1. preg_split()函数

preg_split()函数通过一个正则表达式分割字符串,语法如下:

array preg_split (string $pattern , string $subject [, int $limit = -1 [, int $flags = 0]])

各参数说明如下:

- Pattern 用于搜索的模式,字符串形式。
- Subject 输入字符串。
- Limit 如果指定,就将限制分隔得到的子串最多只有 limit 个,返回的最后一个子串将包含所有剩余部分。limit 值为-1、0 或 null 时都代表"不限制"。作为 PHP 的标准,你可以使用 NULL 跳过对 flags 的设置。
- Flags flags 有 3 个取值。若设置为 PREG_SPLIT_NO_EMPTY,则 preg_split()将返回分隔后的非空部分。若设置为 PREG_SPLIT_DELIM_CAPTURE,则分隔的模式中的括号表达式将被捕获并返回。若设置为 PREG_SPLIT_OFFSET_CAPTURE,则对于每一个出现的匹配返回时会附加字符串偏移量。注意:这将会改变返回数组中的每一个元素,使每个元素成为一个由第 0 个元素为分隔后的子串、第 1 个元素为该子串在 subject 中的偏移量组成的数组。

preg_split()函数返回一个使用 pattern 边界分隔 subject 后得到的子串组成的数组。
该函数的使用示例如下:

```
<?php
echo "<pre>";
$subject = 'I like apple,and you';
$pattern = '/[\s,]+/';
var_dump(preg_split($pattern, $subject));
?>
```

执行以上程序的结果如下:

```
array(5) {
  [0]=>
  string(1) "I"
```

```
    [1]=>
    string(4) "like"
    [2]=>
    string(5) "apple"
    [3]=>
    string(3) "and"
    [4]=>
    string(3) "you"
}
```

2. preg_quote()函数

preh_quote()函数转义正则表达式，语法如下：

string preg_quote (string $str [, string $delimiter = NULL])

说明：preg_quote()需要参数 str 并向其中每个正则表达式语法中的字符前增加一个反斜线。如果指定了可选参数 delimiter，那么它也会被转义。

正则表达式特殊字符有 . \ + * ? [^] $ ( ) { } = ! < > | : -。

preg_quote()函数的使用示例如下：

```php
<?php
$keywords = '$40 for \a g3/400*10/x';
$keywords = preg_quote($keywords, 'x');
echo $keywords;
echo "<br/>";
$textbody = "This book is *very* difficult to find.";
$word = "*very*";
$textbody = preg_replace ("/" . preg_quote($word) . "/","<i>" . $word . "</i>",$textbody);
echo $textbody;
?>
```

执行以上程序的结果如下：

```
\$40 for \\a g3/400\*10/\x
This book is *very* difficult to find.
```

第 11 章 错误异常处理

错误处理是编程中必须要考虑的问题，我们要能写出健壮的代码处理这些错误。你可以通过良好的编程经验减少代码业务逻辑中的错误，如果由于网络超时导致 MySQL 或 Redis 等服务连接失败，这样的错误无法通过脚本控制，这时就要进行容错处理。

11.1 异常处理

异常处理是在一些可能发生错误的程序中抛出一个错误,以避免程序的中断执行,用户可捕获异常并做相应处理。因为在编写程序的过程中,很多情况下会发生一些未知的错误,比如接口返回数据的悲观预测、网络请求的延迟或断开、连接数据库失败等。

11.1.1 异常类

PHP 中提供了一个异常类 Exception,Exception 是所有异常类的基类。Exception 类中的属性和方法如下:

```
Exception {
/* 属性 */
protected string $message ;
protected int $code ;
protected string $file ;
protected int $line ;
/* 方法 */
public __construct ([ string $message = "" [, int $code = 0 [, Exception $previous = NULL ]]] )
final public string getMessage ( void )
final public Exception getPrevious ( void )
final public int getCode ( void )
final public string getFile ( void )
final public int getLine ( void )
final public array getTrace ( void )
final public string getTraceAsString ( void )
public string __toString ( void )
final private void __clone ( void )
}
```

关于该类中属性和方法的说明如下:

属性:
- Message 异常消息内容。
- Code 异常代码。
- File 抛出异常的文件名。
- Line 抛出异常在该文件中的行号。

方法:
- Exception::__construct 异常构造函数。
- Exception::getMessage 获取异常消息内容。
- Exception::getPrevious 返回异常链中的前一个异常。

- Exception::getCode 获取异常代码。
- Exception::getFile 获取发生异常的程序文件名称。
- Exception::getLine 获取发生异常的代码在文件中的行号。
- Exception::getTrace 获取异常追踪信息。
- Exception::getTraceAsString 获取字符串类型的异常追踪信息。
- Exception::__toString 将异常对象转换为字符串。
- Exception::__clone 异常克隆。

关于使用异常处理类的示例如下：

```php
<?php
error_reporting(0);        //设置错误级别为0，不报错
function theDatabaseObj(){
    $mysql = mysqli_connect('127.0.0.1','chenxiaolong','8731787','3306');
    if( $mysql ){
        return $mysql;
    } else {
        throw new Exception("Could not connect to the database");
    }
}

function db(){
    try{
        $db = theDatabaseObj();
        var_dump($db);
    }
    catch( Exception $e ){
        echo $e->getMessage();

    }
}

db();
?>
```

保存并执行以上代码，打印结果为：

```
Could not connect to the database
```

在以上示例中，在 db()函数中调用 theDatabaseObj()函数，在 theDatabaseObj()函数中，如果成功连接到数据库就返回数据库实例，否则抛出一个异常，在 db()函数中捕获异常。执行以上代码若打印出字符串"Could not connect to the database"，则说明连接数据库失败，我们捕获了这个异常。

11.1.2 创建自己的异常类

在各种语言里，对异常和错误的定义不同。在 PHP 里遇到任何错误都会抛出一个错误，很少会主动抛出异常，不像 Java 语言那样会预先定义好各种异常类、当程序执行到异常处的代码时会主动抛出。PHP 的异常处理机制并不完善，在 PHP 中想处理不可预料的异常是办不到的，我们必须事先定义一些异常，将各种可能出现的异常进行 if…else 判断，手动抛出异常，所以在 PHP 里经常会使用到我们自己创建的异常类。

下面定义两个异常类，都继承自 Exception 基类。

```php
class emailException extends Exception{
    function __toString(){
        return "<h1>email is null</h1>file:".$this->getFile().',line:'.$this->getLine();
    }
}
class nameException extends Exception{

}
```

在实际业务中可根据不同需求抛出不同异常，业务代码如下：

```php
function reg($reg) {
    if (empty($reg['email'])) {
        throw new emailException("emaill is null", 1);

    }
    if(empty($reg['name'])) {
        throw new nameException("name is null", 2);


    }
}
```

在执行业务代码时，需要使用 if 语句判断异常会发生的地方，然后手动抛出异常，将不同的异常分发给不同的异常类处理，代码如下：

```php
try{
    $reg = array('phone'=>'1888888888');
    reg($reg);
} catch(emailException $e) {
    echo $e;
} catch(nameException $e) {
    echo 'error msg:' .$e->getMessage().'error code:'.$e->getCode();
} finally {
    echo ' finally';
}
```

这段程序根据不同的情况捕获不同的异常，如果第一个 catch 捕获了异常，即使程序中仍然存在其他异常，也会跳过其他的 catch 代码块，但是不管程序中是否出现异常，最终 finally 中的语句都会执行。执行以上程序的结果为：

```
email is null
file:/Library/WebServer/Documents/book/try.php,line:39 finally
```

11.2　错误有关配置

PHP 里的错误是指一种语法错误或由环境问题导致的错误，可使程序运行不正常。

11.2.1　错误级别配置

PHP 中定义了许多不同级别的错误，如使用了未定义的变量会报出一个 notice 级别的错误，实例化一个未定义的类则会报出 fatal error 级别的错误。可在 php.ini 配置文件中定义错误级别，如 error_reporting=E_ALL | E_STRICT（设置最严格的错误级别），在代码中也可使用 error_reporting(E_ALL)等来定义错误级别。PHP 中错误类型的列表如表 11-1 所示。

表11-1　错误类型

值	常量	说明
1	E_ERROR	致命的运行时错误，一般是不可恢复的情况，例如内存分配导致的问题，后果是导致脚本终止、不再继续运行
2	E_WARNING	运行时警告（非致命错误），仅给出提示信息，但是脚本不会终止运行
4	E_PARSE	编译时语法解析错误，仅由分析器产生
8	E_NOTICE	运行时通知，表示脚本遇到可能会表现为错误的情况，但是在可以正常运行的脚本里面也可能会有类似的通知
16	E_CORE_ERROR	在 PHP 初始化启动过程中发生的致命错误，类似 E_ERROR，但是是由 PHP 引擎核心产生的
32	E_CORE_WARNING	PHP 初始化启动过程中发生的警告（非致命错误），类似 E_WARNING，但是是由 PHP 引擎核心产生的
64	E_COMPILE_ERROR	致命编译时错误，类似 E_ERROR，但是是由 Zend 脚本引擎产生的
128	E_COMPILE_WARNING	编译时警告（非致命错误），类似 E_WARNING，但是是由 Zend 脚本引擎产生的
256	E_USER_ERROR	用户产生的错误信息，类似 E_ERROR，但是是由用户自己在代码中使用 PHP 函数 trigger_error()来产生的
512	E_USER_WARNING	用户产生的警告信息，类似 E_WARNING，但是是由用户自己在代码中使用 PHP 函数 trigger_error()来产生的
1024	E_USER_NOTICE	用户产生的通知信息，类似 E_NOTICE，但是是由用户自己在代码中使用 PHP 函数 trigger_error()来产生的

(续表)

值	常量	说明
1024	E_STRICT	启用 PHP 对代码的修改建议，以确保代码具有最佳的互操作性和向前兼容性
2048	E_RECOVERABLE_ERROR	可被捕捉的致命错误，表示发生了一个可能非常危险的错误，但是还没有导致 PHP 引擎处于不稳定的状态。如果该错误没有被用户自定义句柄捕获（参见 set_error_handler()），将成为一个 E_ERROR，从而使脚本终止运行
8192	E_DEPRECATED	运行时通知，启用后将会对在未来版本中可能无法正常工作的代码给出警告
16384	E_USER_DEPRECATED	用户产生的警告信息，类似 E_DEPRECATED，但是是由用户自己在代码中使用 PHP 函数 trigger_error() 来产生的
30719	E_ALL	E_STRICT 出外的所有错误和警告信息

注：表格中的值（数值或者符号）用于建立一个二进制位掩码，制定要报告的错误信息。可以使用按位运算符来组合这些值或者屏蔽某些类型的错误。注意，在 php.ini 中，只有 '|', '~', '!', '^' 和 '&' 会正确解析。

在正式环境中，可能会发生各种未知的错误，这时可以定义 error_reporting(0)，这样就能屏蔽错误了，用户不会在页面看到错误信息，而当排查错误时依然可到 PHP 的执行错误日志中寻找相关信息。

11.2.2 记录错误

PHP 中使用 error_log() 函数可将错误信息发送到某个地方，语法如下：

bool error_log (string $message [, int $message_type = 0 [, string $destination [, string $extra_headers]]])

message 参数表示应该被记录的错误信息。message_type 设置错误应该发送到何处：0 表示将错误发送到 PHP 的系统日志，这是默认选项；1 表示发送 message 到 destination 设置的邮件地址，第四个参数 extra_headers 只有在这个类型里才会被用到；3 表示 message 被发送到位置为 destination 的文件里；4 表示将 message 直接发送到 SAPI 的日志处理程序中。destination 的参数含义由 message_type 参数所决定。extra_headers 是额外的头，当 message_type 设置为 1 的时候使用。 该信息类型使用了 mail() 的同一个内置函数，该函数执行成功时返回 true，执行失败时返回 false。

```
if(!mysql_connect($host,$user,$pwd)) {
    error_log('mysql connect failed',3,'error.log');
}
```

除了使用自定义提示信息，你还可以在发送的错误信息中包含错误处理的位置、发生错误时的执行函数等，使用魔术常量 __FILE__、__LINE__、__FUNCTION__、__CLASS__ 等可以返回与代码有关的错误信息，方便查看日志进行排查。

11.2.3 自定义错误处理函数

PHP 中提供一个 set_error_handler()方法, 支持用户自定义一个错误处理函数, 语法如下:

mixed set_error_handler (callable $error_handler [, int $error_types = E_ALL | E_STRICT])

本函数可以用自定义的方式来处理运行中的错误。例如, 在应用程序中严重错误发生时, 或者在特定条件下触发了一个错误（使用 trigger_error()）, 需要对程序进行处理时。

error_handler 是用户自定义的函数名称, 此函数需要接收两个参数: 错误码和描述错误的 string。另外有可能提供 3 个可选参数, 发生错误的文件名、发生错误的行号以及发生错误的上下文（一个指向错误发生时活动符号表的 array）。用户自定义的函数如下:

handler (int $errno , string $errstr [, string $errfile [, int $errline [, array $errcontext]]])

第一个参数 errno 包含了错误的级别, 是一个 integer; 第二个参数 errstr 包含了错误的信息, 是一个 string; 第三个可选参数 errfile 是 string 类型, 包含错误发生的文件名, 第四个可选参数 errline 包含了错误发生的行号, 是一个 integer; 第五个可选参数 errcontext 是一个指向错误发生时活动符号表的 array。也就是说, errcontext 会包含错误触发处作用域内所有变量的数组。用户的错误处理程序不应该修改错误上下文（context）。如果函数返回 false, 标准错误处理处理程序将会继续调用。

set_error_handler()函数的第二个参数 error_types 就像 error_reporting 的 ini 设置能够控制错误的显示一样, 规定在哪个错误报告级别产生时会显示错误, 默认为 "E_ALL"。下面一个例子演示该函数的使用。

```
function error_handler($errno, $errstr, $errfile, $errline ) {
    echo "error number:".$errno."<br/>";
    echo "error msg:".$errstr."<br/>";
    echo "error file:".$errfile."<br/>";
    echo "error line:".$errline."<br/>";
    die('something error');
    }
set_error_handler("error_handler");
strpos();
```

首先定义一个错误处理函数 error_handler(), 用 set_error_handler()指定其接管系统的标准错误处理程序。执行以上代码会在浏览器打印出如下结果:

```
error number:2
error msg:strpos() expects at least 2 parameters, 0 given
error file:/Library/WebServer/Documents/book/try.php
error line:96
something error
```

使用这种方式进行错误处理, 如果没有在错误处理函数中终止程序的执行, 程序将会继续执行发生错误的下一行, 所以如有必要可使用 die()。

另外需要注意的是，这种错误处理方式并不能接管所有级别的程序错误，E_ERROR、E_PARSE、E_CORE_ERROR、E_CORE_WARNING、E_COMPILE_ERROR、E_COMPILE_WARNING 以及 E_STRICT 部分的错误将会以最原始的形式显示出来。

PHP 的异常处理机制不完善，无法自动抛出异常，用户也可使用 set_error_handler() 这种方式将异常当作错误来处理，这样用户就可以使用自定义的错误处理函数来自动捕获异常了。代码演示如下：

```php
function error_handler($errno, $errstr, $errfile, $errline ) {
    echo "error number:".$errno."<br/>";
    echo "error msg:".$errstr."<br/>";
    echo "error file:".$errfile."<br/>";
    echo "error line:".$errline."<br/>";
    die('something error');
    // throw new ErrorException($errstr, 0, $errno, $errfile, $errline);
}
set_error_handler("error_handler");
/* Trigger exception */
try {
    $a = 5/0;
    var_dump($a);
} catch(Exception $e) {
    echo $e->getMessage();
}
```

以上程序的执行结果为：

```
error number:2
error msg:Division by zero
error file:/Library/WebServer/Documents/book/try.php
error line:98
something error
```

当程序执行到 $a=5/0 语句时，程序自动捕获了这个异常，并由用户自定义的函数进行处理。

11.3　PHP 7 中的错误处理

PHP 7 改变了大多数错误的报告方式。不同于传统（PHP 5）的错误报告机制，现在大多数错误被作为 Error 异常自动抛出，而不必将错误看作异常抛出。

这种 Error 异常可以像 Exception 异常一样被第一个匹配的 try / catch 块所捕获。Error 类并非继承自 Exception 类，所以不能用 catch (Exception $e) { ... } 来捕获 Error，而是用 catch (Error $e) { ... } 来捕获。

如下代码自动捕获一个致命错误：

```
try{
    $a = new cat();
}catch(Error $e) {
    echo 'error msg:'.$e->getMessage().' error line:'.$e->getLine();
}
```

执行以上程序的结果为：error msg:Class 'cat' not found error line:78。这种形式的错误处理只在 PHP 7 中可用。

第12章 图像处理

PHP 并不仅限于创建 HTML 输出，也可以创建和处理包括 GIF、PNG、JPEG、WBMP 以及 XPM 在内的多种格式的图像。更加方便的是，PHP 可以直接将图像数据流输出到浏览器。要想在 PHP 中使用图像处理功能，需要连带 GD 库一起来编译 PHP，可以通过访问 phpinfo()函数查看是否安装了 GD 库。GD 库和 PHP 可能需要其他的库，这取决于你要处理的图像格式。

你可以使用 PHP 中的图像函数来获取下列格式图像的大小：JPEG、GIF、PNG、SWF、TIFF 和 JPEG2000。

12.1 获取图像信息

可以通过以下 4 个函数获取图像的相关信息。

1. getimagesize 取得图像大小

array getimagesize (string $filename [, array &$imageinfo])

getimagesize() 函数将测定任何 GIF、JPG、PNG、SWF、SWC、PSD、TIFF、BMP、IFF、JP2、JPX、JB2、JPC、XBM 或 WBMP 图像文件的大小并返回图像的尺寸以及文件类型和一个可以用于普通 HTML 文件中 IMG 标记中的 height/width 文本字符串。

如果不能访问 filename 指定的图像或者不是有效的图像，getimagesize()将返回 false 并产生一条 E_WARNING 级的错误。

该函数返回一个至少具有 4 个单元的数组。索引 0 包含图像宽度的像素值。索引 1 包含图像高度的像素值。索引 2 是图像类型的标记：1=GIF，2=JPG，3=PNG，4=SWF，5=PSD，6=BMP，7=TIFF(intel byte order)，8=TIFF(motorola byte order)，9=JPC，10=JP2，11=PX，12=JB2，13=SWC，14=IFF，15=WBMP，16=XBM。这些标记与 PHP 4.3.0 新加的 IMAGETYPE 常量对应。索引 3 是文本字符串，内容为"height="yyy" width="xxx""，可直接用于 IMG 标记。

getimagesize()还会返回额外的参数 mime，符合该图像的 MIME 类型。此信息可以用来在 HTTP Content-type 头信息中发送正确的信息。对于 JPG 图像，还会多返回两个索引：channels 和 bits。对于 RGB 图像，channels 值为 3；对于 CMYK 图像，channels 值为 4。bits 是每种颜色的位数。

示例如下：

```php
<?php
//echo phpinfo();
echo "<pre>";
print_r(getimagesize('chen.jpg'));
?>
```

执行以上程序的输出结果如下：

```
Array
(
    [0] => 961
    [1] => 640
    [2] => 2
    [3] => width="961" height="640"
    [bits] => 8
    [channels] => 3
    [mime] => image/jpeg
)
```

由打印的数组可知，此图像宽度的像素值是 961，图像高度的像素值是 640，索引 2 的值为 2 说明图像是 JPG 的图像，除此之外，还获得了图像的 channels、bits 以及 mime 类型。

2. getimagesizefromstring 从字符串中获取图像尺寸信息

与 getimagesize() 函数的参数和返回结果相同，区别是 getimagesizefromstring() 的第一个参数是图像数据的字符串表达，而不是文件名。

示例如下：

```php
<?php
$img ='chen.jpg';
// 以文件方式打开
$size_info1 = getimagesize($img);
// 以字符串格式打开
$data = file_get_contents($img);
$size_info2 = getimagesizefromstring($data);
echo "<pre>";
print_r($size_info1);
print_r($size_info2);
?>
```

执行以上程序的结果如下：

```
Array
(
    [0] => 961
    [1] => 640
    [2] => 2
    [3] => width="961" height="640"
    [bits] => 8
    [channels] => 3
    [mime] => image/jpeg
)
Array
(
    [0] => 961
    [1] => 640
    [2] => 2
    [3] => width="961" height="640"
    [bits] => 8
    [channels] => 3
    [mime] => image/jpeg
)
```

两个函数的返回结果一致，区别是在使用函数的时候打开图像文件的方式不同。

3. imagesx 取得图像的宽度

int imagesx (resource $image)

imagesx()返回 image 所代表的图像的宽度。示例如下：

```php
<?php
$img = imagecreatetruecolor(300, 200);
echo imagesx($img); // 300
?>
```

其中，imagecreatetruecolor()用来创建一个图像资源，在接下来的章节中会讲到。

4. imagesy 取得图像的高度

int imagesy(resource $image)

imagesy()返回 image 所代表的图像的高度。示例如下：

```php
<?php
$img = imagecreatetruecolor(300, 200);
echo imagesy($img); // 200
?>
```

12.2 图像绘制

PHP 中的 GD 库可用于创建和处理图片，一般通过以下 4 个步骤对图像进行操作。

（1）创建画布。
（2）在画布上绘制图形。
（3）保存并输出结果图像。
（4）销毁图像资源。

12.2.1 创建画布

使用 imagecreate()函数可创建一个基于调色板的图像。语法如下：

resource imagecreate (int $x_size , int $y_size)

imagecreate() 返回一个图像标识符，代表了一幅大小为 x_size 和 y_size 的空白图像。

下面的示例演示如何用 imagecreate()创建一个空白的画布并输出一个 PNG 格式的图片。代码如下：

```php
<?php
header("Content-type: image/png");    //设置 mime 类型
$im = @imagecreate(100, 50)
    or die("Cannot Initialize new GD image stream");
$background_color = imagecolorallocate($im, 255, 255, 0);    //定义颜色
```

```
imagepng($im);        //输出 png 格式图像
imagedestroy($im);    //销毁图像资源，释放内存
?>
```

执行以上代码，在浏览器中的显示结果如图 12-1 所示。

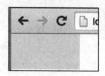

图 12-1　创建画布

也可以使用 imagecreatetruecolor()创建画布资源。语法如下：

resource imagecreatetruecolor (int $width , int $height)

其和 imagecreate 一样都是返回一个图像画布资源。以下实例演示如何用 imagecreatetruecolor() 创建画布，代码如下：

```
<?php
header ('Content-Type: image/png');
$im = @imagecreatetruecolor(120, 20)
        or die('Cannot Initialize new GD image stream');
$text_color = imagecolorallocate($im, 233, 14, 91);
imagepng($im);
imagedestroy($im);
?>
```

执行以上代码，在浏览器中的显示结果如图 12-2 所示。

图 12-2　imagecreatetruecolor 创建画布

12.2.2　定义颜色

给图像的边框背景和文字等元素指定颜色可用 imagecolorallocate()，语法如下：

int imagecolorallocate (resource $image , int $red , int $green , int $blue)

imagecolorallocate()返回一个标识符，代表由给定的 RGB 成分组成的颜色。red、green 和 blue 分别是所需要的颜色的红、绿、蓝成分。这些参数是 0 到 255 的整数或者十六进制的 0x00 到 0xFF。imagecolorallocate()必须被调用，以创建每一种用在 image 所代表的图像中的颜色。

在 12.2.1 小节的两个例子中已经使用到了 imagecolorallocate() 两个函数。除了 imagecolorallocate()函数之外，还可以使用 imagecolorallocatealpha()给图像分配颜色，其语法如下：

int imagecolorallocatealpha (resource $image , int $red , int $green , int $blue , int $alpha)

imagecolorallocatealpha()的行为和 imagecolorallocate()相同，但多了一个额外的透明度参数 alpha，其值从 0 到 127。0 表示完全不透明，127 表示完全透明。如果图像分配颜色失败，就返回 false。

使用示例如下：

```php
<?php
$size = 300;
$image=imagecreatetruecolor($size, $size);

// 用白色背景加黑色边框画个方框
$back = imagecolorallocate($image, 255, 255, 255);
$border = imagecolorallocate($image, 0, 0, 0);
imagefilledrectangle($image, 0, 0, $size - 1, $size - 1, $back);
imagerectangle($image, 0, 0, $size - 1, $size - 1, $border);

$yellow_x = 100;
$yellow_y = 75;
$red_x    = 120;
$red_y    = 165;
$blue_x   = 187;
$blue_y   = 125;
$radius   = 150;

// 用 alpha 值分配一些颜色
$yellow = imagecolorallocatealpha($image, 255, 255, 0, 75);
$red    = imagecolorallocatealpha($image, 255, 0, 0, 75);
$blue   = imagecolorallocatealpha($image, 0, 0, 255, 75);

// 画 3 个交迭的圆
imagefilledellipse($image, $yellow_x, $yellow_y, $radius, $radius, $yellow);
imagefilledellipse($image, $red_x, $red_y, $radius, $radius, $red);
imagefilledellipse($image, $blue_x, $blue_y, $radius, $radius, $blue);

// 不要忘记输出正确的 header！
header('Content-type: image/png');

// 最后输出结果
imagepng($image);
imagedestroy($image);
?>
```

执行以上代码，在浏览器中的输出结果如图 12-3 所示。

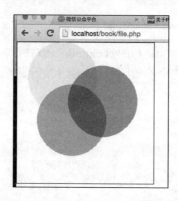

图 12-3　imagecolorallocatealpha()分配颜色示例

12.2.3　绘制图形

PHP 的 GD 函数库提供了许多绘制图形的函数，可以绘制椭圆、矩形、多边形等。

1. 绘制椭圆

使用 imageellipse()画一个椭圆，语法如下：

bool imageellipse (resource $image , int $cx , int $cy , int $width , int $height , int $color)

image 是由图像创建函数（例如 imagecreatetruecolor()）返回的图像资源。cx 是中间的 x 坐标。cy 是中间的 y 坐标。width 表示椭圆的宽度。height 表示椭圆的高度。color 表示椭圆的颜色。颜色标识符由 imagecolorallocate() 创建。使用该函数成功时返回 true，失败时返回 false，使用示例如下：

```php
<?php
// 新建一个空白图像
$image = imagecreatetruecolor(400, 300);
// 填充背景色
$bg = imagecolorallocate($image, 0, 0, 0);
// 选择椭圆的颜色
$col_ellipse = imagecolorallocate($image, 255, 255, 255);
// 画一个椭圆
imageellipse($image, 200, 150, 300, 200, $col_ellipse);
// 输出图像
header("Content-type: image/png");
imagepng($image);
?>
```

执行以上代码，在浏览器中的显示结果如图 12-4 所示。

2. 绘制多边形

PHP 中使用 imagefilledpolygon 绘制多边形，语法如下：

bool imagefilledpolygon (resource $image , array $points , int $num_points , int $color)

图 12-4　绘制椭圆

imagefilledpolygon() 在 image 图像中画一个填充了的多边形。points 参数是一个按顺序包含有多边形各顶点的 x 和 y 坐标的数组。num_points 参数是顶点的总数，必须大于 3。

使用示例如下：

```
<?php
// 建立多边形各顶点坐标的数组
$values = array(
          40,  50,   // Point 1 (x, y)
          20,  240,  // Point 2 (x, y)
          60,  60,   // Point 3 (x, y)
          240, 20,   // Point 4 (x, y)
          50,  40,   // Point 5 (x, y)
          10,  10    // Point 6 (x, y)
          );

// 创建图像
$image = imagecreatetruecolor(250, 250);

// 设定颜色
$bg   = imagecolorallocate($image, 200, 200, 200);
$blue = imagecolorallocate($image, 0, 0, 255);

// 画一个多边形
imagefilledpolygon($image, $values, 6, $blue);

// 输出图像
header('Content-type: image/png');
imagepng($image);
imagedestroy($image);
?>
```

执行以上程序，在浏览器中的显示结果如图 12-5 所示。

图 12-5 绘制多边形

3. 绘制矩形

PHP 中使用 imagefilledrectangle()函数绘制矩形，语法如下：

bool imagefilledrectangle (resource $image , int $x1 , int $y1 , int $x2 , int $y2 , int $color)

imagefilledrectangle()在 image 图像中画一个用 color 颜色填充了的矩形，其左上角坐标为 x1、y1，右下角坐标为 x2、y2。（0, 0）是图像的最左上角。

使用示例如下：

```php
<?php
// 创建图像
$image = imagecreate(250, 250);
$bg = imagecolorallocate($image, 10, 110, 25);
$blue = imagecolorallocate($image, 0, 0, 255);
imagefilledrectangle($image, 100, 200, 50, 50, $blue);
// 输出图像
header('Content-type: image/png');
imagepng($image);
imagedestroy($image);
?>
```

执行以上代码，在浏览器中的输出结果如图 12-6 所示。

图 12-6 绘制矩形

4. 绘制椭圆弧

PHP 中使用 imagearc() 绘制椭圆弧。语法如下：

bool imagearc (resource $image , int $cx , int $cy , int $w , int $h , int $s , int $e , int $color)

imagearc() 以（cx, cy）（图像左上角为（0, 0））为中心在 image 所代表的图像中画一个椭圆弧。w 和 h 分别指定了椭圆的宽度和高度，起始和结束点以 s 和 e 参数用角度指定。0°位于三点钟位置，以顺时针方向绘画。

使用示例如下：

```
<?php
// 创建一个 200×200 的图像
$img = imagecreatetruecolor(200, 200);
// 分配颜色
$color = imagecolorallocate($img, 200, 100, 0);
// 画一个弧
imagearc($img, 100, 100, 150, 100, 50, 260, $color);
// 将图像输出到浏览器
header("Content-type: image/png");
imagepng($img);
// 释放内存
imagedestroy($img);
?>
```

执行以上程序，在浏览器中的输出结果如图 12-7 所示。

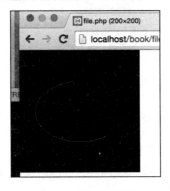

图 12-7　绘制椭圆弧

12.2.4　绘制文字

PHP 中还提供了多个绘制文字的函数。

1. imagechar 水平地画一个字符

imagechar 语法如下：

bool imagechar (resource $image , int $font , int $x , int $y , string $c , int $color) imagechar() 将字符串 c 的第一个字符画在 image 指定的图像中,其左上角位于(x, y)(图像左上角为(0, 0)),颜色为 color。如果 font 是 1、2、3、4 或 5,就使用内置的字体(更大的数字对应于更大的字体)。

该函数的使用示例如下:

```
<?php
$im = imagecreate(100,100);

$string = 'PHP';

$bg = imagecolorallocate($im, 0, 255, 255);
$black = imagecolorallocate($im, 0, 0, 0);

// prints a black "P" in the top left corner
imagechar($im, 100, 40, 40, $string, $black);

header('Content-type: image/png');
imagepng($im);
?>
```

执行以上代码,在浏览器中的输出结果如图 12-8 所示。

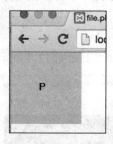

图 12-8　绘制单个字符

2. imagecharup 垂直地画一个字符

imagecharup 可以垂直地画一个字符,语法如下:

bool imagecharup (resource $image , int $font , int $x , int $y , string $c , int $color)

imagecharup()将字符 c 垂直地画在 image 指定的图像上,位于(x,y)(图像左上角为(0, 0)),颜色为 color。如果 font 为 1、2、3、4 或 5,就使用内置的字体。

使用示例如下:

```
<?php
$im = imagecreate(100,100);

$string = 'P';
```

```
$bg = imagecolorallocate($im, 0, 255, 255);
$black = imagecolorallocate($im, 0, 0, 0);

// prints a black "Z" on a white background
imagecharup($im, 100, 40, 40, $string, $black);

header('Content-type: image/png');
imagepng($im);
?>
```

执行以上代码,在浏览器中的显示结果如图 12-9 所示。

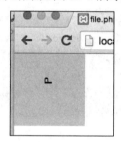

图 12-9　imagecharup 垂直地画一个字符

3. imagefttext　将文本写入图像

imagefttext 语法如下:

array imagefttext (resource $image , float $size , float $angle , int $x , int $y , int $color , string $fontfile , string $text [, array $extrainfo])

其中,image 是图像创建函数返回的图像资源,size 是使用的字体大小,angle 是角度,如果为 0 就表示从左到右写入文本,按照逆时针旋转,此值就是旋转的角度。(x, y) 是起始坐标,color 是写入字体的颜色,fontfile 是字体文件的路径。

该函数使用示例如下:

```
<?php
// Create a 300x100 image
$im = imagecreatetruecolor(300, 100);
$red = imagecolorallocate($im, 0xFF, 0x00, 0x00);
$black = imagecolorallocate($im, 0x00, 0x00, 0x00);

// Make the background red
imagefilledrectangle($im, 0, 0, 299, 99, $red);

// Path to our ttf font file
$font_file = 'RealPrizes-Italic.ttf';

// Draw the text 'PHP Manual' using font size 13
```

```
imagefttext($im, 30, 20, 105, 55, $black, $font_file, 'PHP Manual');

// Output image to the browser
header('Content-Type: image/png');

imagepng($im);
imagedestroy($im);

?>
```

执行以上程序，在浏览器中的输出结果如图 12-10 所示。

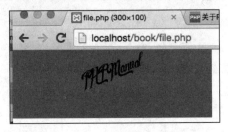

图 12-10　imagefttext 将文本写入图像

12.3　图片处理

本节介绍图片的复制旋转和图片水印处理。

12.3.1　复制图像

imagecopy 可用来复制图像，语法如下：

bool imagecopy (resource $dst_im , resource $src_im , int $dst_x , int $dst_y , int $src_x , int $src_y , int $src_w , int $src_h)

此函数的作用是将 src_im 图像中坐标从（src_x, src_y）开始、宽度为 src_w、高度为 src_h 的一部分复制到 dst_im 图像中坐标为（dst_x, dst_y）的位置上。

示例如下：

```
<?php
$imdst = imagecreatefromjpeg('chen.jpg');
$imsrc = imagecreatefromjpeg('test.jpg');
imagecopy($imdst, $imsrc, 100, 100, 100, 100, 200, 200);
header('Content-Type: image/gif');
imagejpeg($imdst);
?>
```

执行以上代码，在浏览器中的输出结果如图 12-11 所示。

图 12-11　imagecopy 复制图片

12.3.2　旋转图像

imagerotate 可将图像旋转一个给定的角度。语法如下：

resource imagerotate (resource $image , float $angle , int $bgd_color [, int $ignore_transparent = 0])

该函数将 src_im 图像用给定的 angle 角度旋转。返回旋转后的图像资源，或者在失败时返回 false。bgd_color 指定旋转后没有覆盖到的部分颜色。ignore_transparent 如果被设为非零值，那么透明色会被忽略（否则会被保留）。

旋转的中心是图像的中心，旋转后的图像会按比例缩小，以适合目标图像的大小——边缘不会被剪去。使用示例如下：

```php
<?php
// File and rotation
$filename = 'chen.jpg';
$degrees = 100;
// Content type
header('Content-type: image/jpeg');
// Load
$source = imagecreatefromjpeg($filename);
// Rotate
$rotate = imagerotate($source, $degrees, 0);
// Output
imagejpeg($rotate);
?>
```

执行以上程序，在浏览器中的显示结果如图 12-12 所示。

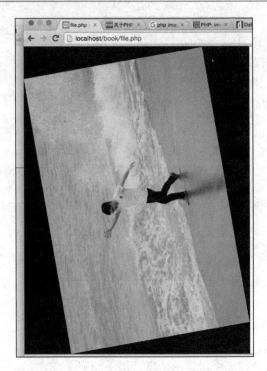

图 12-12　旋转图像

12.3.3　图像水印

图像水印就是把一张图片复制到另外一张背景图片上。这里介绍一下 imagecopymerge()函数，其作用是复制合并图像的一部分，语法如下：

bool imagecopymerge (resource $dst_im , resource $src_im , int $dst_x , int $dst_y , int $src_x , int $src_y , int $src_w , int $src_h , int $pct)

该函数可以将 src_im 图像中坐标从（src_x, src_y）开始，宽度为 src_w、高度为 src_h 的一部分复制到 dst_im 图像中坐标为（dst_x, dst_y）的位置上。两个图像将根据 pct 来决定合并程度，其值范围从 0 到 100。当 pct=0 时，实际上什么也没做；当 pct:100 时，对于调色板图像，本函数和 imagecopy()完全一样，对真彩色图像实现了 alpha 透明。

使用示例如下：

```
<?php
$imgObj = imagecreatefromjpeg('chen.jpg');
var_dump(imagecopymerge($imgObj, imagecreatefrompng('water.png'), 20, 20, 0, 0, 100, 100, 50));
imagejpeg($x,'haha.jpg');
?>
```

执行以上代码,将图像 water.png 复制到图像 chen.jpg 上,并将这个新的图像保存为 haha.jpg，如图 12-13 所示。

图 12-13　图像水印

12.4　图像验证码

图像验证码就是在一张图片上写上几个字符,并辅之以一些干扰元素(通常为像素点和斜线)。图像验证码经常用在用户登录、论坛发帖等场景中,其目的是为了防止机器人(程序)自动操作,验证此次行为是由用户来完成的。以下示例为一个生成验证码的文件 **code.php**:

```php
<?php
function random($len)
{
$srcstr="ABCDEFGHIJKLMNOPQRSTUVWXYZ0123456789";
mt_srand();
$strs="";
for($i=0;$i<$len;$i++){
$strs.=$srcstr[mt_rand(0,35)];
}
return strtoupper($strs);
}
$str=random(4); //随机生成的字符串
$width = 50; //验证码图片的宽度
$height = 25; //验证码图片的高度
@header("Content-Type:image/png");

//echo $str;
$im=imagecreate($width,$height);
//背景色
$back=imagecolorallocate($im,0xFF,0xFF,0xFF);
//模糊点颜色
```

```
$pix=imagecolorallocate($im,187,230,247);
//字体色
$font=imagecolorallocate($im,41,163,238);
//绘制模糊作用的点
mt_srand();
for($i=0;$i<1000;$i++)
{
imagesetpixel($im,mt_rand(0,$width),mt_rand(0,$height),$pix);
}
imagestring($im, 5, 7, 5,$str, $font);
imagerectangle($im,0,0,$width-1,$height-1,$font);
imagepng($im);
imagedestroy($im);
?>
```

在另外一个文件 a.php 中将 code.php 文件作为 HTML 标签 img 的 src 属性值，代码如下：

```
<?php
echo "<img src=code.php>";//生成图片
?>
```

在浏览器中运行 a.php 文件，输出结果如图 12-14 所示。

图 12-14　图像验证码

第13章 目录文件操作

掌握目录文件处理技术对 Web 开发者是非常必要的，因为我们经常需要对文件进行处理，将一些数据写入文件或者从文件里读出数据。这种操作简单快捷，在开发中经常用到。

13.1 目　　录

查看文件时一定会涉及目录操作，本节介绍与目录操作有关的函数。

13.1.1 判断文件类型

可使用 filetype 确定文件的类型，语法格式如下：

string filetype (string $filename)

说明：filename 表示文件的路径，该函数返回文件的类型，可能的值有 fifo、char、dir、block、link、file 和 unknown。如果出错，就返回 false。如果调用失败或者文件类型未知，filetype()还会产生一个 E_NOTICE 消息。

filetype()使用示例如下：

```php
<?php
echo filetype('chen.jpg');
echo filetype('post.php');
echo filetype('test');
?>
```

执行以上代码的输出结果为：

```
file file dir
```

除 filetype()外，还可以使用 is_dir 判断文件名是否是一个目录，如果是就返回布尔值 true，否则返回 false，使用 is_file()判断文件名是否为一个正常的文件。示例如下：

```php
<?php
var_dump(is_dir('test'));
var_dump(is_file('chen.jpg'));
var_dump(is_dir('chen.jpg'));
?>
```

执行以上程序的结果为：

```
bool(true) bool(true) bool(false)
```

13.1.2 创建和删除目录

1. 创建目录

在 PHP 中使用 mkdir 创建目录，语法如下：

bool mkdir (string $pathname [, int $mode = 0777 [, bool $recursive = false [, resource $context]]])

此函数将尝试创建一个由 pathname 指定的目录。默认的 mode 是 0777，意味着最大可能的访问权。recursive 为 true 时表示允许递归地创建目录。创建目录成功时返回 true，或者在失败时返回 false。

该函数的使用示例如下：

```php
<?php
$structure = './depth1/depth2/depth3/';
if (!mkdir($structure, 0777, true)) {
    die('Failed to create folders...');
} else {
    echo "create successfuly";
}
?>
```

执行以上代码，在浏览器中的输出结果为：

`create successfuly`

在当前目录下递归地创建/depth1/depth2/depth3/目录。

2. 删除目录

在 PHP 中使用 rmdir 删除目录，语法如下：

bool rmdir (string $dirname [, resource $context])

尝试删除 dirname 所指定的目录。该目录必须是空的，而且要有相应的权限。失败时会产生一个 E_WARNING 级别的错误。

使用示例如下：

```php
<?php
$structure = './depth1/depth2/depth3/';
if (!rmdir($structure)) {
    die('Failed to delete folders...');
} else {
    echo "delete successfuly";
}
?>
```

执行以上代码将会删除我们刚才创建的 depth3 目录，并在浏览器中显示结果：

`delete successfuly`

13.1.3　打开读取和关闭目录

在 PHP 中使用 opendir()打开目录，语法如下：

resouce opendir(string path　[,resource context])

如果成功就返回目录句柄的 resource，失败则返回 false。如果 path 不是一个合法的目录或者因为权限限制或文件系统错误而不能打开目录，opendir()返回 false 并产生一个 E_WARNING 级别的 PHP 错误信息。可以在 opendir()前面加上"@"符号来抑制错误信息的输出。

使用 readdir()从目录句柄中读取条目，语法如下：

string readdir ([resource $dir_handle])

返回目录中下一个文件的文件名，文件名以在文件系统中的排序返回。

使用 closedir()关闭目录句柄，语法如下：

void closedir ([resource $dir_handle])

该函数将关闭由 dir_handle 指定的目录流，且目录流必须之前被 opendir()所打开。

以上 3 个函数的使用示例如下：

```php
<?php
$dir = "/etc/php5/";
if (is_dir($dir)) {
    if ($dh = opendir($dir)) {
        while (($file = readdir($dh)) !== false) {
            echo "filename: $file : filetype: " . filetype($dir . $file) . "\n";
        }
        closedir($dh);
    }
}
?>
```

执行以上程序的结果如下：

```
filename: . : filetype: dir
filename: .. : filetype: dir
filename: apache : filetype: dir
filename: cgi : filetype: dir
filename: cli : filetype: dir
```

在 PHP 中使用 scandir()列出指定路径中的文件和目录，语法如下：

array scandir (string $directory [, int $sorting_order [, resource $context]])

该函数将返回一个包含有 directory 中的文件和目录的数组。directory 是要被浏览的目录。sorting_order 默认的排序顺序是按字母升序排列。如果使用了可选参数 sorting_order（设为 1），那么排序顺序是按字母降序排列。

scandir()使用示例如下：

```php
<?php
$dir = './';
$files1 = scandir($dir);
$files2 = scandir($dir, 1);
```

```
echo "<pre>";
print_r($files1);
print_r($files2);
?>
```

执行以上代码的结果为：

```
Array
(
    [0] => .
    [1] => ..
    [2] => .DS_Store
    [3] => RealPrizes-Italic.ttf
    [4] => a.php
    [5] => chen.jpg
    [6] => curlpic.php
    [7] => depth1
    [8] => file.php
    [9] => getInfo.php
    [10] => index.html
    [11] => moban.php
    [12] => post.php
    [13] => str.php
    [14] => test
    [15] => test.jpg
    [16] => wx_sample.php
)
Array
(
    [0] => wx_sample.php
    [1] => test.jpg
    [2] => test
    [3] => str.php
    [4] => post.php
    [5] => moban.php
    [6] => index.html
    [7] => getInfo.php
    [8] => file.php
    [9] => depth1
    [10] => curlpic.php
    [11] => chen.jpg
    [12] => a.php
    [13] => RealPrizes-Italic.ttf
    [14] => .DS_Store
```

```
    [15] => ..
    [16] => .
)
```

13.1.4　获得路径中目录部分

使用 dirname()返回路径中的目录部分，语法如下：

string dirname (string $path)

给出一个包含有指向一个文件的全路径字符串，本函数将返回去掉文件名后的目录名，即 path 的父目录，如果在 path 中没有斜线，就返回一个点（'.'），表示当前目录；否则返回的是把 path 中结尾的/component（最后一个斜线以及后面部分）去掉之后的字符串。

在 Windows 中，斜线（/）和反斜线（\）都可以用作目录分隔符，在其他环境下是斜线（/）。

使用示例如下：

```
<?php
echo dirname('file.php') . "\n";
echo dirname('./depth1/depth2/');
?>
```

执行以上代码，在浏览器中的输出结果为：

```
. ./depth1
```

13.1.5　目录磁盘空间

在 PHP 中可使用以下两个函数查看磁盘空间：

（1）float disk_free_space (string $directory)　给出一个包含有一个目录的字符串。本函数将根据相应的文件系统或磁盘分区返回可用的字节数，在失败时返回 false。

（2）float disk_total_space (string $directory)　给出一个包含有一个目录的字符串。本函数将根据相应的文件系统或磁盘分区返回所有的字节数，或者在失败时返回 false。本函数返回的是该目录所在的磁盘分区的总大小，因此将同一个磁盘分区的不同目录作为参数所得到的结果完全相同。在 UNIX 和 Windows 200x/XP 中都支持将一个磁盘分区加载为一个子目录。

使用示例如下：

```
<?php
echo disk_free_space("chen.jpg");
echo disk_total_space("/");
?>
```

执行以上程序的输出结果为：

```
60505161728 120108089344
```

13.2 文件操作

文件操作是 PHP 编程中经常使用到的,本节介绍与文件操作有关的函数。

13.2.1 打开文件

要对文件进行操作,首先要打开文件。在 PHP 中使用 fopen()函数打开文件,语法如下:

resource fopen (string $filename , string $mode [, bool $use_include_path = false [, resource $context]])

参数 filename 是被打开的文件路径,mode 是打开文件的模式。fopen 中打开文件的 mode 可选值如表 13-1 所示。

表13-1 fopen()中mode可选值列表

mode	说 明
r	只读方式打开,将文件指针指向文件头
r+	读写方式打开,将文件指针指向文件头
w	写入方式打开,将文件指针指向文件头并将文件大小截为零。如果文件不存在就尝试创建之
w+	读写方式打开,将文件指针指向文件头并将文件大小截为零。如果文件不存在就尝试创建之
a	写入方式打开,将文件指针指向文件末尾。如果文件不存在就尝试创建之
a+	读写方式打开,将文件指针指向文件末尾。如果文件不存在就尝试创建之
x	创建并以写入方式打开,将文件指针指向文件头。如果文件已存在,那么 fopen() 调用失败并返回 false,并生成一条 E_WARNING 级别的错误信息。如果文件不存在就尝试创建之。这和给底层的 open(2) 系统调用指定 O_EXCL|O_CREAT 标记是等价的
x+	创建并以读写方式打开,其他的行为和 'x' 一样。
c	以只写方式打开文件,如果文件不存在就创建之。如果文件存在不会清空文件内容,将文件指针指向文件头
c+	以读写方式打开文件,如果文件不存在就创建之。如果文件存在不会清空文件内容,将文件指针指向文件头

如果需要在 include_path 中搜寻文件,可以将可选的第三个参数 use_include_path 设为'1'或 true。该函数执行成功时返回文件指针资源,如果打开失败,本函数返回 false。

fopen()使用示例如下:

```
<?php
$handle = fopen("/home/rasmus/file.txt", "r");
$handle = fopen("/home/rasmus/file.gif", "wb");
$handle = fopen("http://www.example.com/", "r");
$handle = fopen("ftp://user:password@example.com/somefile.txt", "w");
?>
```

13.2.2 读取文件

打开文件后可以使用一些函数读取文件。

1. fgets()

fgets()是从文件指针中读取一行,语法如下:

string fgets (resource $handle [, int $length])

handle 是用 fopen()打开的文件句柄,length 表示从 handle 指向的文件中读取一行并返回长度最多为 length - 1 字节的字符串。碰到换行符(包括在返回值中)、EOF 或者已经读取了 length - 1 字节后停止(看先碰到哪一种情况)。如果没有指定 length,那么默认为 1KB,或者说 1024 字节。

假设 fgets.php 和 test.txt 在同一目录下。fgets.php 里的代码如下:

```php
<?
$handle = fopen('test.txt', 'r');
if ($handle) {
    while (($buffer = fgets($handle, 4096)) !== false) {
        echo $buffer;
    }
    if (!feof($handle)) {
        echo "Error: unexpected fgets() fail\n";
    }
    fclose($handle);
}
?>
```

test.txt 里的内容如下:

```
abcedef
ghijk
lmn
opqrst
uvwxyz
```

执行以上代码,打印出来的结果为:

```
abcedef ghijk lmn opqrst uvwxyz
```

2. fgetc()

fgetc()可从文件指针中读取字符,语法如下:

string fgetc (resource $handle)

handle 文件指针必须是有效的,必须指向由 fopen()或 fsockopen()成功打开的文件(还未由 fclose()关闭)。该函数返回一个包含有一个字符的字符串,这个字符从 handle 指向的文件中得到。碰到 EOF 则返回 false。

用 fgetc()读取 test.txt 里的内容,示例如下:

```
<?
$fp = fopen('test.txt', 'r');
if (!$fp) {
    echo 'Could not open file somefile.txt';
}
while (false !== ($char = fgetc($fp))) {
    echo "$char\n";
}
?>
```

执行以上代码，在浏览器中的打印结果为：

a b c e d e f g h i j k l m n o p q r s t u v w x y z

13.2.3 获得文件属性

文件的属性包括文件的上次访问修改时间、文件大小类型等信息。

1. fileatime()

fileatime()可取得文件上次访问的时间，失败时返回 false，返回的是 UNIX 时间戳。语法如下：

int fileatime (string $filename)

使用示例如下：

```
<?
$filename = 'test.txt';
if (file_exists($filename)) {
    echo "$filename was last accessed: " . date("Y m d H:i:s.", fileatime($filename));
}
?>
```

执行以上程序，输出结果为：

test.txt was last accessed: 2016 06 02 08:58:38.

2. filemtime()

filemtime()可取得文件修改的时间，成功时返回文件上次被修改的时间，失败时则返回 false。时间以 UNIX 时间戳的方式返回。语法如下：

int filemtime (string $filename)

使用示例如下：

```
<?
$filename = 'test.txt';
if (file_exists($filename)) {
```

```
        echo "$filename was last modified: " . date ("Y m d H:i:s.", filemtime($filename));
}
?>
```

执行以上程序的输出结果为：

```
test.txt was last modified: 2016 06 02 08:50:31.
```

3. filesize()

filesize()可获得文件的大小，成功时返回文件大小的字节数，失败时返回 false 生成一条 E_WARNING 级的错误。语法如下：

int filesize (string $filename)

使用示例如下：

```
<?php
$filename = 'test.txt';
echo $filename . ':' . filesize($filename) . ' bytes';
?>
```

执行以上程序的输出结果为：

```
test.txt: 31 bytes
```

4. filetype()

filetype()可获得文件的类型，可能返回的值有 fifo、char、dir、block、link、file 和 unknown。语法如下：

string filetype (string $filename)

使用示例如下：

```
<?php
echo filetype('test.txt');
echo filetype('chen.jpg');
echo filetype('/');
?>
```

执行以上代码的输出结果为：

```
filefiledir
```

5. stat()

stat()可给出文件的信息，能返回上次访问、修改时间以及文件大小等各种信息。语法如下：

array stat (string $filename)

使用示例如下：

```php
<?php
echo "<pre>";
print_r(stat('chen.jpg'));
?>
```

执行以上程序的输出结果为：

```
Array
(
    [0] => 16777220
    [1] => 5326503
    [2] => 33279
    [3] => 1
    [4] => 501
    [5] => 0
    [6] => 0
    [7] => 91534
    [8] => 1464157034
    [9] => 1460737690
    [10] => 1464111447
    [11] => 4096
    [12] => 184
    [dev] => 16777220
    [ino] => 5326503
    [mode] => 33279
    [nlink] => 1
    [uid] => 501
    [gid] => 0
    [rdev] => 0
    [size] => 91534
    [atime] => 1464157034
    [mtime] => 1460737690
    [ctime] => 1464111447
    [blksize] => 4096
    [blocks] => 184
)
```

13.2.4 复制/删除/移动/重命名文件

1. 复制文件

在 PHP 中使用 copy() 函数复制文件，语法如下：

bool copy (string $source , string $dest [, resource $context])

该函数实现将文件从 source 复制到 dest 的功能。执行成功时返回 true，失败时返回 false。

使用示例如下:

```php
<?
$file = 'test.txt';
$newfile = 'test.txt.bak';
if (!copy($file, $newfile)) {
    echo "failed to copy $file...\n";
} else {
    echo "copy successfully";
}
?>
```

执行以上程序后将会复制 test.txt 文件并重命名为 test.txt.bak。如果原来已经存在 test.txt.bak,那么该文件将会被覆盖。执行程序后在浏览器中的输出结果为:

```
copy successfully
```

2. 删除文件

在 PHP 中使用 unlink 删除文件,语法如下:

bool unlink (string $filename [, resource $context])

filename 是要被删除的文件名称,执行成功时返回 true,失败时返回 false。

使用示例如下:

```php
<?
$file = 'test.txt.bak';
if (!unlink($file)) {
    echo "failed to delete $file...\n";
} else {
    echo "delete successfully";
}
?>
```

执行以上程序后将会删除 test.txt.bak 文件,并且在浏览器中显示结果:

```
delete successfully
```

3. 移动/重命名文件

rename 可重命名一个文件,也可移动文件。语法如下:

bool rename (string $oldname , string $newname [, resource $context])

oldname 是原文件的名字,newname 是重命名后的名字。函数执行成功时返回 true,失败时返回 false。使用示例如下:

```php
<?
if(rename('test.txt', 'test.rename.txt')) {
    echo "success";
```

```
} else {
    echo "failed";
}
?>
```

执行以上程序,test.txt 文件将会被重命名为 test.rename.txt。

移动并重命名文件的使用示例如下:

```
<?
if(rename('test.rename.txt', 'depth1/test.txt')) {
    echo "success";
} else {
    echo "failed";
}
?>
```

执行以上程序,test.rename.txt 文件将会被移动到 depth1 目录下,并被重命名为 test.txt。

13.3 文件指针

PHP 可以实现文件指针的定位及查询,从而实现所需信息的快速查询。指针的位置就是从文件头部开始的字节数,默认的文件指针通常存在于文件头或结尾,可以通过 PHP 提供的 fseek()、feof()和 ftell()等函数对指针位置进行操作。

- rewind()

倒回文件指针的位置,语法如下:

bool rewind (resource $handle)

其作用是将 handle 的文件位置指针设为文件流的开头。

- fseek()

在文件指针中定位,语法如下:

int fseek (resource $handle , int $offset [, int $whence = SEEK_SET])

该函数的作用是在与 handle 关联的文件中设定文件指针位置。新位置从文件头开始以字节数度量,是以 whence 指定的位置再加上 offset。成功时返回 0,否则返回-1,移动到 EOF 之后的位置不算错误。

- ftell()

返回文件指针读写的位置,语法如下:

int ftell (resource $handle)

该函数返回由 handle 指定的文件指针的位置,也就是文件流中的偏移量。

下面演示一个示例介绍这几个函数的用法。

假设目录中有这样一个文件 1.txt，里面的内容为：abcdefghijklmnopqrstuvwxyz。编写 zhizhen.php 代码如下：

```php
<?php
$filename="1.txt";
if(is_file($filename)){                    // is_file()函数
    echo "文件总字节数："  .filesize($filename)."<br />";
    $fopen=fopen($filename,"rb");         // fopen()函数
    echo "初始指针位置是：".ftell($fopen)."<br />";

    fseek($fopen,5);
    echo "使用 fseek()函数后指针位置：".ftell($fopen)."<br />";

    // 当前指针后面的内容从 5 开始，fgets()函数输出 5 以后的内容
    echo "输出当前指针后面的内容：".fgets($fopen)."<br />";

    if(feof($fopen))
        // 当前指针指向文件末尾时，指针的位置等于文件的总字节数
        echo "当前指针指向文件末尾：".ftell($fopen)."<br />";

    rewind($fopen);
    echo "使用 rewind()函数后指针的位置：".ftell($fopen)."<br />";

    // fgets()函数执行成功时从参数 handle 所指向的文件中读取一行
    // 并返回长度最多为 length-1 字节的字符串，因此设置为 6 时可以输出前 5 个字节的内容
    echo "输出前 5 个字节的内容：".fgets($fopen,6);

    fclose($fopen);                       // fclose()函数
}else{
    echo "文件不存在！";
}
?>
```

执行 zhizhen.php 文件，将会在浏览器中打印出以下结果：

文件总字节数：26
初始指针位置是：0
使用 fseek()函数后指针位置：5
输出当前指针后面的内容：fghijklmnopqrstuvwxyz
当前指针指向文件末尾：26
使用 rewind()函数后指针的位置：0
输出前 5 个字节的内容：abcde

13.4 文件上传

在开发中经常需要通过 PHP 向服务器上传一些文件,比如用户头像、商品图片等。

13.4.1 上传文件配置

上传文件时需要配置 php.ini 中的几个参数,如表 13-2 所示。

表13-2 上传文件配置参数

配置参数	示 例	说 明
file_uploads	file_uploads=on	是否允许 HTTP 文件上传,默认值为 On,允许 HTTP 文件上传,此选项不能设置为 Off
upload_max_filesize	upload_max_filesize=50M	上传文件的最大尺寸。这个选项默认值为 2M,即文件上传的大小为 2MB,如果想上传一个 50MB 的文件,就必须设定 upload_max_filesize = 50M
post_max_size	post_max_size=8M	通过表单 POST 给 PHP 时所能接收的最大值,包括表单里的所有值,默认为 8MB。如果 POST 数据超出限制,那么 $_POST 和 $_FILES 将会为空 要上传大文件,就必须设定该选项值大于 upload_max_filesize 选项的值。例如,设置了 upload_max_filesize= 50M,就可以设置 post_max_size=100M 另外,如果启用了内存限制,那么该值应当小于 memory_limit 选项的值
upload_tmp_dir	upload_tmp_dir='/usr/local/picture'	文件上传的临时存放目录。如果没有指定则 PHP 会使用系统默认的临时目录。该选项默认为空,在手动配置 PHP 运行环境时容易遗忘,如果不配置这个选项,文件上传功能就无法实现
max_execution_time	max_execution_time=600	每个 PHP 页面运行的最大时间值(单位为秒),默认为 30 秒。当我们上传一个较大的文件时,例如 50MB 的文件,很可能要几分钟才能上传完,但 PHP 默认页面最长的执行时间为 30 秒,超过 30 秒,该脚本就停止执行,将出现无法打开网页。因此我们可以把值设置得较大些,如 max_execution_time=600。如果设置为 0,就表示无时间限制
max_input_time	max_input_time=600	每个 PHP 脚本解析请求数据所用的时间(单位为秒),默认为 60 秒。当我们上传大文件时,可以将这个值设置得较大些。如果设置为 0,就表示无时间限制
memory_limit	memory_limit=128M	这个选项用来设置单个 PHP 脚本所能申请到的最大内存空间。这有助于防止写得不好的脚本消耗光服务器上的可用内存。如果不需要任何内存上的限制就将其设为 -1。 PHP 5.2.0 以前的版本默认为 8MB,PHP 5.2.0 版本默认为 16MB,PHP 5.2.0 之后的版本默认为 128MB

假设要上传一个 50MB 的大文件，配置 php.ini 文件：

```
file_uploads = On
upload_tmp_dir = "d:/fileuploadtmp"
upload_max_filesize = 50M
post_max_size = 100M
max_execution_time = 600
max_input_time = 600
memory_limit = 128M
```

注意，需要保持 memory_limit > post_max_size > upload_max_filesize。

13.4.2 上传文件示例

本小节演示一个使用表单上传文件到服务器的例子。

upload.html 里的文件代码如下：

```html
<html>
<head></head>
<body></body>
<form enctype="multipart/form-data" action="file.php" method="POST">
    Send this file: <input name="userfile" type="file" />
    <input type="submit" value="Send File" />
</form>
</html>
```

file.php 里的文件代码如下：

```php
<?php
$file = $_FILES['userfile'];
if($file['error'] == 0) {
    if(move_uploaded_file($file['tmp_name'], $file['name'])) {
        echo 'success';
    } else {
        echo "failed";
    }
} else {
    echo 'error code' . $file['error'];
}
?>
```

正确地执行上面的代码后将会在代码的当前目录下出现上传的文件。

第 14 章 Cookie 与 Session

初学者容易将 Cookie 和 Session 搞混淆,也有不少人简单地把 Cookie 和 Session 理解为一种是客户端存储机制、另一种是服务端存储机制。实际上 Cookie 和 Session 不只是这么简单的,这一章就来详细讲解下关于 Cookie 和 Session 的内容。

14.1 Cookie 详解

14.1.1 Cookie 的基本概念和设置

Cookie 是一种存储在客户端的数据，能存储 Cookie 的客户端不只是浏览器，但绝大多数情况下都是由浏览器来实现的。浏览器通过 HTTP 协议和服务端进行 Cookie 交互。Cookie 是独立于语言而存在的，很多种语言都可以设置和读取 Cookie。在实现过程中，编程语言是通过指令通知浏览器，然后是浏览器实现设置 Cookie 的功能的。读取 Cookie 则是通过浏览器请求服务端时携带的 HTTP 头部中的 Cookie 信息得来的。

PHP 中可使用 setcookie() 来设置 cookie，语法如下：

bool setcookie (string $name [, string $value = "" [, int $expire = 0 [, string $path = "" [, string $domain = "" [, bool $secure = false [, bool $httponly = false]]]]]])

setcookie 可定义 Cookie 并将其随 HTTP 头部一起发送给客户端，在设置 Cookie 之前不能有任何输出。当 Cookie 被设置后，可在刷新页面后通过 $_COOKIE 全局数组获得。

第一个参数 name 是必选参数，表示 Cookie 的名称，Cookie 的值是通过 $_COOKIE[name] 获得的。

第二个参数设置 Cookie 的值，存储在客户端。

第三个参数设置 Cookie 的有效时间，以秒为单位，如果想要删除一个函数可以将 Cookie 的有效时间设置为当前时间之前，或者使用 unset($_COOKIE[name]) 来删除某个 Cookie。如果不设置这个值，当浏览器关闭时，Cookie 会随之失效。

参数 path 设置 Cookie 的有效目录，如果设置为 "/" 就表示在当前目录下均可用，如果设置为 "/foo/" 就表示只有在目录 "/foo/" 和其子目录（如 "/foo/bar/"）下才可。

参数 domain 设置 Cookie 的作用域名，默认在本域名下有效。如果设置该值为 "www.example.com" 则该域名下的所有子域名如 i.e.w2.www.example.com 都可使用该 cookie。如果要设置一个域名的所有子域名都可使用，设置其值为 example.com 即可。

参数 secure 用来设置是否对 Cookie 进行加密传输，默认为 false。如果设置为 true，那么只有在使用 https 的时候才会设置 Cookie。

第七个参数如果为 true 就表示只能通过 HTTP 协议才能访问该 Cookie，意味着客户端 JavaScript 不可操作这个 Cookie。使用此参数可减少 XSS 攻击的风险。

下面使用 PHP 分别设置三个 Cookie：

```
<?php
setcookie('name','chenxiaolong');
setcookie('num','100',time()+100,'/foo/');
setcookie('gender','male',time()+100,'','www.baidu.com');
print_r($_COOKIE);
?>
```

第一个 Cookie 设置名为 name、值为 chenxiaolong，其他参数都是默认值，表示在当前目录和域名下都有效，且有效时间持续到浏览器关闭。第二个和第三个 Cookie 的设置只在特定的目录域名和有效时间内才能看到。注意当第一次在浏览器访问这个脚本文件时并不会有任何输出，因为设置完 Cookie 后需刷新页面，这样在下次请求时 HTTP 头部才会携带上一次设置的 Cookie 信息，这时才能读取到 Cookie。

第一次在浏览器访问该脚本的请求消息头（Request Headers）和响应消息头（Response Headers）分别如下：

```
Request Headers:
Accept:text/html,application/xhtml+xml,application/xml;q=0.9,image/webp,*/*;q=0.8
Accept-Encoding:gzip, deflate, sdch, br
Accept-Language:zh-CN,zh;q=0.8
Cache-Control:max-age=0
Connection:keep-alive
Host:localhost
Upgrade-Insecure-Requests:1
User-Agent:Mozilla/5.0 (Macintosh; Intel Mac OS X 10_10_5) AppleWebKit/537.36 (KHTML, like Gecko) Chrome/54.0.2840.71 Safari/537.36
```

可见其并没有携带任何 Cookie 信息，说明浏览器并没有向客户端发送任何 Cookie 信息，而返回的响应消息头中包含了 Cookie 信息。

```
Response Headers:
Connection:Keep-Alive
Content-Length:10
Content-Type:text/html; charset=UTF-8
Date:Sun, 13 Nov 2016 08:48:14 GMT
Keep-Alive:timeout=5, max=100
Server:Apache/2.4.16 (Unix) PHP/7.0.5
Set-Cookie:name=chenxiaolong
Set-Cookie:num=100; expires=Sun, 13-Nov-2016 08:49:54 GMT; Max-Age=100; path=/foo/
Set-Cookie:gender=male; expires=Thu, 01-Jan-1970 00:00:10 GMT; Max-Age=-1479026884; domain=www.baidu.com
X-Powered-By:PHP/7.0.5
```

返回消息头中包含 3 个 Set-Cookie 部分，用于通知浏览器设置对应的 Cookie。当我们再次刷新页面的时候，可看到请求消息头中携带了 Cookie 信息。刷新请求得到的请求消息头如下：

```
Accept:text/html,application/xhtml+xml,application/xml;q=0.9,image/webp,*/*;q=0.8
Accept-Encoding:gzip, deflate, sdch, br
Accept-Language:zh-CN,zh;q=0.8
Cache-Control:max-age=0
Connection:keep-alive
Cookie:name=chenxiaolong
```

> Host:localhost
> Upgrade-Insecure-Requests:1
> User-Agent:Mozilla/5.0 (Macintosh; Intel Mac OS X 10_10_5) AppleWebKit/537.36 (KHTML, like Gecko) Chrome/54.0.2840.71 Safari/537.36
> Name

可见其中已经携带了 Cookie 信息，但是只有设置的 name 这一个 Cookie，这是因为其他两个 Cookie 不在这个目录或本域名下有效。

我们在前面已经讲过，既然 PHP 和客户端 JavaScript 都可以操作 Cookie，那么用 PHP 设置的 Cookie 也可用 JavaScript 读取到，用 JavaScript 设置的 Cookie 也可由 PHP 读取到。不同的是，PHP 设置的 Cookie 需要在刷新页面后的下一次请求中才有效，而 JavaScript 设置的 Cookie 在本次请求中就有效。

下面用 JavaScript 代码设置 Cookie：

```javascript
<script type="text/javascript">
function setCookie(name,value)
{
var Days = 30;
var exp = new Date();
exp.setTime(exp.getTime() + Days*24*60*60*1000);
document.cookie = name + "="+ escape (value) + ";expires=" + exp.toGMTString();
}

function getCookie(name)
{
var arr,reg=new RegExp("(^| )"+name+"=([^;]*)(;|$)");
if(arr=document.cookie.match(reg))
return unescape(arr[2]);
else
return null;
}

setCookie('test','testhaha');
alert(getCookie('test'));
</script>
```

浏览器访问本页用 JavaScript 设置的 Cookie 会立即生效。我们再来看访问这个页面的请求消息头和响应消息头：

> Request Headers:
> Accept:text/html,application/xhtml+xml,application/xml;q=0.9,image/webp,*/*;q=0.8
> Accept-Encoding:gzip, deflate, sdch, br
> Accept-Language:zh-CN,zh;q=0.8
> Cache-Control:max-age=0

```
Connection:keep-alive
Cookie:test=testhaha
Host:localhost
Upgrade-Insecure-Requests:1
User-Agent:Mozilla/5.0 (Macintosh; Intel Mac OS X 10_10_5) AppleWebKit/537.36 (KHTML, like Gecko) Chrome/54.0.2840.71 Safari/537.36
```

由于使用的是 JavaScript 在客户端设置的 Cookie，所以在本次向服务端发送 HTTP 请求时就已经携带了 Cookie 信息。我们再用 PHP 代码 echo $_COOKIE['test']; 来获得由 JavaScript 设置的 Cookie，此时可在页面成功打印出名为 test 的 Cookie 值。通过这个例子更清晰地知道，Cookie 是编程语言通过一些指令告知浏览器，由浏览器实现的，浏览器和服务端进行通信时，HTTP 消息头中携带了 Cookie 信息。

14.1.2 Cookie 的应用和存储机制

Cookie 经常用来存储一些不敏感的信息，如用来防止刷票、记录用户名、限制重复提交等。这里以防止用户在一分钟之内多次提交为例，代码如下：

```
<script type="text/javascript">
function SetCookie(name, value) {
    var Days = 30;
    var exp = new Date();
    exp.setTime(exp.getTime() + 60 * 100);//过期时间为 1 分钟
    document.cookie = name + "=" + escape(value) + ";expires=" + exp.toGMTString();
}

function submit() {
    if(getCookie('submit')) {
        alert('you haved submited before,please submit after one minute');
    } else {
        SetCookie('submit','yes');
    }
}

function getCookie(name)
{
var arr,reg=new RegExp("(^| )"+name+"=([^;]*)(;|$)");
if(arr=document.cookie.match(reg))
return unescape(arr[2]);
else
return null;
}
</script>
<button onclick='submit()'>提交</button>
```

以上代码实现的是防止用户在一分钟之内多次提交表单，当用户第一次提交表单时，设置 Cookie 有效期为 1 分钟，当再次提交时判断 Cookie 是否过期来限制用户的提交。

前面说，Cookie 是存储在客户端的一段数据，但是不同的浏览器存储 Cookie 的地方不同：一种是将 Cookie 数据保存在文件中，另一种是保存在浏览器内存中。

在 Windows 系统上（这里以 Windows 7 为例）。IE 浏览器 Cookie 数据位于%APPDATA%\Microsoft\Windows\Cookies\ 目录中的 xxx.txt 文件，里面可能有很多个.txt Cookie 文件，如 C:\Users\yren9\AppData\Roaming\Microsoft\Windows\Cookies\0WQ6YROK.txt。

在 IE 浏览器中，IE 将各个站点的 Cookie 分别保存为一个 XXX.txt 这样的纯文本文件；而 Firefox 和 Chrome 是将所有的 Cookie 都保存在一个文件中，该文件的格式为 SQLite 数据库格式的文件。Firefox 的 Cookie 数据位于%APPDATA%\Mozilla\Firefox\Profiles\ 目录中的 xxx.default 目录下，名为 Cookies.sqlite 的文件中，如 C:\Users\jay\AppData\Roaming\Mozilla\Firefox\Profiles\ji4grfex.default\cookies.sqlite。

在 Firefox 中查看 Cookie，可以选择"工具>选项>隐私>显示 Cookie"。Chrome 的 Cookie 数据位于%LOCALAPPDATA%\Google\Chrome\User Data\Default\ 目录中名为 Cookies 的文件中，如 C:\Users\jay\AppData\Local\Google\Chrome\User Data\Default\Cookies。

14.2 Session 详解

14.2.1 Session 的基本概念和设置

Session 存储在服务端，本质上和 Cookie 没有区别，都是针对 HTTP 协议的局限性而提出的一种保持客户端和服务端间会话状态的机制。Session 经常用来网站的上下文间实现页面变量的传递、用户身份认证、程序状态记录等，常见的有配合 Cookie 使用、实现保存用户的登录状态或者记录用户的购物下单信息等。

在使用 Session 之前必须先开启 Session，可使用 session_start()开启 Session，同 Cookie 一样，在开始之前不能有任何输出内容，否则会出现如下警告：

```
Warning: session_start(): Cannot send session cookie - headers already sent
```

也可以修改 php.ini 中的 session.auto_start = 0 为 session.auto_start = 1，设置自动开启 Session 支持，这样就不必每次在使用 Session 的时候都加上 session_start()了。

Session 的设置非常简单，可以直接使用$_SESSION[key]=value 的形式，其中 key 表示 Session 的键，所有设置的 Session 都存储在全局数组$_SESSION 中。当在代码中设置了 Session 时，在 HTTP 请求的消息头中会携带一个名为 PHPSESSID 的 Cookie，其值是一个 32 位十六进制的字符串。每个客户端向服务器请求时都会产生一个不同的值，如果清除浏览器的 Cookie，再次刷新页面时将会重新设置一个 PHPSESSID 的值。服务端接收到这个 Cookie，根据其值在服务器中找到对应的 Session 文件，从而实现保持与客户端链接状态的信息，其中 Session 中存储着序列化的 Session 键值等信息。设置了 Session 的 HTTP 请求消息头如下：

Accept:text/html,application/xhtml+xml,application/xml;q=0.9,image/webp,*/*;q=0.8
Accept-Encoding:gzip, deflate, sdch, br
Accept-Language:zh-CN,zh;q=0.8
Cache-Control:max-age=0
Connection:keep-alive
Cookie:PHPSESSID=4680c9df2ce9ac4d1aa7f366bd92d83a
Host:localhost
Upgrade-Insecure-Requests:1
User-Agent:Mozilla/5.0 (Macintosh; Intel Mac OS X 10_10_5) AppleWebKit/537.36 (KHTML, like Gecko) Chrome/54.0.2840.71 Safari/537.36

14.2.2　Session 的工作原理和存储机制

前文讲到，Session 是通过一个名为 PHPSESSID 的 Cookie 来和服务器取得联系的，Session 通过 sessionID（PHPSESSID 的值）来找到对应服务器中 Session 的文件名。sessionID 是在客户端和服务端通过 HTTP Requset 和 HTTP Response 传来传去的。sessionID 按照一定的算法生成，保证其值的唯一性和随机性。Cookie 里存储着 Session 的 sessionID 和 Session 的生存期，如果没有设置 Session 的生存期，则 sessionID 存储在内存中，关闭浏览器时 Session 失效，重新请求页面时会重新注册一个 sessionID。

默认情况下，Session 是存储在服务器硬盘上的，在 php.ini 中可通过 session.save_path 设置 Session 文件的存储路径，默认为服务器上的/tmp 目录。此配置指令还有一个可选的 N 参数来决定会话文件分布的目录深度。例如，设定为 '5;/tmp' 将使创建的会话文件和路径类似于 /tmp/4/b/1/e/3/sess_4b1e384ad74619bd212e236e52a5a174If。要使用 N 参数，必须在使用前先创建好这些目录。在 ext/session 目录下有个小的 shell 脚本，即 mod_files.sh。Windows 版本下的 mod_files.bat 可以用来做这件事。此外，如果使用了 N 参数并且大于 0，那么将不会执行自动垃圾回收。文件储存模块默认使用 mode 600 创建文件。通过修改可选参数 MODE 来改变这种默认行为：N;MODE;/path。其中，MODE 是 mode 的八进制表示。使用以上描述的可选目录层级参数 N 时请注意，对于绝大多数站点，大于 1 或者 2 的值会不太合适——因为这需要创建大量的目录。例如，值设置为 3 需要在文件系统上创建 64^3 个目录，将浪费很多空间和 inode。仅仅在绝对肯定站点足够大时才可以设置 N 大于 2。一个 Session 文件的内容如下：

siteadmin_username|s:7:"special";siteadmin_truename|s:6:"特殊";siteadmin_usertype|i:1;

内容的格式为：session 名 | 值类型：长度：值;。

14.2.3　使用 Redis 存储 Session

对于大访问量的网站来说，会有许多的客户端和服务端建立链接，就会生成许多 Session 文件，由于 Session 文件是存储在硬盘上的，因此每次服务器去读取这些 Session 文件都要经过许多的 I/O 操作。PHP 中可使用 session_set_save_handle()函数自定义 Session 保存函数（如打开、关闭、写入、读取等）。session_set_save_handle()语法如下：

bool session_set_save_handler (callable $open , callable $close , callable $read , callable $write , callable $destroy , callable $gc [, callable $create_sid])

如果想使用 PHP 内置的会话存储机制之外的方式，可以使用本函数。例如，可以自定义会话存储函数来将会话数据存储到数据库。该函数的参数说明如下：

- open(string $savePath, string $sessionName)　open 回调函数类似于类的构造函数，在会话打开的时候被调用。这是自动开始会话或者通过调用 session_start()手动开始会话之后第一个被调用的回调函数。此回调函数操作成功返回 true，反之返回 false。
- close()　close 回调函数类似于类的析构函数。在 write 回调函数调用之后调用。当调用 session_write_close()函数之后，也会调用 close 回调函数。此回调函数操作成功返回 true，反之返回 false。
- read(string $sessionId)　如果会话中有数据，那么 read 回调函数必须返回将会话数据编码（序列化）后的字符串。如果会话中没有数据，read 回调函数就返回空字符串。在自动开始会话或者通过调用 session_start()函数手动开始会话之后，PHP 内部调用 read 回调函数来获取会话数据。在调用 read 之前，PHP 会调用 open 回调函数。read 回调返回的序列化之后的字符串格式必须与 write 回调函数保存数据时的格式完全一致。PHP 会自动反序列化返回的字符串并填充$_SESSION 超级全局变量。虽然数据看起来和 serialize()函数很相似，但是它们是不同的。
- write(string $sessionId, string $data)　在会话保存数据时会调用 write 回调函数。此回调函数接收当前会话 ID 以及$_SESSION 中数据序列化之后的字符串作为参数。序列化会话数据的过程由 PHP 根据 session.serialize_handler 设定值来完成。序列化后的数据将和会话 ID 关联在一起进行保存。当调用 read 回调函数获取数据时，所返回的数据必须和传入 write 回调函数的数据完全保持一致。PHP 会在脚本执行完毕或调用 session_write_close()函数之后调用此回调函数。注意，在调用完此回调函数之后，PHP 内部会调用 close 回调函数。
PHP 会在输出流写入完毕并且关闭之后才调用 write 回调函数，所以在 write 回调函数中的调试信息不会输出到浏览器中。如果需要在 write 回调函数中使用调试输出，建议将调试输出写入到文件。
- destroy($sessionId)　当调用 session_destroy()函数，或者调用 session_regenerate_id()函数并且设置 destroy 参数为 true 时会调用此回调函数。此回调函数操作成功返回 true，反之返回 false。
- gc($lifetime)　为了清理会话中的旧数据，PHP 会不时地调用垃圾收集回调函数。调用周期由 session.gc_probability 和 session.gc_divisor 参数控制。传入到此回调函数的 lifetime 参数由 session.gc_maxlifetime 设置。此回调函数操作成功返回 true，反之返回 false。
- create_sid()　当需要新的会话 ID 时被调用的回调函数。回调函数被调用时无传入参数，其返回值应该是一个字符串格式的、有效的会话 ID。

下面举一个关于使用 Redis 代替文件存储 Session 的例子。

首先编写一个管理 Session 的类 sessionmanager，代码如下：

```
<?php
class sessionmanager{
    private $redis;
    private $sessionsavepath;
```

```php
    private $sessionname;
    public function __construct()
    {
        $this->redis = new Redis();
        $this->redis->connect('10.116.19.14',6400);
        $reval = session_set_save_handler(
            array($this,"open"),
            array($this,"close"),
            array($this,"read"),
            array($this,"write"),
            array($this,"destroy"),
            array($this,"gc")
        );
        session_start();
    }

    public function open($patn,$name){
        return true;
    }
    public function close(){
        return true;
    }
    public function read($id){
        $value = $this->redis->get($id);
        if($value) {
            return $value;
        } else {
            return false;
        }
    }
    public function write($id,$data){
        if($this->redis->set($id,$data)) {
            $this->redis->expire($id,60);
            return true;
        } else {
            return false;
        }
    }
    public function destroy($id) {
        if($this->redis->delete($id)) {
            return true;
        }
        return false;
```

```php
    }
        public function gc($maxlifetime){
            return true;
        }
        public function __destruct()
        {
            session_write_close();
            // TODO: Implement __destruct() method.
        }
    }
?>
```

在该类的构造函数中，使用 session_set_save_handler() 设置 Session 的处理函数，实例化该类时便完成了用指定函数接管系统处理 Session 的工作。将以上代码保存为 sessionmanager.php 文件。在 write 回调函数中，以传入的 sessionID 作为 key，以 Session 的值作为 redis 中 key 的值存入 Redis，并设置过期时间为 60 秒；read 方法以传入的 sessionID 为 key 从 Redis 取出相应的 Session 值。destroy 可根据传入的 sessionID 删除 Redis 中的 Session。

我们编写另外一个设置 Session 的脚本，并引入 sessionmanager.php 文件，实例化 sessionmanager 类，代码如下：

```php
<?php
include 'sessionmanager.php';
new sessionmanager();
$_SESSION['namehaha'] = 'lixiaolong';
$_SESSION['namehah'] = 'lixiaolong';
$_SESSION['namehaa'] = 'lixiaolong';
$_SESSION['namhaha'] = 'lixiaolong';
$_SESSION['namhaha'] = array('a'=>1,2,3,4,4);
?>
```

保存以上代码为 set.php，另外编写一个可访问 Session 的脚本，代码如下：

```php
<?php
include 'sessionmanager.php';
new sessionmanager();
var_dump($_SESSION);
?>
```

保存以上代码为 get.php 文件。测试时先访问 set.php，再访问 get.php，会在浏览器中输出以下结果：

```
    array(4) { ["namehaha"]=> string(10) "lixiaolong" ["namehah"]=> string(10)
"lixiaolong" ["namehaa"]=> string(10) "lixiaolong" ["namhaha"]=> array(5)
{ ["a"]=> int(1) [0]=> int(2) [1]=> int(3) [2]=> int(4) [3]=> int(4) } }
```

可见已经成功地设置并获得了 Session。查看 redis 中存储的 Session 信息：

redis 127.0.0.1:6400> get ruevh62hlm809d1p2lg2o0fbv7"namehaha|s:10:\"lixiaolong\";namehah|s:10:\"lixiaolong\"; namehaa|s:10:\ "lixiaolong\";namhaha|a:5:{s:1:\"a\";i:1;i:0;i:2;i:1;i:3;i:2;i:4;i:3;i:4;}"

redis 中是以 string 的数据类型存储 Session 的，其 key 便是 sessionID，也是 HTTP Request 中的 cookie 名为 PHPSESSID 的值。Session 在 redis 和文件中的存储形式是一样的，只不过在 redis 中对双引号做了转义而已。

第 15 章 MySQL 数据库的使用

数据库（Database）是按照数据结构来组织、存储和管理数据的仓库，每个数据库都有一个或多个不同的 API 用于创建、访问、管理、搜索和复制所保存的数据。

15.1 MySQL 数据库基础

MySQL 是最流行的关系型数据库管理系统，在 Web 应用方面常用，且是免费的。关系型数据库中数据以表格的形式出现，每行为各种记录名称，每列为记录名称所对应的数据域。许多的行和列构成一张数据表，许多的表组成一个数据库。MySQL 把数据存储在表格中，使用结构化查询语言 SQL 来访问数据库。MySQL 具有以下特点：

（1）MySQL 是开源的，所以你不需要支付额外的费用。
（2）MySQL 支持大型的数据库，可以处理拥有上千万条记录的大型数据库。
（3）MySQL 使用标准的 SQL 数据语言形式。
（4）MySQL 可以允许于多个系统上，并且支持多种语言。这些编程语言包括 C、C++、Python、Java、Perl、PHP、Eiffel、Ruby 和 Tcl 等。
（5）MySQL 对 PHP 有很好的支持，PHP 是目前最流行的 Web 开发语言。
（6）MySQL 支持大型数据库，支持 5000 万条记录的数据仓库，32 位系统表文件最大可支持 4GB，64 位系统支持最大的表文件为 8TB。
（7）MySQL 是可以定制的，采用 GPL 协议，可以修改源码来开发自己的 MySQL 系统。

MySQL 的安装

到 MySQL 官方网站 http://dev.mysql.com/downloads/mysql/ 下载软件。选择适合电脑的版本，如图 15-1 所示。

图 15-1 下载 MySQL

双击下载得到的安装包，打开下载的 MySQL 安装文件 mysql-5.0.27-win32.zip，双击解压缩，运行"setup.exe"。按照图 15-2 所示的步骤进行安装。

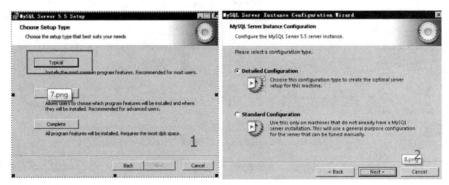

图 15-2 MySQL 安装过程

图 15-2 MySQL 安装过程（续）

MySQL 数据库的使用 第15章

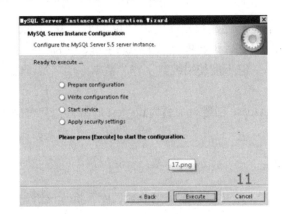

图 15-2 MySQL 安装过程（续）

在 cmd 命令行执行 cd 到 MySQL 安装目录，输入 mysql -u root -p pwd，按回车键。

其中 MySQL 默认用户是 root，密码默认为空。如果在安装的过程中修改了账号密码，请输入设置的账号密码，如图 15-3 所示。

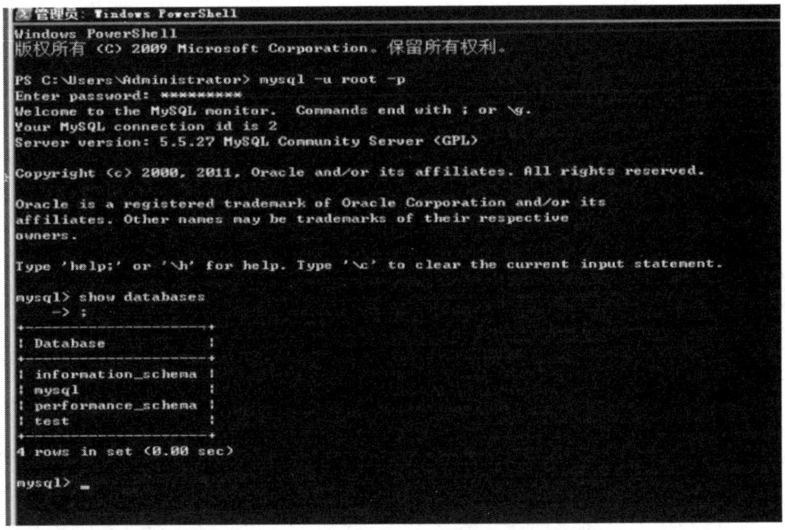

图 15-3 启动 MySQL

15.2 操作 MySQL 数据库

在使用 MySQL 数据库时，经常会涉及到创建、显示、选择和删除 MySQL 数据库操作，建议熟记这些操作命令的格式及使用方法。

15.2.1 创建数据库

在 MySQL 中使用 create database 语句创建数据库，语法如下：

CREATE DATABASE db_name

SQL 语句不区分大小写，创建数据库的语句也可小写为 create database db_name，其中 db_name 是要创建的数据库名称，该名称可以由任意字母、阿拉伯数字、下划线或者"$"组成，可以使用上述任意字符开头，但不能使用纯数字作为数据库的名称，也不能使用 mysql 关键字作为数据库名。

下面演示使用 create database 创建一个名为 db_test 的数据库，运行结果如图 15-4 所示。

```
mysql> create database db_test;
Query OK, 1 row affected (0.01 sec)
```

图 15-4　创建数据库

15.2.2　显示数据库

MySQL 中使用 show databases 语句显示当前数据库，执行该语句如图 15-5 所示。

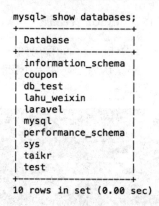

图 15-5　显示数据库

15.2.3　选择数据库

在对一个数据库进行操作前，需要先选择数据库，MySQL 中使用 use 选择数据库，语法如下：

USE db_name;

执行语句 use db_test 选择刚才创建的数据库，如图 15-6 所示。

```
mysql> use db_test;
Database changed
```

图 15-6　选择数据

15.2.4　删除数据库

删除不需要的数据库使用 drop database 语句，语法如下：

DROP DATABASE db_name;

执行语句 drop database db_test 删除刚才创建的数据库，如图 15-7 所示。

```
mysql> drop database db_test;
Query OK, 0 rows affected (0.04 sec)
```

图 15-7　删除数据库

15.3 MySQL 数据类型

在 MySQL 中定义数据字段的类型对的数据库的优化是非常重要的。MySQL 支持多种类型，大致可以分为 3 类：数值、日期/时间和字符串（字符）类型。

15.3.1 数值类型

MySQL 支持所有标准 SQL 数值数据类型。这些类型包括严格数值数据类型（INTEGER、SMALLINT、DECIMAL 和 NUMERIC）以及近似数值数据类型（FLOAT、REAL 和 DOUBLE PRECISION）。关键字 INT 是 INTEGER 的同义词，关键字 DEC 是 DECIMAL 的同义词。

BIT 数据类型保存位字段值，并且支持 MyISAM、MEMORY、InnoDB 和 BDB 表。作为 SQL 标准的扩展，MySQL 也支持整数类型 TINYINT、MEDIUMINT 和 BIGINT。MySQL 数据库支持的数值类型说明如表 15-1 所示。

表15-1 MySQL支持的数值类型

类 型	大 小	范围（有符号）	范围（无符号）	说 明
TINYINT	1 字节	(-128, 127)	(255)	小整数值
SMALLINT	2 字节	(-32 768, 32 767)	(0, 65 535)	大整数值
MEDIUMINT	3 字节	(-8 388 608, 8 388 607)	(0, 16 777 215)	大整数值
INT 或 INTEGER	4 字节	(-2 147 483 648, 2 147 483 647)	(0, 4 294 967 295)	大整数值
BIGINT	8 字节	(-9 233 372 036 854 775 808, 9 223 372 036 854 775 807)	(0, 18 446 744 073 709 551 615)	极大整数值
FLOAT	4 字节	(-3.402 823 466 E+38, 1.175 494 351 E-38)	0，(1.175 494 351 E-38, 3.402 823 466 E+38)	单精度浮点数值
DOUBLE	8 字节	(-1.797 693 134 862 315 7 E+308, -2.225 073 858 507 201 4 E-308)	0，(2.225 073 858 507 201 4 E-308, 1.797 693 134 862 315 7 E+308)	双精度浮点数值
DECIMAL	对 DECIMAL(M,D)，如果 M>D，就为 M+2，否则为 D+2	依赖于 M 和 D 的值	依赖于 M 和 D 的值	小数值

15.3.2 日期和时间类型

表示时间值的日期和时间类型为 DATETIME、DATE、TIMESTAMP、TIME 和 YEAR。

每个时间类型都有一个有效值范围和一个"零"值，当指定不合法的 MySQL 不能表示的值时使用"零"值。MySQL 中日期和时间数据类型如表 15-2 所示。

表15-2 MySQL日期和时间类型

类型	大小	范围	格式	说明
DATE	3字节	1000-01-01/9999-12-31	YYYY-MM-DD	日期值
TIME	3字节	-838:59:59'/'838:59:59	HH:MM:SS	时间值或持续时间
YEAR	1字节	1901/2155	YYYY	年份值
DATETIME	8字节	1000-01-01 00:00:00/9999-12-31 23:59:59	YYYY-MM-DD H:MM:SS	混合日期和时间值
TIMESTAMP	8字节	1970-01-01 00:00:00/2037年某时	YYYYMMDD HMMSS	混合日期和时间值, 时间戳

15.3.3 字符串类型

字符串类型指 CHAR、VARCHAR、BINARY、VARBINARY、BLOB、TEXT、ENUM 和 SET。字符串类型如表 15-3 所示。

表15-3 MySQL字符串类型

类型	大小/字节	说明
CHAR	0～255	定长字符串
VARCHAR	0～65535	变长字符串
TINYBLOB	0～255	不超过 255 个字符的二进制字符串
TINYTEXT	0～255	短文本字符串
BLOB	0～65 535	二进制形式的长文本数据
TEXT	0～65 535	长文本数据
MEDIUMBLOB	0～16 777 215	二进制形式的中等长度文本数据
MEDIUMTEXT	0～16 777 215 字节	中等长度文本数据
LONGBLOB	0～4 294 967 295	二进制形式的极大文本数据
LONGTEXT	0～4 294 967 295	极大文本数据

CHAR 和 VARCHAR 类型类似，但它们保存和检索的方式不同。它们的最大长度和是否尾部空格被保留等方面也不同。在存储或检索过程中不进行大小写转换。

BINARY 和 VARBINARY 类似于 CHAR 和 VARCHAR，不同的是它们包含二进制字符串而不要非二进制字符串。也就是说，它们包含字节字符串，而不是字符字符串。这说明它们没有字符集，并且排序和比较基于列值字节的数值。

BLOB 是一个二进制大对象，可以容纳可变数量的数据。有 4 种 BLOB 类型：TINYBLOB、BLOB、MEDIUMBLOB 和 LONGBLOB。它们只是可容纳值的最大长度不同，支持任何数据，如文本、声音和图像等。

有 4 种 TEXT 类型：TINYTEXT、TEXT、MEDIUMTEXT 和 LONGTEXT。这些对应 4 种 BLOB 类型，有相同的最大长度和存储需求，但是不能存储二进制文件。

15.4 操作 MySQL 数据表

操作 MySQL 数据表是指对表结构进行改变，比如创建一个表，更改表字段类型，设置主键索引等。这些在平常的使用中是很常见的。

15.4.1 创建数据表

在 MySQL 中创建数据表使用 create table 语句，语法如下：

CREATE [TEMPORARY] TABLE [IF NOT EXISTS] tbl_name
  [(create_definition,...)]
  [table_options] [select_statement]

create table 语句中的参数说明如表 15-4 所示。

表15-4 create table 语句参数说明

参 数	说 明
TEMPORARY	创建一个临时表
IF NOT EXISTS	检查表名是否已存在
create_definition	表的列属性
table_options	表的一些特性参数
select_statement	select 语句描述部分，可以快速创建表

其中，create_definition 部分是经常使用到的部分，每一列的具体定义格式如下：

  col_name type [NOT NULL | NULL] [DEFAULT default_value]
    [AUTO_INCREMENT] [UNIQUE [KEY] | [PRIMARY] KEY]
    [COMMENT 'string'] [reference_definition]

关于 create_definition 参数的说明如表 15-5 所示。

表15-5 create_definition 参数说明

参 数	说 明
col_name	字段名
type	字段类型
NOT NULL | NULL	NOT NULL 表示该列不允许为空值，系统默认可为空值
DEFAULT default_value	设置字段默认值
AUTO_INCREMENT	设置该列为自动增长，一个表中只能有一个字段设置该属性
UNIQUE KEY | PRIMARY KEY	UNIQUE KEY 表示唯一性索引，PRIMARY KEY 表示设置该列为主键
COMMENT 'string'	字段注释

下面演示创建一个名为 test_table 的表，该表包含 id、title、author、content、submit_time、click 字段。创建表的 SQL 语句如下：

```
CREATE TABLE 'db_test '.'test_table ' (
  `id` INT NOT NULL AUTO_INCREMENT,
  `title` VARCHAR(40) CHARACTER SET 'utf8' NOT NULL,
  `author` CHAR(10) NULL,
  `content` VARCHAR(45) NOT NULL COMMENT '文章内容',
  `submit_time` VARCHAR(45) NOT NULL,
  `click` INT(4) NULL DEFAULT 0,
  PRIMARY KEY (`id`))
ENGINE = MyISAM
DEFAULT CHARACTER SET = utf8
COMMENT = '文章内容表';
```

在命令行模式下输入 SQL 语句的运行结果如图 15-8 所示。

```
mysql> CREATE TABLE `db_test`.`test_table` (
    -> `id` INT NOT NULL AUTO_INCREMENT,
    -> `title` VARCHAR(40) CHARACTER SET 'utf8' NOT NULL,
    -> `author` CHAR(10) NULL,
    -> `content` VARCHAR(45) NOT NULL COMMENT '文章内容',
    -> `submit_time` VARCHAR(45) NOT NULL,
    -> `click` INT(4) NULL DEFAULT 0,
    -> PRIMARY KEY (`id`))
    -> ENGINE = MyISAM
    -> DEFAULT CHARACTER SET = utf8
    -> COMMENT = '文章内容表';
Query OK, 0 rows affected (0.03 sec)
```

图 15-8　创建数据表

15.4.2　查看数据表结构

创建完一个表后，可以使用 show columns 或者 describe 语句查看指定数据表的结构。
show columns 语法如下：

SHOW [FULL] COLUMNS FROM tbl_name [FROM db_name] [LIKE 'pattern']

show columns 显示在一个给定表中各列的信息，如图 15-9 所示。
也可以使用 describe 语句查看表结构，describe 语法如下：

DESCRIBE table_name [column_name]

其中，describe 也可简写成 desc，在查看表结构时也可只列出某一列的信息，如图 15-10 所示。

```
mysql> show columns from test_table;
+-------------+-------------+------+-----+---------+----------------+
| Field       | Type        | Null | Key | Default | Extra          |
+-------------+-------------+------+-----+---------+----------------+
| id          | int(11)     | NO   | PRI | NULL    | auto_increment |
| title       | varchar(40) | NO   |     | NULL    |                |
| author      | char(10)    | YES  |     | NULL    |                |
| content     | varchar(45) | NO   |     | NULL    |                |
| submit_time | varchar(45) | NO   |     | NULL    |                |
| click       | int(4)      | YES  |     | 0       |                |
+-------------+-------------+------+-----+---------+----------------+
6 rows in set (0.01 sec)
```

图 15-9　查看表结构

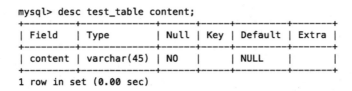

图 15-10 查看表的某一列信息

15.4.3 更改数据表结构

当我们需要修改数据表名或数据表字段名时，需要使用到 alter 命令。

alter 语法如下：

ALTER [IGNORE] TABLE tbl_name
　　alter_specification [, alter_specification] ...

其中，alter_specification 定义的内容如下：

```
alter_specification:
    ADD [COLUMN] column_definition [FIRST | AFTER col_name ]
  | ADD [COLUMN] (column_definition,...)
  | ADD INDEX [index_name] [index_type] (index_col_name,...)
  | ADD [CONSTRAINT [symbol]]
        PRIMARY KEY [index_type] (index_col_name,...)
  | ADD [CONSTRAINT [symbol]]
        UNIQUE [index_name] [index_type] (index_col_name,...)
  | ADD [FULLTEXT|SPATIAL] [index_name] (index_col_name,...)
  | ADD [CONSTRAINT [symbol]]
        FOREIGN KEY [index_name] (index_col_name,...)
        [reference_definition]
  | ALTER [COLUMN] col_name {SET DEFAULT literal | DROP DEFAULT}
  | CHANGE [COLUMN] old_col_name column_definition
        [FIRST|AFTER col_name]
  | MODIFY [COLUMN] column_definition [FIRST | AFTER col_name]
  | DROP [COLUMN] col_name
  | DROP PRIMARY KEY
  | DROP INDEX index_name
  | DROP FOREIGN KEY fk_symbol
  | DISABLE KEYS
  | ENABLE KEYS
  | RENAME [TO] new_tbl_name
  | ORDER BY col_name
  | CONVERT TO CHARACTER SET charset_name [COLLATE collation_name]
  | [DEFAULT] CHARACTER SET charset_name [COLLATE collation_name]
  | DISCARD TABLESPACE
  | IMPORT TABLESPACE
```

```
| table_options
| partition_options
| ADD PARTITION partition_definition
| DROP PARTITION partition_names
| COALESCE PARTITION number
| REORGANIZE PARTITION partition_names INTO (partition_definitions)
| ANALYZE PARTITION partition_names
| CHECK PARTITION partition_names
| OPTIMIZE PARTITION partition_names
| REBUILD PARTITION partition_names
| REPAIR PARTITION partition_names
```

alter table 用于更改原有表的结构,可以增加或删减列、创建或取消索引、更改原有列的类型、重新命名列或表,还可以更改表的评注和表的类型。alter table 运行时会对原表进行临时复制,在副本上进行更改,然后删除原表,再对新表进行重命名。在执行 alter table 时,其他用户可以阅读原表,但是对表的更新和修改的操作将被延迟,直到新表生成为止。新表生成后,这些更新和修改信息会自动转移到新表上。

下面介绍几个 alter 命令经常使用到的场景。

使用 alter 删除 test_table 中的 click 字段,语句如下:

```
alter table test_table drop click
```

在命令行模式下执行以上语句,如图 15-11 所示。

```
mysql> alter table test_table drop click;
Query OK, 0 rows affected (0.06 sec)
Records: 0  Duplicates: 0  Warnings: 0
```

图 15-11 删除表字段

使用 alter 给表 test_table 添加字段 click_times,语句如下:

```
alter table test_table add click_times int(4)
```

在命令行模式下执行以上语句,如图 15-12 所示。

```
mysql> alter table test_table add click_times int(4);
Query OK, 0 rows affected (0.04 sec)
Records: 0  Duplicates: 0  Warnings: 0
```

图 15-12 添加表字段

使用 alter 修改表 test_table 中 submit_time 字段为 datetime 类型,语句如下:

```
alter table test_table modify submit_time datetime
```

在命令行模式下执行以上语句,如图 15-13 所示。

```
mysql> alter table test_table modify submit_time datetime;
Query OK, 0 rows affected (0.03 sec)
Records: 0  Duplicates: 0  Warnings: 0
```

图 15-13 修改表字段

使用 alter 修改表 test_table 表名为 table_test，语句如下：

```
alter table test_table rename to table_test
```

在命令行模式下执行以上语句，如图 15-14 所示。

```
mysql> alter table test_table rename to table_test;
Query OK, 0 rows affected (0.01 sec)
```

图 15-14　修改表名

此时我们可使用 desc 来查看表 table_test 的结构，如图 15-15 所示。

```
mysql> desc table_test;
+-------------+-------------+------+-----+---------+----------------+
| Field       | Type        | Null | Key | Default | Extra          |
+-------------+-------------+------+-----+---------+----------------+
| id          | int(11)     | NO   | PRI | NULL    | auto_increment |
| title       | varchar(40) | NO   |     | NULL    |                |
| author      | char(10)    | YES  |     | NULL    |                |
| content     | varchar(45) | NO   |     | NULL    |                |
| submit_time | datetime    | YES  |     | NULL    |                |
| click_times | int(4)      | YES  |     | NULL    |                |
+-------------+-------------+------+-----+---------+----------------+
```

图 15-15　查看修改后的表结构

15.4.4　删除数据表

删除数据表使用 drop table 语句，语法如下：

```
drop table table_name [if exists]
```

if exists 检查表是否存在，因为在删除一个不存在的表的情况下会报错。例如，删除数据表 table_test 的语句如下：

```
drop table table_test
```

在命令行模式下执行以上语句，如图 15-16 所示。

```
mysql> drop table table_test;
Query OK, 0 rows affected (0.01 sec)
```

图 15-16　删除数据表

15.5　操作 MySQL 数据

操作 MySQL 数据是对表中数据进行增删改查，常用的是 insert 向表中增加数据，update 更新数据，delete 删除一些数据，select 查询所需数据等。编程中用到的数据很多都存在 MySQL 数据库中，这一节就来介绍如何操作 MySQL 数据库中的数据。

15.5.1 插入数据

一般通过以下两种方式向数据表中插入数据。语法分别如下：

INSERT INTO table_name (column_1,column_2,column_3,…) VALUES (value_1,value_2,value_3,…)

另一种常用语法如下：

INSERT INTO table_name SET column_1=value_1,columa_2=value2,column_3=value_3,…

下面通过使用第一种语法向表 test_table 中插入一行数据，语句如下：

```
insert into test_table (title,author,content,submit_time,click) values  ('hello','chenxiaolong','hello everyone',now(),10);
```

该语句中 now()是 MySQL 中的函数，可获得当前系统时间。因为表中 id 字段设置为 auto_increment 自动增长，所以在插入数据的时候 MySQL 会自动填充该字段的值。在命令行下执行以上语句，如图 15-17 所示。

```
mysql> insert into test_table (title,author,content,submit_time,click)
    -> values ('hello','chenxiaolong','hello everyone',now(),10);
Query OK, 1 row affected (0.01 sec)
```

图 15-17　向表中插入数据

接下来演示使用第二种语法向表中插入一行数据，语句如下：

```
insert into test_table set title='hi',author='chendalong',content='hello world',submit_time=now(),click=100;
```

在命令行模式下执行以上语句，如图 15-18 所示。

```
mysql> insert into test_table set title='hi',author='chendalong',content='hello
world',submit_time=now(),click=100;
Query OK, 1 row affected (0.00 sec)
```

图 15-18　插入数据

15.5.2 更新数据

更新数据表使用 update 语句，语法如下：

UPDATE table_name SET col_name1=expr1 [, col_name2=expr2 ...] [WHERE where_definition]

set 重新设定指定列的值，where 子句指定记录中哪些行需要被更改，如果不设置 where 子句或 where 子句的值恒成立（如 1=1），就将更新所有记录行的数据。下面演示更改表 test_table 中第一行记录的 click 值为 200。语句如下：

```
update test_table set click=200 where id=1
```

在命令行模式下执行以上语句，如图 15-19 所示。

```
mysql> update test_table set click=200 where id=1;
Query OK, 1 row affected (0.01 sec)
Rows matched: 1  Changed: 1  Warnings: 0
```

图 15-19　更新数据

15.5.3 删除数据

删除表中的数据使用 delete 语句，语法如下：

DELETE FROM tbl_name　　[WHERE where_definition]

其中，where 子句指定哪些行被删除，如果没有设置 where 子句或设置其恒成立（如 where true）将会删除所有记录。下面演示如何删除表 test_table 中的第一行数据，语句如下：

```
delete from test_table where id=1
```

在命令行模式下执行以上语句，如图 15-20 所示。

```
mysql> delete from test_table where id=1;
Query OK, 1 row affected (0.01 sec)
```

图 15-20　删除数据

MySQL 中还提供一个可以清空数据表中所有数据的函数 truncate，语法如下：

TRUNCATE tbl_name

比如使用 truncate 函数清空表 test_table，语句如下：

```
truncate test_table
```

在命令行模式下执行以上语句，如图 15-21 所示。

```
mysql> truncate test_table;
Query OK, 0 rows affected (0.01 sec)
```

图 15-21　清空数据表

15.5.4 查询数据

最常用的数据库操作是增、删、改、查，其中查询数据可以说是数据库操作中最常使用到的。MySQL 中提供的查询数据的语句非常强大，比如可限定查询数量和查询起始位置、对查询结果进行分组排序、使用函数和表达式查询数据等。

select 语句语法如下：

```
SELECT
    [ALL | DISTINCT | DISTINCTROW ]
      [HIGH_PRIORITY]
      [STRAIGHT_JOIN]
      [SQL_SMALL_RESULT] [SQL_BIG_RESULT] [SQL_BUFFER_RESULT]
      [SQL_CACHE | SQL_NO_CACHE] [SQL_CALC_FOUND_ROWS]
    select_expr, ...
    [INTO OUTFILE 'file_name' export_options
      | INTO DUMPFILE 'file_name']
    [FROM table_references
    [WHERE where_definition]
    [GROUP BY {col_name | expr | position}
```

```
    [ASC | DESC], ... [WITH ROLLUP]]
[HAVING where_definition]
[ORDER BY {col_name | expr | position}
    [ASC | DESC] , ...]
[LIMIT {[offset,] row_count | row_count OFFSET offset}]
[PROCEDURE procedure_name(argument_list)]
[FOR UPDATE | LOCK IN SHARE MODE]]
```

关于 select 语句参数的说明如表 15-6 所示。

表15-6 select 语句参数说明

参 数	说 明
all | distinct | distinctrow	使用 DISTINCT 可去除结果中重复的行
into outfile	将查询结果导出到文件
from	被查询的表
where	查询条件
group by	将查询结果分到不同的组中
having	可筛选成组后的各种数据
order by	对结果进行排序
limit	限定查询结果行树
like	模糊查询

通过应用程序向表 test_table 中插入一百行数据，表中的数据示例如图 15-22 所示。

```
+-----+---------+--------+----------+---------------------+-------+
| id  | title   | author | content  | submit_time         | click |
+-----+---------+--------+----------+---------------------+-------+
| 203 | title99 | 张大龙 | content99| 2016-07-16 16:16:48 |  788  |
| 202 | title98 | 张小龙 | content98| 2016-07-16 16:16:48 |  323  |
| 201 | title97 | 李小龙 | content97| 2016-07-16 16:16:48 |  273  |
| 200 | title96 | 张大龙 | content96| 2016-07-16 16:16:48 |  585  |
| 199 | title95 | 陈小龙 | content95| 2016-07-16 16:16:48 |  483  |
| 198 | title94 | 张大龙 | content94| 2016-07-16 16:16:48 |  763  |
| 197 | title93 | 张小龙 | content93| 2016-07-16 16:16:48 |  826  |
| 196 | title92 | 陈小龙 | content92| 2016-07-16 16:16:48 |  584  |
| 195 | title91 | 张大龙 | content91| 2016-07-16 16:16:48 |  159  |
```

图 15-22 表中数据

1. distinct 去掉查询重复行

使用 distinct 可去掉查询结果中的重复行。例如，查询 test_table 表并在结果中去掉字段 author 中的重复数据，SQL 语句如下：

```
select distinct author from test_table;
```

使用该语句查询到的结果如图 15-23 所示。

```
+----------+
| author   |
+----------+
| 张大龙   |
| 张小龙   |
| 李小龙   |
| 陈小龙   |
| 陈大龙   |
| 李大龙   |
+----------+
```

图 15-23　使用 distinct 查询结果

2. into outfile 将查询结果导出到文件

将从表 test_table 中查询到的数据导出到 test_table.txt，语句如下：

```
select * into outfile 'test_table.txt' from test_table;
```

执行以上 SQL 语句后将会得到 test_table.txt 文件，其中存储着从 test_table 表中查询到的信息，如图 15-24 所示。

```
bash-3.2# ls
db.opt          test_table.MYD  test_table.MYI  test_table.frm  test_table.txt
bash-3.2# cat test_table.txt
203     title99 张大龙  content99       2016-07-16 16:16:48     788
202     title98 张小龙  content98       2016-07-16 16:16:48     323
201     title97 李小龙  content97       2016-07-16 16:16:48     273
200     title96 张大龙  content96       2016-07-16 16:16:48     585
199     title95 陈小龙  content95       2016-07-16 16:16:48     483
198     title94 张大龙  content94       2016-07-16 16:16:48     763
```

图 15-24　将查询结果导出到文件

3. where 查询子句

可以使用 where 子句限定查询条件，where 子句功能非常强大，通过它可以实现一些复杂的查询，在 where 子句中常用到的运算符如表 15-7 所示。

表15-7　where子句常用运算符

运 算 符	名　　称	示　　例
=	等于	id=1
>	大于	id>1
<	小于	id<1
>=	大于等于	id>=1
<=	小于等于	id<=1
!= 或 <>	不等于	id!=1 或 id<>1
is null	为 null	id is null
is not null	不为 null	id is not null
between	范围匹配	id between 1 and 10

（续表）

运算符	名称	示例
in	值范围匹配	id in (1,2,3)
not in	值范围匹配	id not in (1,2,3)
like	模式匹配	name like ('陈小%')
not like	模式匹配	name not like ('陈小%')
regexp	正则表达式	name regexp 正则表达式

例如，使用 where 查询表中所有 click 大于 500 且 author='陈小龙'的记录，语句如下：

```
select * from test_table where click>500 and author='陈小龙'
```

执行以上语句的查询结果如图 15-25 所示。

```
mysql> select * from test_table where click>500 and author='陈小龙';
+-----+---------+--------+----------+---------------------+-------+
| id  | title   | author | content  | submit_time         | click |
+-----+---------+--------+----------+---------------------+-------+
| 196 | title92 | 陈小龙  | content92 | 2016-07-16 16:16:48 |   584 |
| 190 | title86 | 陈小龙  | content86 | 2016-07-16 16:16:48 |   824 |
| 189 | title85 | 陈小龙  | content85 | 2016-07-16 16:16:48 |   947 |
| 179 | title75 | 陈小龙  | content75 | 2016-07-16 16:16:48 |   643 |
| 163 | title59 | 陈小龙  | content59 | 2016-07-16 16:16:48 |   998 |
| 157 | title53 | 陈小龙  | content53 | 2016-07-16 16:16:48 |   883 |
| 149 | title45 | 陈小龙  | content45 | 2016-07-16 16:16:48 |   675 |
| 138 | title34 | 陈小龙  | content34 | 2016-07-16 16:16:48 |   989 |
| 137 | title33 | 陈小龙  | content33 | 2016-07-16 16:16:48 |   884 |
```

图 15-25　where 子句查询

4. order by 对结果进行排序

使用 order by 可对查询结果进行升序（asc）和降序（desc）排列。在默认情况下，order by 按升序输出结果，如果要按降序排列可使用 desc 来实现。查询 test_table 表按 click 单击次数从多到少排列，语句如下：

```
select * from test_table order by click desc
```

执行以上语句的查询结果如图 15-26 所示。

```
mysql> select * from test_table order by click desc;
+-----+---------+--------+----------+---------------------+-------+
| id  | title   | author | content  | submit_time         | click |
+-----+---------+--------+----------+---------------------+-------+
| 163 | title59 | 陈小龙  | content59 | 2016-07-16 16:16:48 |   998 |
| 165 | title61 | 李大龙  | content61 | 2016-07-16 16:16:48 |   997 |
| 133 | title29 | 李小龙  | content29 | 2016-07-16 16:16:48 |   995 |
| 138 | title34 | 陈小龙  | content34 | 2016-07-16 16:16:48 |   989 |
| 158 | title54 | 张大龙  | content54 | 2016-07-16 16:16:48 |   975 |
| 144 | title40 | 李大龙  | content40 | 2016-07-16 16:16:48 |   970 |
```

图 15-26　使用 order by 对查询结果排序

5. like 模糊查询

使用 like 可实现模糊查询，它有两种通配符 "%" 和 "_"。"%" 可以匹配一个或多个字符，"—" 只匹配一个字符。例如，查询 test_table 表中 author='陈小龙'和 author='陈大龙'的记录行，语句如下：

```
select * from test_table where author like ('陈_龙')
```

执行以上语句的查询结果如图 15-27 所示。

```
mysql> select * from test_table where author like ('陈_龙');
+-----+---------+--------+----------+---------------------+-------+
| id  | title   | author | content  | submit_time         | click |
+-----+---------+--------+----------+---------------------+-------+
| 199 | title95 | 陈小龙  | content95 | 2016-07-16 16:16:48 |   483 |
| 196 | title92 | 陈小龙  | content92 | 2016-07-16 16:16:48 |   584 |
| 190 | title86 | 陈小龙  | content86 | 2016-07-16 16:16:48 |   824 |
| 189 | title85 | 陈小龙  | content85 | 2016-07-16 16:16:48 |   947 |
| 188 | title84 | 陈小龙  | content84 | 2016-07-16 16:16:48 |   496 |
| 186 | title82 | 陈大龙  | content82 | 2016-07-16 16:16:48 |   244 |
| 180 | title76 | 陈大龙  | content76 | 2016-07-16 16:16:48 |   708 |
```

图 15-27　like 模糊查询

15.6　MySQL 图形化管理工具

有很多可以操作 MySQL 数据库的图形化管理工具，使用这些管理工具可以简单、方便、快捷地实现对数据库的管理。下面介绍几个常用的管理 MySQL 数据库的工具。

1. phpMyAdmin

phpMyAdmin 是用 PHP 编写的，可以通过 Web 方式控制和操作 MySQL 数据库。通过 phpMyAdmin 可以完全对数据库进行操作，例如建立、复制、删除数据等。用户可在官方网站 www.phpmyadmin.net 上免费下载。phpMyAdmin 操作界面如图 15-28 所示。

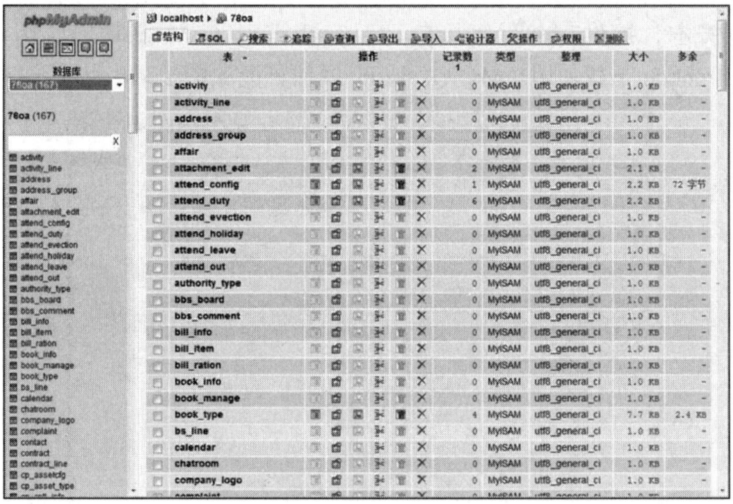

图 15-28　phpMyAdmin 操作界面

2. MySQL Workbench

MySQL Workbench 是 MySQL 官方推出的一个管理工具，用户可到 http://dev.mysql.com/downloads/workbench/ 下载使用。它是一款专为 MySQL 设计的 ER/数据库建模工具。它是著名的数据库设计工具 DBDesigner4 的继任者。可以用 MySQL Workbench 设计和创建新的数据库图示、建立数据库文档以及进行复杂的 MySQL 迁移。

MySQL Workbench 的操作界面如图 15-29 所示。

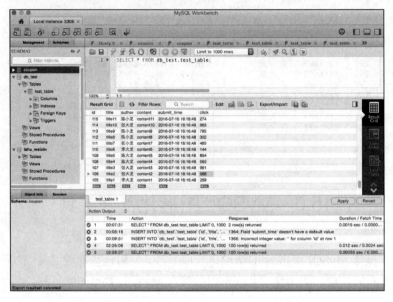

图 15-29　MySQL Workbench 操作界面

3. MySQL-Front

MySQL-Front 是一个小巧的管理 MySQL 的应用程序，主要特性包括多文档界面、语法突出、拖拽方式的数据库和表格、可编辑/可增加/删除的域、可编辑/可插入/删除的记录、可显示的成员、可执行的 SQL 脚本、提供与外程序接口、保存数据到 CSV 文件等。用户可到官方网站 http://www.mysqlfront.de/ 下载使用。MySQL-Front 操作界面如图 15-30 所示。

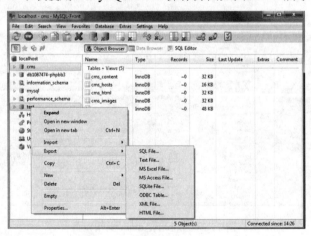

图 15-30　MySQL-Front 操作界面

4. Navicat

Navicat 是一套快速、可靠并价格相宜的数据库管理工具，专为简化数据库的管理及降低系统管理成本而设。它的设计符合数据库管理员、开发人员及中小企业的需要。Navicat 是以直觉化的图形用户界面而建的，让你可以以安全并且简单的方式创建、组织、访问并共用信息。用户可到网站 https://www.navicat.com/products/navicat-for-mysql 下载使用。Navicat 操作界面如图 15-31 所示。

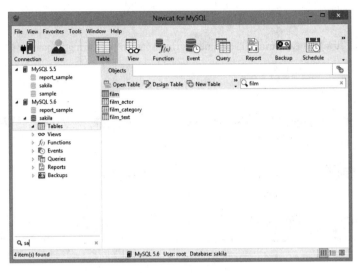

图 15-31　Navicat 操作界面

15.7　PHP 操作 MySQL 数据库

PHP 与 MySQL 是在编程中经常搭配使用的。在一般的网站架构模式中经常采用 LAMP 的形式，即 Linux、Apache、MySQL、PHP，包括近年来兴起的 LNMP，N 即代表将其中的 Apache 服务器换成 Nginx 服务器。

在 PHP 5.x 的版本中支持三种 PHP 扩展方式连接数据库：MySQL、MySQLi 和 PDO。在 PHP 7 中去掉了纯面向过程的 MySQL 连接数据库的方式。下面分别介绍 MySQLi 和 PDO 连接操作数据库的内容。

15.7.1　MySQLi 连接操作数据库

MySQLi 支持面向过程和面向对象两种风格的操作数据库的形式。操作数据库分为 3 个步骤。

（1）连接数据库和选择数据库。

（2）执行 SQL 语句。

（3）关闭结果集。

1. 连接和选择数据库

（1）MySQLi 面向过程风格的连接数据库语法如下：

mysqli_connect ([string $host[, string $username [, string $passwd = [, string $dbname ="" [, int $port [, string $socket]]]]]])

例如：

```
$db = mysqli_connect('localhost','root','8731787','db_test');
```

（2）MySQLi 对象化风格的连接语法如下：

mysqli::connect([string $host[, string $username [, string $passwd = [, string $dbname = "" [, int $port [, string $socket]]]]]])

示例如下：

```
$db = new mysqli('localhost','root','8731787','db_test');
```

2. 执行 SQL 语句

通过 MySQLi 向表 test_table 中插入一行数据，代码如下：

```php
<?php
 $db = new mysqli('localhost','root','8731787','db_test');
 $sql = "insert into test_table (title,author,content,submit_time,click) values (?,?,?,?,?)";
 // 预设的 SQL 语句，表示需要绑定的参数
 $title = 'titlemysqli';
 $author = 'authormysqli';
 $content = 'contentmysqli';
 $submit_time = '2016-07-18 22:22:22';
 $click = 10011;
 $stmt = $db->prepare($sql);    // 预执行 SQL 语句
 $stmt->bind_param("sssss",$title,$author,$content,$submit_time,$click);
                  // 绑定参数到 SQL 语句，注意第一个参数的字符数量要和后面的参数数量保持一致
 if($stmt->execute()) {         // 执行语句
   echo 'insert successfully';
 }
 $db->close();
?>
```

保存以上文件为 insert.php，运行文件则会向数据库中插入数据。

使用 MySQLi 更新数据的示例代码如下：

```php
<?php
 $db = new mysqli('localhost','root','8731787','db_test');
 $sql = "update test_table set title=? where id=204";
 $title = 'mysqlititle';
 $stmt = $db->prepare($sql);
 $stmt->bind_param("s",$title);
 if($stmt->execute()) {
   echo 'update successfully';
 }
```

```
$db->close();
?>
```

只是对 insert.php 中的代码稍做改动便可实现更新数据表的操作，保存以上代码为 update.php 并运行便可更新数据表中的记录行。

使用 MySQLi 删除表中的数据也很简单，示例代码如下：

```
<?php
  $db = new mysqli('localhost','root','8731787','db_test');
  $sql = "delete from test_table where id=?";
  $id = 204;
$stmt = $db->prepare($sql);
  $stmt->bind_param("s",$id);
  if($stmt->execute()) {
    echo 'delete successfully';
}
$db->close();
?>
```

保存以上文件为 delete.php 并运行，将会删除表中 id 为 204 的记录行。

对于查询数据表中的内容，MySQLi 也提供了多种查询方式。查询数据的示例代码如下：

```
<?php
$db = new mysqli('localhost','root','8731787','db_test');
$sql = "select * from test_table where click>995";
$res = $db->query($sql);
echo "<pre>";
while ($arr=$res->fetch_assoc()) {
    var_dump($arr);
}
$res->free();   // 释放查询结果
$db->close(); // 断开数据库连接
?>
```

保存以上代码为 fetch_assoc.php，运行文件，在浏览器中查看输出结果，如图 15-32 所示。

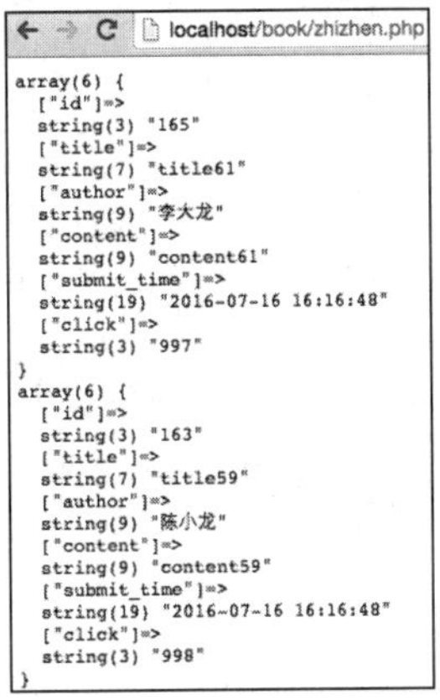

从结果中可知，查询结果数组中的索引为表中字段名称，值为表中字段对应的值。这是因为我们使用了 fetch_assoc 方式进行查询。如果将代码中的$res->fetch_assoc()换成$res->fetch_array()，那么查询到的结果数组中将会包含索引数组和关联数组，其中索引数组的值为表中字段的值。如果换成$res->row()，就会只得到索引数组。读者可自行编写代码尝试。

上面介绍了 MySQLi 连接操作数据库的内容，并且只是介绍了 MySQLi 面向对象风格的实现方式。我们应该习惯这种方式，面向

图 15-32　查询结果

对象是编程中应该具备的一种思想。MySQLi 也支持面向过程化的操作，但是不建议大家在实际应用中采用这种方式，这里也不进行详细介绍了，读者可查询相关资料进行实践。

15.7.2 PDO 连接操作数据库

PDO 扩展为 PHP 访问数据库定义了一个轻量级、一致性的接口。它提供了一个数据访问抽象层，无论使用什么数据库，都可以通过一致的函数执行查询和获取数据。

1. PDO 连接数据库

使用 PDO 创建一个数据库连接语法如下：

PDO::__construct (string $dsn [, string $username [, string $password [, array $driver_options]]])

其中，数据源名称或叫作 DSN 包含了请求连接到数据库的信息。连接成功就返回一个 PDO 对象，如果试图连接到请求的数据库失败就抛出一个 PDO 异常。

使用 PDO 连接数据库的示例代码如下：

```php
<?php
/* Connect to an ODBC database using driver invocation */
$dsn = 'mysql:dbname=testdb;host=127.0.0.1';
$user = 'dbuser';
$password = 'dbpass';
try {
    $dbh = new PDO($dsn, $user, $password);
} catch (PDOException $e) {
    echo 'Connection failed: ' . $e->getMessage();
}
?>
```

2. 执行 SQL 语句

向 test_table 中插入数据的示例代码如下：

```php
<?php
$dsn = "mysql:host=localhost;dbname=db_test";
$db = new PDO($dsn,'root','8731787');   // 创建数据库连接
$author = ['陈小龙','陈大龙','李小龙','李大龙','张小龙','张大龙'];
for ($i=0; $i < 100; $i++) {
    $sql = "insert into test_table (title,author,content,submit_time,click) values ('title" . $i . "','" . $author[rand(0,5)] . "','content" . $i . "','" . date('Y-m-d H:i:s') . "'," . rand(100,1000) . ")";
    //echo $sql;
    if($db->exec($sql)) {    //执行语句
        echo "success<br/>";
    } else {
```

```
    var_dump($db->errorInfo());    // 错误信息
    exit();
  }
}
?>
```

将以上代码保存为 insert.php 并在浏览器中运行，将会向表 test_table 中插入一百行记录。

使用 PDO 连接数据库更新表中的内容和 MySQLi 差不多，也很简单。下面的代码用于演示如何修改数据表中的内容：

```
<?php
$dsn = "mysql:host=localhost;dbname=db_test";
$db = new PDO($dsn,'root','8731787');    // 创建数据库连接
 $sql = "update test_table set title='titlepdo' where id>50";
 if($db->exec($sql)){
  echo "update successfully";
 } else {
  var_dump($db->errorInfo());
  exit();
 }
?>
```

保存以上代码为 update.php 文件并在浏览器中运行该文件，将会更新表中 id 大于 50 的记录行中的 title 字段值。

同样，使用 PDO 的方式删除表中的数据也主要是编写正确的 SQL 语句，和更新数据的形式基本一致，代码如下：

```
<?php
$dsn = "mysql:host=localhost;dbname=db_test";
$db = new PDO($dsn,'root','8731787');    // 创建数据库连接
 $sql = "delete from test_table where id>50";
 if($db->exec($sql)){
  echo "delete successfully";
 } else {
  var_dump($db->errorInfo());
  exit();
 }
?>
```

保存以上文件为 delete.php 并在浏览器中运行该文件，将会删除表中 id 值大于 50 的记录行。

使用 PDO 查询数据表，比如要查询 test_table 表中 click 字段值大于 950 的记录行，代码如下：

```
<?php
$dsn = "mysql:host=localhost;dbname=db_test";
```

```
$db = new PDO($dsn,'root','8731787');    // 创建数据库连接
echo "<pre>";
  $sql = "select content from test_table where click>950";
  $res = $db->prepare($sql);              // 预处理 SQL 语句
  $res->execute();
  $arr = $res->fetchAll();                // 获取所有查询结果集
  var_dump($arr);
?>
```

保存以上代码为 select.php 并在浏览器中运行，结果如图 15-33 所示。

```
array(2) {
  [0]=>
  array(2) {
    ["content"]=>
    string(8) "content5"
    [0]=>
    string(8) "content5"
  }
  [1]=>
  array(2) {
    ["content"]=>
    string(9) "content43"
    [0]=>
    string(9) "content43"
  }
}
```

图 15-33 PDO 查询结果

在 select.php 中的代码$res->fetchAll()除了使用 fetchAll 外还可使用 fetch。fetch 的语法如下：

mixed PDOStatement::fetch ([int $fetch_style [, int $cursor_orientation = PDO::FETCH_ORI_NEXT [, int $cursor_offset = 0]]])

其作用是从一个 PDOStatement 对象相关的结果集中获取下一行。fetch_style 参数决定 POD 如何返回行。fetch_style 的参数说明如表 15-8 所示。

表15-8 fetch_style参数说明

参 数	说 明
PDO::FETCH_ASSOC	返回一个索引为结果集列名的数组
PDO::FETCH_BOTH（默认）	返回一个索引为结果集列名和以 0 开始的列号的数组
PDO::FETCH_BOUND	返回 true，并分配结果集中的列值给 PDOStatement::bindColumn()方法绑定的 PHP 变量
PDO::FETCH_CLASS	返回一个请求类的新实例，映射结果集中的列名到类中对应的属性名。如果 fetch_style 包含 PDO::FETCH_CLASSTYPE（例如，PDO::FETCH_CLASS | PDO::FETCH_CLASSTYPE），那么类名由第一列的值决定
PDO::FETCH_INTO	更新一个被请求类已存在的实例，映射结果集中的列到类中命名的属性
PDO::FETCH_LAZY	结合使用 PDO::FETCH_BOTH 和 PDO::FETCH_OBJ，创建供用来访问的对象变量名
PDO::FETCH_NUM	返回一个索引以 0 开始的结果集列号的数组
PDO::FETCH_OBJ	返回一个属性名对应结果集列名的匿名对象

下面的例子演示如何使用 PDOStatement::fetch()获取查询结果：

```php
<?php
$dsn = "mysql:host=localhost;dbname=db_test";
$db = new PDO($dsn,'root','8731787');    // 创建数据库连接
 echo "<pre>";
 $sql = "select content from test_table where click>950";
 $res = $db->prepare($sql);   // 预处理 SQL 语句
 $res->execute();
 while ($arr=$res->fetch(PDO::FETCH_OBJ)) {     //将查询结果以匿名对象形式返回
    var_dump($arr);
 }
?>
```

使用以上代码查询到的结果如图 15-34 所示。

```
object(stdClass)#3 (1) {
  ["content"]=>
  string(8) "content5"
}
object(stdClass)#4 (1) {
  ["content"]=>
  string(9) "content43"
}
```

图 15-34　查询结果

第16章 PHP 与 Redis 数据库

Redis 是一种 kev->value 的缓存型数据库,使用内存存储数据,写入读取的速度非常快,常用于高速缓存。在一些高并发、大流量的网站系统中,常将 Redis 作为消息队列使用,用于减轻 MySQL 的读写压力。并且 Redis 提供的数据类型能够满足绝大多数应用场景,支持数据持久化、主从同步等。

PHP 与 Redis 数据库　第16章

16.1　关系型数据库与非关系型数据库

在第 15 章我们详细介绍过 MySQL 数据库的使用。MySQL 是一种关系型数据库，我们可以把关系型数据库看成一个 Excel 表格，其中存储行、列的对应关系。关系型数据库能满足编程中一般的存储查询需求，随着网站业务量的增加，我们还需要存储许多数据，并且要求能够很快地将数据查询出来。这时关系型数据库 MySQL 就会稍显吃力。当网站的用户并发性非常高（高并发读写往往达到每秒上万次请求）时，对于传统关系型数据库来说，硬盘 I/O 是一个很大的瓶颈，因为 MySQL 的数据存储是写入到磁盘上的。同时网站每天产生的数据量是巨大的，对于关系型数据库来说，在一张包含海量数据表中查询的效率也是非常低的。

为了解决以上问题，NoSQL 出现了。此后非关系型、分布式数据存储得到了快速发展，它们不保证关系数据的 ACID 特性。NoSQL 概念在 2009 年被提了出来。NoSQL 最常见的解释是"non-relational"，"Not Only SQL"也被很多人接受。（"NoSQL"一词最早于 1998 年被用于一个轻量级的关系数据库的名字。）

针对关系型数据库的不足，出现了很多 NoSQL 产品。这些数据库中很大一部分都是针对某些特定应用需求出现的，对于该类应用具有极高的性能。依据结构化方法以及应用场合的不同，主要分为以下几类：

- 面向高性能并发读写的 key-value 数据库　主要特点是具有极高的并发读写性能。Redis、Tokyo Cabinet、Flare 就是这类数据库的代表。
- 面向海量数据访问的面向文档数据库　这类数据库的特点是可以在海量的数据中快速查询数据，典型代表为 MongoDB 和 CouchDB。
- 面向可扩展性的分布式数据库　相对于传统数据库存在的可扩展性缺陷，这类数据库可以适应数据量的增加以及数据结构的变化。

16.2　Redis 的安装使用

本书只介绍 NoSQL 数据库中的一种，即 Redis 数据库。Redis 是一个高级开源的 key-value 数据库存储系统。支持 string、list、set、zset、hash 5 种数据存储类型，支持对数据的多种操作，能够满足绝大部分业务需求。Redis 中的数据都是缓存在内存中的，比读取存储在硬盘上的数据速度要快很多。Redis 支持数据的持久化操作，可通过配置周期性地将内存中的数据写入磁盘，提高了数据的安全性。Redis 还支持主从同步，更好地解决了高并发的问题。

Redis 支持多种语言的客户端调用，如 PHP、Python、Ruby 等。Redis 支持在 Linux、Windows、MacOS 系统中运行，但在实际应用场景中推荐使用 Linux 系统。本节介绍的 Redis 使用是在 CentOS 上运行的。

在 Linux 系统上安装 Redis

可在 Redis 官方网站（http://redis.io/）下载到 Redis 安装包。Redis 采用"主版本号.次版本号.

补丁版本号"的命名规则。在次版本号的位置上,使用偶数表示稳定版本,如 1.2、2.0、2.2、2.4。奇数代表测试版本,比如版本号 2.9.x 代表测试版本,那么 3.0 将会是 2.9.x 的稳定版本。目前 Redis 的稳定版本是 3.2.3。

在 Linux 系统中可直接使用 wget 下载得到 Redis 源码。下面以获取当前版 3.2.3 为例,下载过程如下:

```
localhost:soft chenxiaolong$ wget http://download.redis.io/releases/redis-3.2.3.tar.gz
--2016-09-25 01:13:35--  http://download.redis.io/releases/redis-3.2.3.tar.gz
Resolving download.redis.io... 109.74.203.151
Connecting to download.redis.io|109.74.203.151|:80... connected.
HTTP request sent, awaiting response... 200 OK
Length: 1541401 (1.5M) [application/x-gzip]
Saving to: 'redis-3.2.3.tar.gz'

redis-3.2.3.tar.gz   100%[===================>]   1.47M  38.4KB/s   in 25s

2016-09-25 01:14:01 (59.3 KB/s) - 'redis-3.2.3.tar.gz' saved [1541401/1541401]
```

下载后得到 redis-3.2.3.tar.gz,解压得到 redis-3.2.3 目录,执行命令进行安装。

```
$tar -zxvf redis-3.2.3.tar.gz
$cd redis-3.2.3
$make
$make install
```

安装完成后,注意 redis.conf 文件。这个文件是 Redis 的配置文件,在启动 Redis 的时候可以指定使用哪个配置文件,如果不指定则使用默认配置文件。redis.conf 中配置文件的主要参数说明如下:

- Daemonize 是否以后台进程运行,默认为 no。
- Pidfile 若以后台进程运行,则需指定一个 pid,默认为/var/run/redis.pid。
- Bind 绑定主机 IP,默认值为 127.0.0.1。
- Port 监听端口,默认为 6379。
- Timeout 超时时间,默认为 300(秒)。
- Loglevel 日志记录等级,有 4 个可选值,即 debug、verbose(默认值)、notice、warning。
- Logfile 日志记录方式,默认值为 stdout。
- Databases 可用数据库数,默认值为 16,默认数据库为 0。
- save <seconds> <changes> 指出在多长时间内有多少次更新操作就将数据同步到数据文件。可以多个条件配合使用,比如默认配置文件中就设置了以下 3 个条件:
    - save 900 1 900 秒(15 分钟)内至少有 1 个 key 被改变。
    - save 300 10 300 秒(5 分钟)内至少有 300 个 key 被改变。
    - save 60 10000 60 秒内至少有 10000 个 key 被改变。
- Rdbcompression 存储至本地数据库时是否压缩数据,默认为 yes。
- Dbfilename 本地数据库文件名,默认值为 dump.rdb。
- Dir 本地数据库存放路径,默认值为 ./。

- slaveof <masterip> <masterport>　当本机为从服务时，设置主服务的IP及端口。
- masterauth <master-password>　当本机为从服务时，设置主服务的连接密码。
- requirepass　连接密码。
- maxclients　最大客户端连接数，默认不限制。
- maxmemory <bytes>　设置最大内存，达到最大内存设置后，Redis会先尝试清除已到期或即将到期的Key，当用此方法处理后仍达到最大内存设置，将无法再进行写入操作。
- appendonly　是否在每次更新操作后进行日志记录，如果不开启，可能会在断电时导致一段时间内的数据丢失。因为redis本身同步数据文件是按上面的save条件来同步的，所以有的数据会在一段时间内只存在于内存中，默认值为no。
- appendfilename　更新日志文件名，默认值为appendonly.aof。
- appendfsync　更新日志条件，共有3个可选值。no表示等操作系统进行数据缓存同步到磁盘，always表示每次更新操作后手动调用fsync()将数据写到磁盘，everysec表示每秒同步一次（默认值）。
- vm-enabled　是否使用虚拟内存，默认值为no。
- vm-swap-file　虚拟内存文件路径，默认值为/tmp/redis.swap，不可多个Redis实例共享。
- vm-max-memory　将所有大于vm-max-memory的数据存入虚拟内存，无论vm-max-memory设置得多小，所有索引数据都是内存存储的（Redis的索引数据就是keys），也就是说，当vm-max-memory设置为0时，其实是所有value都存在于磁盘，默认值为0。

在终端使用redis-server启动Redis服务，Redis默认启动端口为6379，代码如下：

```
localhost:redis-3.2.3 chenxiaolong$ redis-server
24322:C 25 Sep 01:22:42.752 # Warning: no config file specified, using the default config. In order to specify a config file use redis-server /path/to/redis.conf
24322:M 25 Sep 01:22:42.754 * Increased maximum number of open files to 10032 (it was originally set to 256).
```

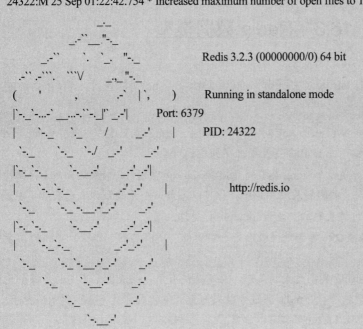

```
24322:M 25 Sep 01:22:42.756 # Server started, Redis version 3.2.3
24322:M 25 Sep 01:22:42.756 * The server is now ready to accept connections on port 6379
```

在启动 Redis 时可指定使用的配置文件,Redis 支持多个端口启动,只需在配置文件中设置 port 的值不同,然后分别在启动 Redis 服务时指定对应配置文件即可,例如:

```
$redis-server /etc/redis.conf
```

如果需要在端口 6380 启动 Redis,只需在文件/etc/redis.conf 中设置 port 为 6380 即可。使用 redis-cli 可用来对 Redis 进行操作。

```
localhost:~ chenxiaolong$ redis-cli
127.0.0.1:6379> set name chenxiaolong
OK
127.0.0.1:6379> get name
"chenxiaolong"
127.0.0.1:6379>
```

如果需要在远程 Redis 服务上执行命令,我们使用的同样也是 redis-cli 命令:

```
$ redis-cli -h host -p port -a password
```

以下实例演示了如何连接到主机为 10.16.59.141、端口为 6379、密码为 mypass 的 Redis 服务上:

```
$redis-cli -h 10.16.59.141 -p 6379 -a "mypass"
redis 10.16.59.141:6379>
```

至此,我们已经介绍完了如何下载、安装、启动 Redis。

16.3 Redis 数据类型

Redis 支持 5 种数据类型:string(字符串)、hash(哈希)、list(列表)、set(集合)及 zset(sorted set:有序集合)。

- string:redis 最基本的类型,一个 key 对应一个 value。string 类型是二进制安全的,redis 的 string 可以包含任何数据,比如 JPG 图片或者序列化的对象。
- hash:一个键值对集合,是一个 string 类型的 field 和 value 的映射表,特别适合用于存储对象。
- list:简单的字符串列表,按照插入顺序排序。你可以添加一个元素到列表的头部(左边)或者尾部(右边),以及对链表的两端进行 pop/push 操作。
- set string 类型的无序集合。集合是通过哈希表实现的,所以添加、删除、查找的复杂度都是 $O(1)$。
- zset 和 set 一样也是 string 类型元素的集合,且不允许有重复的成员;不同的是每个元素都会关联一个 double 类型的分数,redis 通过分数来为集合中的成员进行从小到大的排序。zset 的成员是唯一的,但分数(score)却可以重复。

下面分别详细介绍这 5 种数据类型。

16.3.1 string

Redis 字符串数据类型的相关命令用于管理 Redis 字符串值。对一个 string 常用的操作有 set、get、del 等，例如：

```
127.0.0.1:6379> set name chenxiaolong
OK
127.0.0.1:6379> get name
"chenxiaolong"
127.0.0.1:6379> del name
(integer) 1
127.0.0.1:6379> get name
(nil)
127.0.0.1:6379>
```

第一次执行 set 给 name 设置值为 chenxiaolong，返回结果 OK 表示设置成功。del 命令后可接多个 key，一次性删除多个 key，返回(integer)1，括号后面的数字代表删除的 key 的个数。当再次 get name 时，此值已经被删除，所以返回(nil)。

string 数据类型的读写操作命令如表 16-1 所示。

表16-1　string读写操作命令

命令	语法	说明	示例
set	SET KEY_NAME VALUE	用于设置给定 key 的值，如果 key 已经存储其他值，就覆写旧值，且无视类型	127.0.0.1:6379> getset name chendalong "chenxiaolong" 127.0.0.1:6379> set name chenxiaolong OK
get	GET KEY_NAME	用于获取指定 key 的值，如果 key 不存在，就返回 nil；如果 key 储存的值不是字符串类型，就返回一个错误	127.0.0.1:6379> get name "chenxiaolong"
getset	GETSET KEY_NAME VALUE	用于设置指定 key 的值，并返回 key 的旧值。当 key 没有旧值时，即 key 不存在时，返回 nil；当 key 存在但不是字符串类型时，返回一个错误	127.0.0.1:6379> del name (integer) 1 127.0.0.1:6379> getset name chenxiaolong (nil) 127.0.0.1:6379> getset name chendalong "chenxiaolong" 127.0.0.1:6379>
getbit	GETBIT KEY_NAME OFFSET	对 key 所储存的字符串值获取指定偏移量上的位（bit），返回字符串值指定偏移量上的位。当偏移量 offset 比字符串值的长度大或者 key 不存在时返回 0	127.0.0.1:6379> getbit name 2 (integer) 1 127.0.0.1:6379> getbit name 20 (integer) 0

（续表）

命令	语法	说明	示例
mget	MGET KEY1 KEY2 .. KEYN	返回所有（一个或多个）给定 key 的值。如果给定的 key 里面有某个 key 不存在，那么这个 key 返回特殊值 nil	127.0.0.1:6379> mget name age birthday 1) "chenxiaolong" 2) "22" 3) (nil)
setbit	Setbit KEY_NAME OFFSET	用于对 key 所储存的字符串值设置或清除指定偏移量上的位	127.0.0.1:6379> setbit name 100 1 (integer) 0 127.0.0.1:6379> getbit name 100 (integer) 1
setex	SETEX KEY_NAME TIMEOUT VALUE	为指定的 key 设置值及过期时间。如果 key 已经存在，就替换旧值	127.0.0.1:6379> setex name 10 chendalong OK 127.0.0.1:6379> get name "chendalong" 127.0.0.1:6379> get name (nil) 127.0.0.1:6379>
setnx	SETNX KEY_NAME VALUE	在指定的 key 不存在时，为 key 设置指定的值	127.0.0.1:6379> del name (integer) 1 127.0.0.1:6379> setnx name chenxiaolong (integer) 1 127.0.0.1:6379> setnx name chendalong (integer) 0 127.0.0.1:6379> get name "chenxiaolong"
setrange	SETRANGE KEY_NAME OFFSET VALUE	用指定的字符串覆盖给定 key 所储存的字符串值，覆盖的位置从偏移量 offset 开始	127.0.0.1:6379> set haha "hello world" OK 127.0.0.1:6379> setrange haha 6 redis (integer) 11 127.0.0.1:6379> get haha "hello redis"
strlen	STRLEN KEY_NAME	用于获取指定 key 所储存的字符串值的长度，当 key 储存的不是字符串值时返回一个错误	127.0.0.1:6379> strlen name (integer) 12
mset	MSET key1 value1 key2 value2 .. keyN valueN	用于同时设置一个或多个 key-value 对	127.0.0.1:6379> mset a aa b bb c cc OK 127.0.0.1:6379> mget a b c 1) "aa" 2) "bb" 3) "cc"

(续表)

命令	语法	说明	示例
x	MSETNX key1 value1 key2 value2 .. keyN valueN	用于所有给定 key 都不存在时同时设置一个或多个 key-value 对	127.0.0.1:6379> msetnx x xx y yy z zz (integer) 1 127.0.0.1:6379> mget x y z 1) "xx" 2) "yy" 3) "zz"
psetex	PSETEX key1 EXPIRY_IN_MILLISECONDS value1	以毫秒为单位设置 key 的生存时间	127.0.0.1:6379> psetex x 10000 xx OK 127.0.0.1:6379> pttl x (integer) 1312
incr	NCR KEY_NAME	key 中储存的数字值增一。如果 key 不存在, 那么 key 的值会先被初始化为 0, 再执行 incr 操作。该命令返回执行 incr 命令之后 key 的值。如果值包含错误的类型或字符串类型的值不能表示为数字, 就返回一个错误	127.0.0.1:6379> incr page (integer) 1 127.0.0.1:6379> get page "1" 127.0.0.1:6379> incr page (integer) 2
incrby	INCRBY KEY_NAME INCR_AMOUNT	将 key 中储存的数字加上指定的增量值。如果 key 不存在, 那么 key 的值会先被初始化为 0, 再执行 incrby 命令。如果值包含错误的类型或字符串类型的值不能表示为数字, 就返回一个错误。该命令返回的是加上指定的增量值之后 key 的值	127.0.0.1:6379> incrby page 100 (integer) 102
incrbyfloat	INCRBYFLOAT KEY_NAME INCR_AMOUNT	为 key 中所储存的值加上指定的浮点数增量值。 如果 key 不存在, 那么 incrbyfloat 会先将 key 的值设为 0, 再执行加法操作	127.0.0.1:6379> incrbyfloat page 3.1415 "105.1415"
decr	DECR KEY_NAME	将 key 中储存的数字值减一。如果 key 不存在, 那么 key 的值会先被初始化为 0, 再执行 decr 操作。如果值包含错误的类型或字符串类型的值不能表示为数字, 就返回一个错误。本操作的值限制在 64 位有符号数字表示之内	127.0.0.1:6379> set age 22 OK 127.0.0.1:6379> decr age (integer) 21
decrby	DECRBY KEY_NAME DECREMENT_AMOUNT	将 key 所储存的值减去指定的减量值。如果 key 不存在, 那么 key 的值会先被初始化为 0, 再执行 decrby 操作。如果值包含错误的类型或字符串类型的值不能表示为数字, 就返回一个错误。本操作的值限制在 64 位有符号数字表示之内	127.0.0.1:6379> decrby age 10 (integer) 11
append	APPEND KEY_NAME NEW_VALUE	用于为指定的 key 追加值。如果 key 已经存在并且是一个字符串, append 命令将 value 追加到 key 原来值的末尾。如果 key 不存在, append 就简单地将给定 key 设为 value, 就像执行 set key value 一样	127.0.0.1:6379> set name chen OK 127.0.0.1:6379> append name xiaolong (integer) 12 127.0.0.1:6379> get name "chenxiaolong"

表 16-1 充分介绍了 string 类型数据的操作，根据示例，读者可在服务器上自行测试。

16.3.2 list

Redis 列表是一种字符串列表，支持链表结构，可以在列表的头部或尾部添加元素，并且添加的元素可重复。在实际编程中经常使用 list 数据类型做消息队列。图 16-1 展示了 Redis 列表示例。

使用 rpush/lpush 可分别在列表的右侧和左侧添加元素，对应使用 rpop/lpop 可分别删除列表右侧和左侧对应的元素。llen 命令可查看列表长度，lrange 命令可查看指定位置范围的元素，lindex 可查看指定位置的元素。这几个命令是 list 列表中非常常用的。使用示例如下：

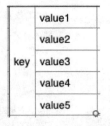

图 16-1 list 类型数据示例

```
127.0.0.1:6379> lpush city beijing
(integer) 1
127.0.0.1:6379> lpush city shanghai
(integer) 2
127.0.0.1:6379> rpush city shenzhen
(integer) 3
127.0.0.1:6379> lrange city 0 3
1) "shanghai"
2) "beijing"
3) "shenzhen"
127.0.0.1:6379> lrange city -1 2
1) "shenzhen"
127.0.0.1:6379> lindex city 2
"shenzhen"
127.0.0.1:6379> lindex city 0
"shanghai"
127.0.0.1:6379> llen city
(integer) 3
127.0.0.1:6379> rpop city
"shenzhen"
127.0.0.1:6379> llen city
(integer) 2
```

在使用 lrange 命令时，-1 表示列表的结束位置，0 为开始位置。

除了以上几个常用命令，list 操作还有一些高级命令，灵活运用这些命令可快速有效地编程。表 16-2 列出了 list 数据类型的操作方法。

表16-2 list数据类型操作命令

命令	语法	说明	示例
blpop	BLPOP LIST1 LIST2 .. LISTN TIMEOUT	移出并获取列表的第一个元素，如果列表没有元素会阻塞列表直到等待超时或发现可弹出元素为止。如果列表为空，则等待 TIMEOUT 秒，返回一个 nil；否则，返回一个含有两个元素的列表，第一个元素是被弹出元素所属的 key，第二个元素是被弹出元素的值	127.0.0.1:6379> lpush city beijing shanghai (integer) 2 127.0.0.1:6379> blpop city 5 1) "city" 2) "shanghai" 127.0.0.1:6379> blpop city 5 1) "city" 2) "beijing" 127.0.0.1:6379> blpop city 5 (nil) (5.00s)
brpop	BRPOP LIST1 LIST2 .. LISTN TIMEOUT	brpop 命令和 blpop 命令类似，不同的是其会对列表的最后一个元素进行操作	127.0.0.1:6379> brpop city 5 1) "city" 2) "shanghai" 127.0.0.1:6379> brpop city 5 1) "city" 2) "beijing" 127.0.0.1:6379> brpop city 5 (nil) (5.10s)
brpoplpush	BRPOPLPUSH LIST1 ANOTHER_LIST TIMEOUT	从列表中弹出一个值，将弹出的元素插入另外一个列表中并返回；如果列表没有元素会阻塞列表直到等待超时或发现可弹出元素为止	127.0.0.1:6379> rpush city beijiang shanghai shenzhen (integer) 3 127.0.0.1:6379> rpush city1 hangzhou (integer) 1 127.0.0.1:6379> brpoplpush city city1 5 "shenzhen" 127.0.0.1:6379> lrange city 0 -1 1) "beijiang" 2) "shanghai" 127.0.0.1:6379> lrange city1 0 -1 1) "shenzhen" 2) "hangzhou"
lindex	LINDEX KEY_NAME INDEX_POSITION	用于通过索引获取列表中的元素，0 表示第一个元素，1 表示第二个元素，也可以使用负数下标，以-1 表示列表的最后一个元素、-2 表示列表的倒数第二个元素，以此类推	127.0.0.1:6379> rpush city beijing shanghai shenzhen (integer) 3 127.0.0.1:6379> lindex city 2 "shenzhen"

（续表）

命令	语法	说明	示例
linsert	LINSERT KEY_NAME BEFORE EXISTING_VALUE NEW_VALUE	用于在列表的元素前或者后插入元素。当指定元素不存在于列表中时，不执行任何操作。当列表不存在时，被视为空列表，不执行任何操作。如果 key 不是列表类型，就返回一个错误	127.0.0.1:6379> rpush city beijing shanghai (integer) 2 127.0.0.1:6379> linsert city before shanghai shenzhen (integer) 3 127.0.0.1:6379> linsert city after beijing hangzhou (integer) 4 127.0.0.1:6379> lrange city 0 -1 1) "beijing" 2) "hangzhou" 3) "shenzhen" 4) "shanghai"
llen	LLEN KEY_NAME	用于返回列表的长度。如果列表 key 不存在，则 key 被解释为一个空列表，返回 0；如果 key 不是列表类型，就返回一个错误	127.0.0.1:6379> lrange city 0 -1 1) "beijing" 2) "hangzhou" 3) "shenzhen" 4) "shanghai" 127.0.0.1:6379> llen city (integer) 4
lpop	LPOP KEY_NAME	移除并返回列表的第一个元素。当列表 key 不存在时返回 nil	127.0.0.1:6379> rpush city beijing shanghai (integer) 2 127.0.0.1:6379> lpop city "beijing" 127.0.0.1:6379> lpop city "shanghai" 127.0.0.1:6379> lpop city (nil)
lpush	LPUSH KEY_NAME VALUE1.. VALUEN	将一个或多个值插入到列表头部。如果 key 不存在，一个空列表会被创建并执行 lpush 操作。当 key 存在但不是列表类型时，返回一个错误。注意：在 Redis 2.4 版本以前的 lpush 命令，都只接受单个 value 值。该命令返回 list 的长度	127.0.0.1:6379> lpush city beijing shanghai shenzhen hangzhou (integer) 4
lpushx	LPUSHX KEY_NAME VALUE	将一个值插入到已存在的列表头部，列表不存在时操作无效，返回命令执行后列表的长度	127.0.0.1:6379> lpush city beijing shanghai shenzhen hangzhou (integer) 4 127.0.0.1:6379> lpushx city hefei (integer) 5

(续表)

命 令	语 法	说 明	示 例
lrange	LRANGE KEY_NAME START END	lrange 返回列表中指定区间内的元素，区间以偏移量 START 和 END 指定。其中，0 表示列表的第一个元素，1 表示列表的第二个元素，以此类推。你也可以使用负数下标，以-1 表示列表的最后一个元素，-2 表示列表的倒数第二个元素，以此类推。如果 END 的值超出列表的长度，则从 START 开始返回列表结束的全部元素	127.0.0.1:6379> lrange city 0 -1 1) "hefei" 2) "hangzhou" 3) "shenzhen" 4) "shanghai" 5) "beijing" 127.0.0.1:6379> lrange city 0 3 1) "hefei" 2) "hangzhou" 3) "shenzhen" 4) "shanghai" 127.0.0.1:6379> lrange city 2 10 1) "shenzhen" 2) "shanghai" 3) "beijing"
lrem	LREM KEY_NAME COUNT VALUE	lrem 根据参数 COUNT 的值移除列表中与参数 VALUE 相等的元素。COUNT 的值可为正整数、负整数和 0。 • count > 0：从表头开始向表尾搜索，移除与 VALUE 相等的元素，数量为 COUNT • count < 0：从表尾开始向表头搜索，移除与 VALUE 相等的元素，数量为 COUNT 的绝对值 • count = 0：移除表中所有与 VALUE 相等的值	127.0.0.1:6379> rpush city beijing shanghai beijing hangzhou hefei beijing (integer) 6 127.0.0.1:6379> lrange city 0 -1 1) "beijing" 2) "shanghai" 3) "beijing" 4) "hangzhou" 5) "hefei" 6) "beijing" 127.0.0.1:6379> lrem city 2 beijing (integer) 2 127.0.0.1:6379> lrange city 0 -1 1) "shanghai" 2) "hangzhou" 3) "hefei" 4) "beijing" 127.0.0.1:6379> rpush city shanghai beijing beijing hangzhou (integer) 8 127.0.0.1:6379> lrange city 0 -1 1) "shanghai" 2) "hangzhou" 3) "hefei" 4) "beijing" 5) "shanghai" 6) "beijing"

（续表）

命令	语法	说明	示例
			7) "beijing" 8) "hangzhou" 127.0.0.1:6379> lrem city -2 beijing (integer) 2127.0.0.1:6379> lrange city 0 -1 1) "shanghai" 2) "hangzhou" 3) "hefei" 4) "beijing" 5) "shanghai" 6) "hangzhou" 127.0.0.1:6379> lrem city 0 hangzhou (integer) 2 127.0.0.1:6379> lrange city 0 -1 1) "shanghai" 2) "hefei" 3) "beijing" 4) "shanghai"
lset	LSET KEY_NAME INDEX VALUE	通过索引来设置元素的值。当索引参数超出范围或对一个空列表进行 lset 时返回一个错误	127.0.0.1:6379> rpush city beijing shanghai (integer) 2 127.0.0.1:6379> lset city 0 shenzhen OK 127.0.0.1:6379> lset city 1 guangzhou OK 127.0.0.1:6379> lrange city 0 -1 1) "shenzhen" 2) "guangzhou"
ltrim	LTRIM KEY_NAME START STOP	对一个列表进行修剪（trim），也就是说，让列表只保留指定区间内的元素，不在指定区间之内的元素都将被删除。下标 0 表示列表的第一个元素，以 1 表示列表的第二个元素，以此类推。你也可以使用负数下标，以-1 表示列表的最后一个元素，-2 表示列表的倒数第二个元素，以此类推	127.0.0.1:6379> rpush city beijing shanghai shenzhen hangzhou guangzhou (integer) 5 127.0.0.1:6379> ltrim city 2 4 OK 127.0.0.1:6379> lrange city 0 -1 1) "shenzhen" 2) "hangzhou" 3) "guangzhou"
rpop	RPOP KEY_NAME	移除并返回列表的最后一个元素	127.0.0.1:6379> rpush city beijing shanghai (integer) 2 127.0.0.1:6379> rpop city "shanghai" 127.0.0.1:6379> lrange city 0 -1 1) "beijing"

（续表）

命 令	语 法	说 明	示 例
rpoplpush	RPOPLPUSH SOURCE_KEY_NAME DESTINATION_KEY_NAME	移除列表的最后一个元素，将该元素添加到另一个列表并返回	127.0.0.1:6379> rpush city beijing shanghai shenzhen (integer) 3 127.0.0.1:6379> rpush city1 hangzhou guangzhou (integer) 2 127.0.0.1:6379> rpoplpush city city1 "shenzhen" 127.0.0.1:6379> lrange city 0 -1 1) "beijing" 2) "shanghai" 127.0.0.1:6379> lrange city1 0 -1 1) "shenzhen" 2) "hangzhou" 3) "guangzhou"
rpush	RPUSH KEY_NAME VALUE1..VALUEN	将一个或多个值插入列表的尾部（最右边）。如果列表不存在，一个空列表就会被创建并执行 rpush 操作。当列表存在但不是列表类型时返回一个错误	127.0.0.1:6379> rpush city beijing shanghai (integer) 2 127.0.0.1:6379> set name chenxiaolong OK 127.0.0.1:6379> rpush name chendalong (error) WRONGTYPE Operation against a key holding the wrong kind of value
rpushx	RPUSHX KEY_NAME VALUE	将一个值插入已存在的列表尾部（最右边）。如果列表不存在，操作无效	127.0.0.1:6379> rpush city beijing (integer) 1 127.0.0.1:6379> rpushx city shanghai (integer) 2 127.0.0.1:6379> lrange city 0 -1 1) "beijing" 2) "shanghai"

16.3.3 hash

Redis 的散列（也可称为 hash，哈希）可以存储多个键值对的映射。图 16-2 表示出了散列数据结构的图形化理解方式。

hash key	field1	value1
	field2	value2
	field3	value3
	field4	value4
	field5	value5

图 16-2 hash 类型数据表示

哈希类型数据常用的操作有增加/删除键值、计算 hash key 长度、删除 hash key 等操作。下面演示几个常用的操作哈希的方法。

```
127.0.0.1:6379> hset anhui city1 hefei
(integer) 1
127.0.0.1:6379> hset anhui city2 fuyang
(integer) 1
127.0.0.1:6379> set anhui city3 wuhu
(error) ERR syntax error
127.0.0.1:6379> del anhui
(integer) 1
127.0.0.1:6379> hset anhui city1 hefei
(integer) 1
127.0.0.1:6379> hset anhui city2 fuyang
(integer) 1
127.0.0.1:6379> hset anhui city3 wuhu
(integer) 1
127.0.0.1:6379> hlen anhui
(integer) 3
127.0.0.1:6379> hget anhui city2
"fuyang"
127.0.0.1:6379> hdel anhui city2
(integer) 1
127.0.0.1:6379> hgetall anhui
1) "city1"
2) "hefei"
3) "city3"
4) "wuhu"
```

其中，hgetall 操作可返还 hash key 的所有域和值，上一行是域，下一行是对应值。表 16-3 列出了 hash 类型数据的操作命令。

表16-3　hash数据类型操作命令

命令	语法	说明	示例
hset	HSET HASH_KEY FIELD VALUE	为哈希 key 设置域值（field value），如果 hash_key 不存在就创建一个，如果存在就将其覆盖	127.0.0.1:6379> hset anhui city4 bozhou (integer) 1
hdel	HDEL KEY_NAME FIELD1.. FIELDN	删除哈希表 key 中的一个或多个指定字段，不存在的字段将被忽略。返回成功删除字段的数量，不包括被忽略的字段	127.0.0.1:6379> hdel anhui city1 (integer) 1 127.0.0.1:6379> hdel anhui city2 city3 city4 (integer) 2

(续表)

命令	语法	说明	示例
hget	HGET KEY_NAME FIELD_NAME	获取哈希表中指定字段的值	127.0.0.1:6379> hset anhui city1 hefei (integer) 1 127.0.0.1:6379> hget anhui city1 "hefei"
hgetall	HGETALL KEY_NAME	返回哈希表中所有的字段和值。在返回值里，紧跟每个字段名（field name）之后是字段的值（value）	127.0.0.1:6379> hgetall anhui 1) "city1" 2) "hefei" 3) "city2" 4) "fuyang"
hincrby	HINCRBY KEY_NAME FIELD_NAME INCR_BY_NUMBER	为哈希表中的字段值加上指定增量值。增量也可以为负数，相当于对指定字段进行减法操作。如果哈希表的 key 不存在，一个新的哈希表被创建并执行 hincrby 命令。如果指定的字段不存在，那么在执行命令前字段的值将被初始化为 0。对一个储存字符串值的字段执行 hincrby 命令将造成一个错误。返回执行命令后的字段值	127.0.0.1:6379> hset num first 1 (integer) 1 127.0.0.1:6379> hincrby num first 10 (integer) 11 127.0.0.1:6379> hget num first "11"
hincrbyfloat	HINCRBYFLOAT KEY_NAME FIELD_NAME INCR_BY_NUMBER	为哈希表中的字段值加上指定浮点数增量值。如果指定的字段不存在，那么在执行命令前字段的值将被初始化为 0。返回执行命令后的字段值	127.0.0.1:6379> hincrbyfloat num first 10.55 "21.55"
hkeys	HKEYS KEY_NAME	获取哈希表中的所有字段名	127.0.0.1:6379> hkeys anhui 1) "city1" 2) "city2"
hlen	HLEN KEY_NAME	获取哈希表中字段的数量	127.0.0.1:6379> hlen anhui (integer) 2
hmget	MGET KEY_NAME FIELD1...FIELDN	用于返回哈希表中一个或多个给定字段的值。如果指定的字段不存在于哈希表，那么返回一个 nil 值	127.0.0.1:6379> hmget anhui city1 city2 nocity 1) "hefei" 2) "fuyang" 3) (nil)
hmset	HMSET KEY_NAME FIELD1 VALUE1 ...FIELDN VALUEN	同时将多个 field-value（字段-值）对设置到哈希表中。此命令会覆盖哈希表中已存在的字段。如果哈希表不存在，就会创建一个空哈希表，并执行 hmset 操作	127.0.0.1:6379> hmset anhui city1 hefei city2 fuyang city3 wuhu OK

（续表）

命 令	语 法	说 明	示 例
hsetnx	HSETNX KEY_NAME FIELD VALUE	为哈希表中不存在的字段赋值。如果哈希表不存在，一个新的哈希表被创建并进行hset操作。如果字段已经存在于哈希表中，操作无效。如果key不存在，一个新哈希表被创建并执行hsetnx命令	127.0.0.1:6379> hsetnx anhui city4 bozhou (integer) 1 127.0.0.1:6379> hsetnx anhui city1 huaibei (integer) 0
hvals	HVALS KEY_NAME FIELD VALUE	返回哈希表所有字段的值	127.0.0.1:6379> hvals anhui 1) "hefei" 2) "fuyang" 3) "wuhu" 4) "bozhou"
hstrlen	HSTRLEN KEY_NAME FIELD	返回hash key指定域值的长度。如果key或field不存在，就返回0	127.0.0.1:6379> hstrlen anhui city1 (integer) 5

以上列表详细说明了redis散列数据类型的操作命令，读者可在自己计算机上实践一下，加深认识。

16.3.4　set

Redis的set是string类型的无序集合。集合成员是唯一的，在集合中不能出现重复的元素。在对集合的常用操作中，sadd/srem可以添加删除元素，sismember可判断集合中是否存在某个元素，smembers可获得集合中的全部元素，scard可返回集合中元素的数量，spop可随机返回一个元素并将其从集合汇总删除。下面的例子演示了集合的常用操作。

```
127.0.0.1:6379> sadd city beijing
(integer) 1
127.0.0.1:6379> sadd city shanghai
(integer) 1
127.0.0.1:6379> srem city beijing
(integer) 1
127.0.0.1:6379> sadd city hangzhou
(integer) 1
127.0.0.1:6379> sismember city beijing
(integer) 0
127.0.0.1:6379> smembers city
1) "shanghai"
2) "hangzhou"
127.0.0.1:6379> scard city
(integer) 2
127.0.0.1:6379> spop city
"hangzhou"
```

```
127.0.0.1:6379> smembers city
"shanghai"
```

除了以上操作，redis 还提供了一些其他命令可对 set 类型进行操作。详细命令清单如表 16-4 所示。

表16-4　set类型操作命令

命 令	语 法	说　明	示　例
sadd	SADD KEY_NAME VALUE1..VALUEN	将一个或多个成员元素加入集合中，已经存在于集合的成员元素将被忽略。假如集合 key 不存在，则创建一个只包含添加的元素做成员的集合。当集合 key 不是集合类型时返回一个错误	127.0.0.1:6379> sadd city beijing hangzhou shanghai (integer) 3
scard	SCARD KEY_NAME	返回集合中元素的数量	127.0.0.1:6379> scard city (integer) 3
sdiff	SDIFF FIRST_KEY OTHER_KEY1..OTHER_KEYN	返回给定集合之间的差集。不存在的集合 key 将被视为空集。将返回 FIRST_KEY 中存在的但 OTHER_KEY 中不存在元素	127.0.0.1:6379> smembers city 1) "guangzhou" 2) "shanghai" 3) "hangzhou" 4) "shenzhen" 5) "beijing" 127.0.0.1:6379> smembers city1 1) "guangzhou" 2) "shanghai" 3) "shenzhen" 4) "hangzhou" 5) "beijing" 6) "nanjing" 127.0.0.1:6379> smembers city2 1) "changsha" 2) "zhengzhou" 127.0.0.1:6379> sdiff city1 city city2 1) "nanjing" 127.0.0.1:6379> sdiff city2 city1 city 1) "changsha"
sdiffstore	SDIFFSTORE DESTINATION_KEY KEY1..KEYN	将给定集合之间的差集存储在指定的集合中。如果指定的集合 key 已存在，就会被覆盖。得到的结果和 sdiff 相同，只不过是将结果存到另一个集合	127.0.0.1:6379> sdiffstore citystore city2 city1 city (integer) 2 127.0.0.1:6379> smembers citystore 1) "changsha" 2) "zhengzhou"

（续表）

命令	语法	说明	示例
sinter	INTER KEY KEY1..KEYN	返回所有给定集合的交集。不存在的集合 key 被视为空集。当给定集合当中有一个空集时，结果也为空集（根据集合运算定律）	127.0.0.1:6379> sinter city city1 1) "guangzhou" 2) "shanghai" 3) "hangzhou" 4) "shenzhen" 5) "beijing"
sinterstore	INTERSTORE DESTINATION_KEY KEY KEY1..KEYN	将给定集合之间的交集存储在指定的集合中。如果指定的集合已经存在，就将其覆盖。用法和 sinter 类似，只不过是将结果存入另一个集合	127.0.0.1:6379> sinterstore cityinter city city1 (integer) 5 127.0.0.1:6379> smembers cityinter 1) "guangzhou" 2) "shanghai" 3) "shenzhen" 4) "hangzhou" 5) "beijing"
sismember	SISMEMBER KEY VALUE	判断成员元素是否是集合的成员。存在就返回 1，不存在则返回 0	127.0.0.1:6379> sismember city hangzhou (integer) 1 127.0.0.1:6379> sismember city wuhan (integer) 0
smembers	SMEMBERS KEY VALUE	返回集合中的所有成员。不存在的集合 key 被视为空集合	127.0.0.1:6379> smembers city 1) "guangzhou" 2) "shanghai" 3) "hangzhou" 4) "shenzhen" 5) "beijing"
smove	SMOVE SOURCE DESTINATION MEMBER	将指定成员 member 元素从 source 集合移动到 destination 集合。smove 是原子性操作。如果 source 集合不存在或不包含指定的 member 元素，则 smove 命令不执行任何操作，仅返回 0；否则 member 元素从 source 集合中被移除，并添加到 destination 集合中去。当 destination 集合已经包含 member 元素时，smove 命令只是简单地将 source 集合中的 member 元素删除。当 source 或 destination 不是集合类型时返回一个错误	127.0.0.1:6379> smembers city 1) "guangzhou" 2) "shanghai" 3) "hangzhou" 4) "shenzhen" 5) "beijing" 127.0.0.1:6379> smove city city1 guangzhou (integer) 1 127.0.0.1:6379> smove city city1 shenzhen (integer) 1 127.0.0.1:6379> smove city city1 nanjing (integer) 0 127.0.0.1:6379> smembers city 1) "shanghai" 2) "hangzhou" 3) "beijing"

(续表)

命令	语法	说明	示例
			127.0.0.1:6379> smembers city1 1) "guangzhou" 2) "shanghai" 3) "shenzhen" 4) "hangzhou"
spop	SPOP KEY	移除并返回集合中的一个随机元素	127.0.0.1:6379> spop city "beijing"
srandmember	SRANDMEMBER KEY [count]	返回集合中的一个随机元素。如果 count 为正数，且小于集合基数，那么命令返回一个包含 count 个元素的数组，数组中的元素各不相同。如果 count 大于等于集合基数，那么返回整个集合。如果 count 为负数，那么命令返回一个数组，数组中的元素可能会重复出现多次，而数组的长度为 count 的绝对值	127.0.0.1:6379> sadd city beijing shanghai shenzhen (integer) 3 127.0.0.1:6379> srandmember city 2 1) "shanghai" 2) "shenzhen" 127.0.0.1:6379> srandmember city -2 1) "shenzhen" 2) "shenzhen" 127.0.0.1:6379> srandmember city "shenzhen"
srem	REM KEY MEMBER1..MEMBERN	移除集合中的一个或多个成员元素，不存在的成员元素会被忽略。当 key 不是集合类型时返回一个错误	127.0.0.1:6379> srem city shenzhen (integer) 1 127.0.0.1:6379> srem city hefei (integer) 0 127.0.0.1:6379> srem city shanghai beijing (integer) 2 127.0.0.1:6379> smembers city (empty list or set)
sunion	SUNION KEY KEY1..KEYN	返回给定集合的并集。不存在的集合 key 被视为空集	127.0.0.1:6379> sadd city beijing nanjing (integer) 2 127.0.0.1:6379> sadd city1 shanghai nanjing (integer) 2 127.0.0.1:6379> sunion city city1 1) "beijing" 2) "shanghai" 3) "nanjing"
sunionstore	SUNIONSTORE DESTINATION KEY KEY1..KEYN	将给定集合的并集存储在指定的集合 destination 中。如果 destination 已经存在，则将其覆盖	127.0.0.1:6379> sunionstore cityunion city city1 (integer) 3 127.0.0.1:6379> smembers cityunion 1) "beijing" 2) "shanghai" 3) "nanjing"

16.3.5 zset

Redis 的有序集合（zset）和无序集合（set）一样，都可看做是 string 类型元素的集合，且不允许重复的成员。不同的是，有序集合(zset)中每个元素都会关联一个 double 类型的分数。Redis 正是通过分数来为集合中的成员进行从小到大的排序。有序集合的成员是唯一的，但分数（score）却可以重复。有序集合的抽象表达可用图 16-3 表示。

zset key	member1	1
	member2	2
	member3	5
	member4	10
	member5	20

图 16-3 zset 图形表示

关于集合的简单示例如下：

```
127.0.0.1:6379> zadd city 1 beijing
(integer) 1
127.0.0.1:6379> zadd city 2 shanghai 3 shenzhen 4 hangzhou 5 shenzhen
(integer) 3
127.0.0.1:6379> zcard city
(integer) 4
127.0.0.1:6379> zcount city 2 4
(integer) 2
127.0.0.1:6379> zincrby city 10 beijing
"11"
127.0.0.1:6379> zrange city 0 -1
1) "shanghai"
2) "hangzhou"
3) "shenzhen"
4) "beijing"
127.0.0.1:6379> zrem city shenzhen hangzhou
(integer) 2
127.0.0.1:6379> zrange city 0 -1
1) "shanghai"
2) "beijing"
```

表 16-5 列出了 zset 操作的详细清单。

表16-5 zset操作命令

命令	语法	说明	示例
zadd	ZADD KEY_NAME SCORE1 VALUE1.. SCOREN VALUEN	将一个或多个成员元素及其分数值加入有序集当中。如果某个成员已经是有序集的成员，就更新这个成员的分数值，并通过重新插入这个成员元素来保证该成员在正确的位置上。分数值可以是整数值或双精度浮点数。如果有序集合key不存在，就创建一个空的有序集并执行zadd操作。当key存在但不是有序集类型时返回一个错误	127.0.0.1:6379> zadd city 1 beijing 2 shanghai (integer) 2
zcard	ZCARD KEY_NAME	计算集合中元素的数量	127.0.0.1:6379> zcard city (integer) 2
zcount	ZCOUNT key min max	计算有序集合中指定分数区间的成员数量	127.0.0.1:6379> zadd city 3 shenzhen 4 hangzhou (integer) 2 127.0.0.1:6379> zcount city 2 4 (integer) 3
zincrby	ZINCRBY key increment member	对有序集合中指定成员的分数加上增量increment。可以通过传递一个负数值increment让分数减去相应的值，比如ZINCRBY key -5 member就是让member的score值减去5。当key不存在或分数不是key的成员时，ZINCRBY key increment member等同于ZADD key increment member。正常情况下返回增加后的分数值。当key不是有序集类型时返回一个错误。分数值可以是整数值或双精度浮点数	127.0.0.1:6379> zincrby city 10 beijing "11"
zinterstore	ZINTERSTORE destination numkeys key [key ...] [WEIGHTS weight [weight ...]] [AGGREGATE SUM|MIN|MAX]	计算给定的一个或多个有序集的交集，其中给定key的数量必须以numkeys参数指定，并将该交集（结果集）储存到destination。默认情况下，结果集中某个成员的分数值是所有给定集下该成员分数值之和	127.0.0.1:6379> zadd score 90 math 80 history 70 English (integer) 3 127.0.0.1:6379> zadd score1 100 math 70 history 80 English (integer) 3 127.0.0.1:6379> zinterstore sumscore 2 score score1 (integer) 3 127.0.0.1:6379> zrange sumscore 0 -1 withscores

(续表)

命 令	语 法	说 明	示 例
			1) "English" 2) "150" 3) "history" 4) "150" 5) "math" 6) "190"
zlexcount	ZLEXCOUNT KEY MIN MAX	计算有序集合中指定字典区间内的成员数量	127.0.0.1:6379> zadd test 1 a 2 b 3 c 4 d 5 e 6 f 7 g 8 h (integer) 8 127.0.0.1:6379> zlexcount test - + (integer) 8 127.0.0.1:6379> zlexcount test [a [d (integer) 4 127.0.0.1:6379> zlexcount test [b [d (integer) 3 127.0.0.1:6379> zlexcount test [f [d (integer) 0
zrange	ZRANGE key start stop [WITHSCORES]	返回有序集中指定区间内的成员。其中成员的位置按分数值递增（从小到大）来排序。具有相同分数值的成员按字典序（lexicographical order）来排列	127.0.0.1:6379> zrange test 4 7 1) "e" 2) "f" 3) "g" 4) "h" 127.0.0.1:6379> zrange test 4 7 withscores 1) "e" 2) "5" 3) "f" 4) "6" 5) "g" 6) "7" 7) "h" 8) "8"
zrangebylex	ZRANGEBYLEX key min max [LIMIT offset count]	通过字典区间返回有序集合的成员	127.0.0.1:6379> zrangebylex test - [c 1) "a" 2) "b" 3) "c"

(续表)

命 令	语 法	说 明	示 例
zrangebyscore	ZRANGEBYSCORE key min max [WITHSCORES] [LIMIT offset count]	返回有序集合中指定分数区间的成员列表。有序集成员按分数值递增（从小到大）次序排列。具有相同分数值的成员按字典序来排列（该属性是有序集提供的，不需要额外的计算）。默认情况下，区间的取值使用闭区间（小于等于或大于等于），你也可以通过给参数前增加（符号来使用可选的开区间（小于或大于）。'(' 符号表示开区间，不加左括号表示闭区间	127.0.0.1:6379> zrangebyscore test (4 (7 1) "e" 2) "f" 127.0.0.1:6379> zrangebyscore test 4 (7 1) "d" 2) "e" 3) "f"
zrank	ZRANK key member	返回有序集中指定成员的排名。其中有序集成员按分数值递增（从小到大）顺序排列。排名从 0 开始，最大排名比集合元素个数小 1	127.0.0.1:6379> zrank test b (integer) 1
zrem	ZREM key member [member ...]	移除有序集中的一个或多个成员，不存在的成员将被忽略，返回删除的个数。当 key 存在但不是有序集类型时返回一个错误	127.0.0.1:6379> zrem test a b c (integer) 3
zremrangebylex	ZREMRANGEBYLEX key min max	移除有序集合中给定的字典区间的所有成员。返回被成功移除的成员的数量，不包括被忽略的成员	127.0.0.1:6379> zremrangebylex test [e [g (integer) 3 127.0.0.1:6379> zrange test 0 -1 1) "d" 2) "h"
zremrangebyrank	ZREMRANGEBYRANK key start stop	除有序集中，指定排名（rank）区间内的所有成员。返回被移除的个数	127.0.0.1:6379> zadd test 1 a 2 b 3 c (integer) 3 127.0.0.1:6379> zremrangebyrank test 0 1 (integer) 2 127.0.0.1:6379> zrange test 0 -1 1) "c"

(续表)

命 令	语 法	说 明	示 例
zremrangebyscore	ZREMRANGEBYSCORE key min max	移除有序集中指定分数（score）区间内的所有成员	127.0.0.1:6379> zadd test 10 a 12 b 14 c 20 d 22 e 30 f (integer) 6 127.0.0.1:6379> zremrangebyscore test 10 20 (integer) 4 127.0.0.1:6379> zrange test 0 -1 1) "e" 2) "f"
zrevrange	REVRANGE key start stop [WITHSCORES]	返回有序集中指定区间内的成员。其中成员的位置按分数值递减（从大到小）来排列。具有相同分数值的成员按字典序的逆序（reverse lexicographical order）排列	127.0.0.1:6379> zrevrange test 0 -1 withscores 1) "f" 2) "30" 3) "e" 4) "22"
zrevrangebyscore	ZREVRANGEBYSCORE key max min [WITHSCORES] [LIMIT offset count]	返回有序集中指定分数区间内的所有成员。有序集成员按分数值递减（从大到小）的顺序排列。具有相同分数值的成员按字典序的逆序（reverse lexicographical order）排列	127.0.0.1:6379> zrevrangebyscore test 30 20 1) "f" 2) "e"
zrevrank	ZREVRANK key member	返回有序集中成员的排名。其中有序集成员按分数值递减（从大到小）排序。排名以 0 为底，也就是说，分数值最大的成员排名为 0。使用 zrevrank 命令可以获得成员按分数值递增（从小到大）排列的排名。如果成员是有序集 key 的成员，就返回成员的排名；如果成员不是有序集 key 的成员，就返回 nil	127.0.0.1:6379> zrange test 0 -1 withscores 1) "e" 2) "22" 3) "f" 4) "30" 127.0.0.1:6379> zrevrank test e (integer) 1 127.0.0.1:6379> zrevrank test g (nil)
zscore	ZSCORE key member	返回有序集中成员的分数值。如果成员元素不是有序集 key 的成员或 key 不存在，就返回 nil	127.0.0.1:6379> zscore test f "30"

(续表)

命 令	语 法	说 明	示 例
zunionstore	ZUNIONSTORE destination numkeys key [key ...] [WEIGHTS weight [weight ...]] [AGGREGATE SUM|MIN|MAX]	计算给定的一个或多个有序集的并集，其中给定 key 的数量必须以 numkeys 参数指定，并将该并集（结果集）储存到 destination。默认情况下，结果集中某个成员的分数值是所有给定集下该成员分数值之和	127.0.0.1:6379> zrange test 0 -1 withscores 1) "e" 2) "22" 3) "f" 4) "30" 127.0.0.1:6379> zrange test1 0 -1 withscores 1) "a" 2) "10" 3) "f" 4) "20" 127.0.0.1:6379> zrange sum 0 -1 withscores 1) "a" 2) "10" 3) "e" 4) "22" 5) "f" 6) "50"

16.4 Key 操作命令

在前面的几个章节中介绍了 Redis 5 种数据类型的操作命令，这一节来介绍 Redis 中与 key 有关的操作，简单的操作示例如下：

```
127.0.0.1:6379> keys city*
1) "city1"
2) "city0"
3) "city2"
4) "citystore"
5) "cityunion"
127.0.0.1:6379> del cityunion
(integer) 1
127.0.0.1:6379> exists cityunion
(integer) 0
127.0.0.1:6379> exists city1
(integer) 1
127.0.0.1:6379> type city1
set
127.0.0.1:6379> rename city1 city10
```

```
OK
127.0.0.1:6379> randomkey
"sum"
127.0.0.1:6379> randomkey
"age"
```

以上示例演示了查看 Redis 中匹配的 key 存在列表、指定 key 是否存在、key 的类型以及重命名 key 和随机返回一个 key。表 16-6 列出了 Redis 中 key 操作的详细命令。

表16-6　Redis中key操作

命令	语法	说明	示例
keys	KEYS PATTERN	查找所有符合给定模式 pattern 的 key	127.0.0.1:6379> keys city* 1) "city10" 2) "city0" 3) "city2" 4) "citystore"
del	DEL KEY_NAME	删除已存在的键。不存在的 key 会被忽略。返回删除 key 的数量	127.0.0.1:6379> del page haha num (integer) 3
dump	DUMP KEY_NAME	序列化给定 key，并返回被序列化的值。如果 key 不存在，那么返回 nil	127.0.0.1:6379> dump city2 "\x02\x02bchangsha\tzhengzhou\a\x00\xb5\x85\xba\xba\x17.\xc0\xeb"
exists	EXISTS KEY_NAME	检查给定 key 是否存在。若 key 存在就返回 1，否则返回 0	127.0.0.1:6379> exists city2 (integer) 1
expire	Expire KEY_NAME TIME_IN_SECONDS	设置 key 的过期时间。key 过期后将不再可用	127.0.0.1:6379> expire city2 5 (integer) 1 127.0.0.1:6379> exists city2 (integer) 0
expireat	Expireat KEY_NAME TIME_IN_UNIX_TIMESTAMP	用于以 UNIX 时间戳（UNIX timestamp）格式设置 key 的过期时间。key 过期将不再可用	127.0.0.1:6379> expireat city0 1476065410 (integer) 1
pexpireat	PEXPIREAT KEY_NAME TIME_IN_MILLISECONDS_IN_UNIX_TIMESTAMP	设置 key 的过期时间，以毫秒计。key 过期后将不再可用。设置成功返回 1，否则返回 0	127.0.0.1:6379> expireat city0 1477777777 (integer) 1
move	MOVE KEY_NAME DESTINATION_DATABASE	将当前数据库中的 key 移动到给定的数据库 db 当中。Redis 中默认有 16 个数据库，可在配置文件中设置	127.0.0.1:6379> keys city* 1) "city10" 2) "city0" 3) "citystore" 127.0.0.1:6379> move city0 3 (integer) 1 127.0.0.1:6379> exists city0 (integer) 0

(续表)

命令	语法	说明	示例
persist	PERSIST KEY_NAME	移除给定 key 的过期时间，使得 key 永不过期。当过期时间移除成功时返回 1。如果 key 不存在或 key 没有设置过期时间就返回 0	127.0.0.1:6379> expire testkey 100 (integer) 1 127.0.0.1:6379> ttl testkey (integer) 93 127.0.0.1:6379> persist testkey (integer) 1 127.0.0.1:6379> ttl testkey (integer) -1
pttl	PTTL KEY_NAME	以毫秒为单位返回 key 的剩余过期时间。当 key 不存在时返回-2，当 key 存在但没有设置剩余生存时间时返回-1，否则以毫秒为单位返回 key 的剩余生存时间	127.0.0.1:6379> expire citystore 100 (integer) 1 127.0.0.1:6379> pttl citystore (integer) 95234 127.0.0.1:6379> pttl citystore (integer) 91807 127.0.0.1:6379> pttl city10 (integer) -1
以秒为单位返回 key 的剩余过期时间。	TTL KEY_NAME	当 key 不存在时返回-2，当 key 存在但没有设置剩余生存时间时返回-1，否则以毫秒为单位返回 key 的剩余生存时间	127.0.0.1:6379> ttl citystore (integer) 51 127.0.0.1:6379> ttl city110 (integer) -2
randomkey	RANDOMKEY	从当前数据库中随机返回一个 key。当数据库不为空时返回一个 key，当数据库为空时返回 nil	127.0.0.1:6379> randomkey "name" 127.0.0.1:6379> randomkey "c"
rename	RENAME OLD_KEY_NAME NEW_KEY_NAME	修改 key 的名称。改名成功时提示 OK，失败时候返回一个错误。当 OLD_KEY_NAME 和 NEW_KEY_NAME 相同或者 OLD_KEY_NAME 不存在时，返回一个错误。当 NEW_KEY_NAME 存在时，rename 命令将覆盖旧值	127.0.0.1:6379> rename test newtest OK
renamenx	ENAMENX OLD_KEY_NAME NEW_KEY_NAME	在新的 key 不存在时修改 key 的名称。修改成功时返回 1，如果 NEW_KEY_NAME 已经存在就返回 0	127.0.0.1:6379> rename newtest sumtest OK 127.0.0.1:6379> renamenx sumtest testkey (integer) 0

(续表)

命令	语法	说明	示例
type	TYPE KEY_NAME	返回 key 的数据类型： • none（key 不存在） • string（字符串） • list（列表） • set（集合） • zset（有序集） • hash（哈希表）	127.0.0.1:6379> type city10 set 127.0.0.1:6379> type sumtest zset 127.0.0.1:6379> type name string 127.0.0.1:6379> type anhui hash 127.0.0.1:6379> type aaa none

16.5 PHP 操作 redis

使用 PHP 操作 Redis 首先需要安装 php-redis 扩展，它提供了丰富的操作 Redis 的命令接口。

16.5.1 安装 php-redis 扩展

在 Linux 下安装 php-redis 扩展的步骤如下。

1. 下载解压

可到 github 上下载，地址为：https://github.com/nicolasff/phpredis/archive/2.2.4.tar.gz。下载安装 php-redis 命令的步骤如下：

```
localhost:phpredis chenxiaolong$ cd /Users/chenxiaolong/soft/
localhost:phpredis chenxiaolong$ wget https://github.com/nicolasff/phpredis/archive/2.2.4.tar.gz
localhost:phpredis chenxiaolong$ tar -zxvf 2.2.4.tar.gz
localhost:phpredis chenxiaolong$ mv   2.2.4.tar.gz phpredis
localhost:phpredis chenxiaolong$ cd phpredis
```

2. 编译安装

到了这一步，我们要使用安装 PHP 时生成的 phpize 来生成 configure 配置文件。如果你的服务器上安装了多个 PHP，可使用 whereis php 来查看当前使用的 phpize 是在哪个目录下。

```
localhost:phpredis chenxiaolong$ whereis phpize
/usr/bin/phpize
localhost:phpredis chenxiaolong$ /usr/local/php/bin/phpize
```

执行完上一步，在当前目录下就会出现 configure 配置文件了。接着执行命令：

```
localhost:phpredis chenxiaolong$ ./configure --with-php-config=/usr/local/php/bin/php-config
```

其中，php-config 和 phpize 所在的目录是相同的，在这一步则需要用 ./configure–with-php-config=/usr/bin/php-config。如果 PHP 是放在默认安装路径，那么直接用 ./configure 就可以了。

接下来执行 make 和 make install 完成安装。

```
localhost:phpredis chenxiaolong$ make
localhost:phpredis chenxiaolong$ make install
```

在执行 make 时可能会出现如下错误：

```
localhost:phpredis chenxiaolong$ make install
Installing shared extensions:     /usr/lib/php/extensions/no-debug-non-zts-20121212/
cp: /usr/lib/php/extensions/no-debug-non-zts-20121212/#INST@99864#: Permission denied
```

这是因为当前的用户身份对目录没有操作权限，可切换到 root 再执行 make。

3. 配置 PHP 支持

安装完 php-redis 扩展，需要配置 php.ini 文件支持 redis 扩展。找到安装 PHP 时的 php.ini 文件位置，可使用 phpinfo() 查看，也可在命令行执行 php -i | grep php.ini 查看配置文件所在位置。

```
localhost:phpredis chenxiaolong$ php -i | grep php.ini
Configuration File (php.ini) Path => /usr/local/php-7.0.5
```

在 php.ini 文件最后添加：

```
extension="redis.so"
```

保存退出。

4. 重启服务器

完成以上安装配置，要使 php-redis 生效需要重新启动服务器。根据安装的是 Nginx 还是 Apache 服务器执行相应重启命令。笔者在自己电脑上执行以下命令重启服务：

```
bash-3.2# apachectl restart
```

之后可使用 phpinfo() 查看是否已经成功安装了 Redis 扩展。图 16-4 表示已经成功安装 Redis。

redis	
Redis Support	enabled
Redis Version	2.2.4

图 16-4　php-redis 扩展

也可以使用命令行 php -m | grep redis 来查看是否已经安装了 Redis 扩展：

```
localhost:phpredis chenxiaolong$ php -m | grep redis
redis
```

至此，我们已经成功地安装了 php-redis 扩展。

16.5.2 在 PHP 中使用 Redis

在 PHP 中使用 Redis 首先需要实例化 Redis 类，示例如下：

```php
<?php
$redis = new redis;
$redis->set('test','hello');
echo $redis->get('test');
?>
```

保存并运行文件，将会打印出结果 hello，证明在 PHP 代码中成功使用 php-redis 扩展了。

＃ 第 17 章

PHP 处理 XML 和 JSON

　　XML 是一种数据的表现形式，在信息交换和传递中起到非常重要的作用，比如在微信公众账号的开发中，开发者服务器接收和向用户发送消息都使用 XML 作为数据的公用格式。许多语言都支持对 XML 的操作处理，PHP 借助一些扩展也可以实现对 XML 的操纵。XML 和 HTML 类似，都使用"<"和">"括起来的标签来标记文本，所不同的是 XML 更为灵活，你可以自主定义标签，而不必像 HTML 那样要使用诸如 <a> <img> 等一些规定的标签。

17.1 生成 XML

17.1.1 由字符串或数组遍历生成 XML

由字符串或数组遍历生成 XML 是最简单的生成 XML 的方式。请看下面两个例子。

1. 使用字符串生成 XML

代码如下:

```
<?php
header('Content-Type:text/xml');
$xmlstr = <<<XML
<?xml version='1.0' standalone='yes'?>
<movies>
 <movie>
  <title>PHP: Behind the Parser</title>
  <characters>
   <character>
    <name>Ms. Coder</name>
    <actor>Onlivia Actora</actor>
   </character>
   <character>
    <name>Mr. Coder</name>
    <actor>El Act&#211;r</actor>
   </character>
  </characters>
  <plot>
    So, this language. It's like, a programming language. Or is it a
    scripting language? All is revealed in this thrilling horror spoof
    of a documentary.
  </plot>
  <great-lines>
   <line>PHP solves all my web problems</line>
  </great-lines>
  <rating type="thumbs">7</rating>
  <rating type="stars">5</rating>
 </movie>
</movies>
XML;
echo $xmlstr;
?>
```

只需在字符串中定义 XML 的格式即可，这种是最简单的生成 XML 的方式。对于需要生成固定格式的 XML 形式的字符串，可以将其写成一个方法，替换其中的变量即可。

2. 使用数组循环遍历生成 XML

使用字符串生成 XML 虽然简单，但是如果在一个 XML 中有多个相同标签的内容，比如 <movies> 标签中有多个 <movie> 子标签则需要写很长的字符串才行，如果能使用数组遍历生成这种 XML 就可以省写许多代码。在很多情况下，我们也需要实现数组和 XML 数据格式之间的转换，使用数组循环遍历生成 XML 的代码示例如下：

```php
<?php
header('Content-Type:text/xml');
echo '<?xml version="1.0" ?>' . "\n";
echo "<books>\n";
$books = array(array('bookname'=>'微信公众平台开发实战与应用案例',
                     'author'=>'陈小龙',
                     'press'=>'清华大学出版社',
                     'publishtime'=>'2016-07'),

                array('bookname'=>'php 快速开发入门 o2o 网站和 app 后台开发',
                      'author'=>'陈小龙',
                      'press'=>'清华大学出版社',
                      'publishtime'=>'2017-07'));

foreach ($books as $book) {
    echo "    <book>\n";
    foreach ($book as $tag => $value) {
        echo "        <$tag>" . htmlspecialchars($value) . "</$tag>\n";
    }
    echo "    </book>\n";
}
echo "</books>";
?>
```

保存并执行以上代码的输出结果如下：

```
<?xml version="1.0" ?>
<books>
    <book>
        <bookname>微信公众平台开发实战与应用案例</bookname>
        <author>陈小龙</author>
        <press>清华大学出版社</press>
        <publishtime>2016-07</publishtime>
    </book>
    <book>
```

```xml
        <bookname>php 实践指南 o2o 网站和 app 后台开发</bookname>
        <author>陈小龙</author>
        <press>清华大学出版社</press>
        <publishtime>2017-07</publishtime>
    </book>
</books>
```

17.1.2 通过 DOM 生成 XML

通过 DOM 扩展来创建一个 DOMDocument 对象，创建完之后可调用 DOMDocument::save() 或者 DOMDocument::saveXML()方法生成标准格式的 XML 文档，代码示例如下：

```php
<?php
//创建 DOMDocument 对象并设置 XML 版本为 1.0，编码为 utf-8
$dom = new DOMDocument('1.0','utf-8');
//创建一个根元素，并将其添加到文档
$book = $dom->appendChild($dom->createElement('book'));

//创建一个 bookname 元素，并将其添加到$book
$bookname = $book->appendChild($dom->createElement('bookname'));
//设置 bookname 元素中的文本
$bookname->appendChild($dom->createTextNode('微信公众平台开发实战与应用案例'));

$author = $book->appendChild($dom->createElement('author'));
$author->appendChild($dom->createTextNode('陈小龙'));
//设置 author 中的属性和值
$author->setAttribute('age','22 years old');

$press = $book->appendChild($dom->createElement('press'));
$press->appendChild($dom->createTextNode('清华大学出版社'));

$publishtime = $book->appendChild($dom->createElement('publishtime'));
$publishtime->appendChild($dom->createTextNode('2016-07'));

//格式化 XML 数据
$dom->formatOutput = true;
echo $dom->saveXML();
?>
```

保存并执行以上代码，得到的 XML 结果为：

```xml
<?xml version="1.0" encoding="utf-8"?>
<book>
    <bookname>微信公众平台开发实战与应用案例</bookname>
    <author age="22 years old">陈小龙</author>
```

```
        <press>清华大学出版社</press>
        <publishtime>2016-07</publishtime>
</book>
```

在一个 XML 文档中需要明确 4 个概念：树、元素、节点、属性和值。在上面的 XML 数据中，我们可称一个 XML 文档为一个 XML 文档树，例子中<book>、<bookname>、<author>、<press>、<publishtime>可称为元素，而"微信公众平台开发实战与应用案例""清华大学出版社"等可称为节点，"age"可称为属性，"22 years old"为"age"属性的值。在创建元素之前，需要先创建一个新文档对象，并传递一个版本号和编码作为参数，然后使用 createElement()方法创建元素。要创建文档的根元素，必须将$book 作为$dom 文档对象的子元素添加进来。所有的元素都是使用$dom 对象的 createElement()方法创建，在创建元素后，可以将该元素作为树中任何元素的子元素，使用该元素调用 appendChild()方法决定了其在树中的位置。

在<author></author>内部添加文本内容，需要先用 createTextNode()创建一个节点，然后把该节点添加到$author。要添加属性，就在元素上调用 setAttribute()方法，并传递属性的名和值作为参数。除了使用 saveXML()可将 xml 保存并输出外，还可使用 save('name.xml')函数将其保存为一个文件。在默认情况下生成的 xml 输出都会放在长长的一行，不包含任何的空格、缩进和换行，设置 formatOutput 值为 true 即可格式化 XML 数据。

17.1.3　通过 PHP SimpleXML 生成 XML

使用 SimpleXML 也可生成 XML，比使用 DOM 更加简单，示例代码如下：

```
<?php
$string = <<<XML
<?xml version='1.0' encoding='utf-8'?>
<dom></dom>
XML;
//载入 XML 字符串，将其转换成对象
$book = simplexml_load_string($string);;
//创建元素并设置对应文本内容
$book->addChild('bookname','微信公众平台开发实战与应用案例');
$author = $book->addChild('author','陈小龙');
//设置元素的属性和值
$author->addAttribute('age','22 years old');
$book->addChild('press','清华大学出版社');
$book->addChild('publishtime','2016-07');
echo $book->asXML();
?>
```

与通过 DOM 生成 XML 不同的是，这里需要在字符串中预先定义根元素。

17.2 解析 XML

我们可通过 DOM 和 SimpleXML 创建 XML 数据，同样可使用这两种方式解析 XML，这一节就来介绍如何获取 XML 数据中的节点属性和值。

17.2.1 通过 DOM 解析 XML

通过 DOM 可生成 XML，同样也可使用 DOM 来解析 XML，代码示例如下：

```php
<?php
$xmlstr = <<<XML
<?xml version='1.0' standalone='yes'?>
<movies attr='qwe' hah='fasdf'>
 <movie a='aa'>
  <title tt='ttt'>PHP: Behind the Parser</title>
  <characters>
   <character>
    <name age='22 years old' country='china'>Ms. Coder</name>
    <actor>Onlivia Actora</actor>
   </character>
   <character>
    <name>Mr. Coder</name>
    <actor>El Act&#211;r</actor>
   </character>
  </characters>
  <plot>
   So, this language. It's like, a programming language. Or is it a
   scripting language? All is revealed in this thrilling horror spoof
   of a documentary.
  </plot>
  <great-lines>
   <line>PHP solves all my web problems</line>
  </great-lines>
  <rating type="thumbs">7</rating>
  <rating type="stars">5</rating>
 </movie>
</movies>
XML;

$dom = new DOMDocument;
$dom->loadXML($xmlstr);
```

```php
//获取标签<character>，并循环获得子元素的节点内容
$movie = $dom->getElementsByTagname('character');
foreach ($movie as $key => $value) {
    $name = $value->getElementsByTagname('name');
    echo $name->item(0)->firstChild->nodeValue,"<br/>";
}
//获得属性值
$attr = $dom->getElementsByTagname('character')[0]->getElementsByTagname('name')->item(0)->attributes;
foreach ($attr as $key => $value) {
    echo $key,":", $value->value,'<br/>';
}
//使用 getAttribute 获得属性值
$age = $dom->getElementsByTagname('character')[0]->getElementsByTagname('name')->item(0)->getAttribute('age');
echo $age;
?>
```

保存以上代码并执行，结果如下：

```
Ms. Coder
Mr. Coder
age:22 years old
country:china
22 years old
```

仔细阅读例子中的代码，首先实例化 DOMDocument 对象，使用 loadXML()方法载入一段字符串，DOMDocument 类还提供 load()方法载入一个外部 xml 文件。getElementsByTagname()方法可用来根据标签名称获得其元素对象。在本例中，有两个<character>标签，所以使用 foreach 循环获得子元素<name>标签，而在一个<character>标签里可能会有多个<name>标签，所以使用 item(0)指定获得的是<character>内部的第一个<name>标签，以此类推，可使用 item(1)获取第二个<name>标签、item(2)获取第三个<name>标签。在本例中，每个<character>标签内只有一个<name>标签。firstChild()表示该元素的第一个子节点，nodeValue 便是其中的值。

使用 DOM 的优势在于，其遵循 W3C 规范，许多语言都以差不多相同的方式实现 DOM 函数。这样就减少了在不同语言间处理 XML 的转换时间。DOM 规范庞大且复杂，本例只是演示了常见的处理 xml 的一般方式，关于 DOM 的更多信息可到 http://www.w3.org/DOM/查看。

17.2.2 通过 PHP SimpleXML 解析 XML

SimpleXML 是用来处理 XML 最便捷的方案，简化了与 XML 的交互，可以把元素转换成对象属性，位于标签之间的文本被指定给属性。如果同一个位置上有多个同名元素，那么这些元素会被放在一个列表中。元素的属性会被转换成数组元素，其中数组的键是属性名，键的值就是属性的值。下面用一个例子来说明 SimpleXML 的用法。

```php
<?php
$xmlstr = <<<XML
<?xml version='1.0' standalone='yes'?>
<movies attr='qwe' hah='fasdf'>
  <movie a='aa'>
    <title tt='ttt'>PHP: Behind the Parser</title>
    <characters>
      <character>
        <name age='22 years old' country='china'>Ms. Coder</name>
        <actor>Onlivia Actora</actor>
      </character>
      <character>
        <name>Mr. Coder</name>
        <actor>El Act&#211;r</actor>
      </character>
    </characters>
    <plot>
      So, this language. It's like, a programming language. Or is it a
      scripting language? All is revealed in this thrilling horror spoof
      of a documentary.
    </plot>
    <great-lines>
      <line>PHP solves all my web problems</line>
    </great-lines>
    <rating type="thumbs">7</rating>
    <rating type="stars">5</rating>
  </movie>
</movies>
XML;
$sx = simplexml_load_string($xmlstr);
echo $sx->movie->title;
echo ":";
//var_dump($sx->movie->characters);
echo $sx->movie->characters->character[0]->name.":";
//获取属性值
echo $sx->movie->rating[1]['type'];
?>
```

保存并执行以上程序的结果为：PHP: Behind the Parser:Ms. Coder:stars 。

除了使用 simplexml_load_string() 载入一个 XMl 字符串，也可以使用 simplexml_load_file() 来载入一个外部 XML 文本文件。如果你想改变解析的 XML 的指定节点文本，可以直接为其赋值，比如将第一个 <character> 中的 <name> 节点文本由 Mr.Coder 改为 Miss.Code 就可以直接使用 $sx->movie->characters->character[0]->name='Miss.Code' 重新赋值。

17.3 json 的使用

json 是一种轻量级的数据交换格式，在网络交互中使用的非常广泛，几乎所有的编程语言，都支持创建和读取 json 数据。json 的语法规则如下：

（1）数据在键值对中
（2）数据由逗号分隔
（3）花括号保存对象
（4）方括号保存数组

JSON 格式的数据使用范围很广，互联网上定义的各种接口规范基本都是以 JSON 的形式存在，PHP 作为一门服务端语言也常被用来写服务端接口逻辑，向客户端返回 JSON 格式的数据。相对来说，在很多语言中处理 json 数据都比处理 xml 数据要简单得多，json 数据和数组可以实现非常方便的转换，在包含同样信息的情况下，json 数据字节数比 xml 要少很多，json 的这种便捷性和简洁性使其可以取代 xml 成为互联网信息传输的规范数据格式。PHP 用 json_encode 和 json_decode 来实现这种转换。

1. json_encode

json_encode 可将数组转成 json 编码数据，语法如下：

string json_encode (mixed $value [, int $options = 0 [, int $depth = 512]])

关于 json_encode 的例子如下：

```
<?php
echo "连续数组";
$sequential = array("foo", "bar", "baz", "blong");
echo json_encode($sequential);
echo "<br/>非连续数组";
$nonsequential = array(1=>"foo", 2=>"bar", 3=>"baz", 4=>"blong");
echo json_encode($nonsequential);
echo "<br/>删除一个连续数组值的方式产生的非连续数组";
unset($sequential[1]);
echo json_encode($sequential);
echo "<br/>二维数组";
$arr = array(array('name'=>'chenxiaolong'),array('name'=>'zhangsan'));
echo json_encode($arr);
?>
```

保存并执行以上代码的结果为：

连续数组*["foo","bar","baz","blong"]*
非连续数组*{"1":"foo","2":"bar","3":"baz","4":"blong"}*

删除一个连续数组值的方式产生的非连续数组{"0":"foo","2":"baz","3":"blong"}

二维数组[{"name":"chenxiaolong"},{"name":"zhangsan"}]

使用json_encode()转换一个二维数组时，会在最外部有一对中括号'[]'，里面包含各个由一维数组转成的json字串。如果是连续数组，也会在最外部有一对'[]'，编码后的json字串会省略索引，直接显示值。

2. json_decode

json_decode()可对JSON格式的字符串进行解码，语法如下：

mixed json_decode (string $json [, bool $assoc = false [, int $depth = 512 [, int $options = 0]]])

如果没有设置第二个参数或第二个参数为false就返回一个对象；如果设置第二个参数为true就返回一个数组。

```php
<?php
$json = '{"a":1,"b":2,"c":3,"d":4,"e":5}';
var_dump(json_decode($json));
echo "<br/>";
var_dump(json_decode($json, true));
?>
```

保存并执行以上程序的结果如下：

```
object(stdClass)#1 (5) { ["a"]=> int(1) ["b"]=> int(2) ["c"]=> int(3) ["d"]=> int(4) ["e"]=> int(5) }
array(5) { ["a"]=> int(1) ["b"]=> int(2) ["c"]=> int(3) ["d"]=> int(4) ["e"]=> int(5) }
```

可见第二次设置json_decode()的第二个参数为true将json数据转成了数组。

第18章 MVC 与 ThinkPHP 框架

MVC 全名是 Model View Controller，是模型（model）－视图（view）－控制器（controller）的缩写。MVC 是一种软件设计典范，用业务逻辑、数据、界面显示分离的方法组织代码，将业务逻辑聚集到一个部件里面，使得各部分代码集中做各自的事情，各个人员编写的代码负责特定的功能，降低了耦合度。

18.1 PHP MVC 概述

MVC 模式（Model-View-Controller）是软件工程中的一种软件架构模式，把软件系统分为 3 个基本部分：模型（Model）、视图（View）和控制器（Controller）。这也是软件开发中解耦思想的一种实现。MVC 的目的是实现一种动态的程序设计，便于后续对程序的修改和扩展简化，并且使程序某一部分的重复利用成为可能。除此之外，此模式通过对复杂度的简化使程序结构更加直观。

MVC 各部分的职能分工如下：

- 模型 Model　管理大部分的业务逻辑和所有的数据库逻辑。模型提供了连接和操作数据库的抽象层，提供了基本的增、删、改、查和事务处理操作。
- 控制器 Controller　负责响应用户请求、准备数据，以及决定如何展示数据，提供项目的业务逻辑封装。
- 视图 View　负责渲染数据，通过 HTML 方式呈现给用户。MVC 模式实现了前端和后端的分立，这样在协同开发中每个人负责单一的职责部分，前端工程师只需负责前端页面展现部分代码的编写，后端开发人员只需关心动态代码的业务逻辑编写即可。

采用 MVC 架构系统的程序执行流程一般是由 Controller 截获用户发出的请求，调用 Model 完成状态的读写操作，Controller 把数据传递给 View，View 渲染最终结果并呈献给用户。另外，PHP 经常用来写一些接口程序，提供接口返回特定格式的数据，不同的客户端（网页前端，桌面客户端和手机客户端等）可通过调用接口获得数据，这种情况下只需要后端人员实现 MV 两层即可。网页开发中 MVC 各层之间的交互图如图 18-1 所示。

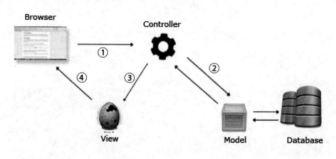

图 18-1　MVC 交互流程

18.2 常用的 PHP 框架

使用框架能够简化开发流程，有许多开源的框架可以采用。当然，你也可以编写自己的框架以满足特定的业务需求。对于一般的中小型网站，使用框架可以很快地进行业务开发，减少了基础代码的编写，能够让开发人员集中精力实现业务上的需求。在实际开发中常用的开源框架有

ThinkPHP、Yii、CI、Laravel、Yaf 等。

- ThinkPHP：ThinkPHP 是为了简化企业级应用开发和敏捷 Web 应用开发而诞生的，是一个快速、兼容而且简单的轻量级国产 PHP 开发框架，借鉴了国外很多优秀的框架和模式，使用面向对象的开发结构和 MVC 模式。ThinkPHP 可以支持 Windows、UNIX、Linux 等服务器环境，支持 MySQL、PgSQL、Sqlite 多种数据库以及 PDO 扩展。ThinkPHP 能够解决应用开发中的大多数需要，因为其自身包含了底层架构、兼容处理、基类库、数据库访问层、模板引擎、缓存机制、插件机制、角色认证、表单处理等常用的组件，并且对于跨版本、跨平台和跨数据库移植都比较方便。每个组件都是精心设计和完善的，使得开发人员在应用开发过程中仅仅需要关注业务逻辑即可。这是国内使用人数最多的 PHP 框架。
- Yii：Yii 是一个基于组件的高性能 PHP 框架，用于开发大型 Web 应用。Yii 采用严格的 OOP 编写，并有完善的库引用以及全面的教程。从 MVC、DAO/ActiveRecord、widgets、caching、等级式 RBAC、Web 服务到主题化、I18N 和 L10N，Yii 几乎提供了 Web 应用开发所需要的一切功能。通过一个简单的命令行工具 yiic 可以快速创建一个 Web 应用程序的代码框架，开发者可以在生成的代码框架基础上添加业务逻辑，以快速完成应用程序的开发。
- CI：即 CodeIgniter，是一套给 PHP 网站开发者使用的应用程序开发框架和工具包，提供了一套丰富的标准库以及简单的接口和逻辑结构。在 CodeIgniter 中，组件的导入和函数的执行只有在被要求的时候才执行，而不是在全局范围。除了最小的核心资源外，不假设系统需要任何资源，因此默认的系统非常轻量级。在 CodeIgniter 里，为了达到最大的用途，每个类和它的功能都是高度自治的。CodeIgniter 是一个动态实例化、高度组件专一性的松耦合系统。它在小巧的基础上力求做到简单、灵活和高性能。
- Laravel：Laravel 是一套简洁、优雅的 PHP Web 开发框架，拥有富有表现力的语法、高质量的文档、丰富的扩展包，被称为"巨匠级 PHP 开发框架"。它有着设计精妙的 Blade 模板引擎，轻快灵活，还有合理的 ORM model 层，使用包管理器 Composer，强调测试驱动，并且整个核心经受过完整的测试，保证高质量的代码，支持命令行驱动，可以做到高度自动化。
- Yaf：即 Yet Another Framework，是一个 C 语言编写，以 PHP 扩展形式提供的 PHP 开发框架，相比原生的 PHP，几乎不会带来额外的性能开销，比一般的 PHP 框架更快、更轻便。它提供了 Bootstrap、路由、分发、视图、插件，是一个全功能的 PHP 框架。

18.3　ThinkPHP 的使用

　　ThinkPHP 是一种 MVC 框架，能够解决应用开发中的大多数需要，自身包含底层架构、兼容处理、基类库、数据库访问层、模板引擎、缓存机制、插件机制、角色认证、表单处理等常用组件，使用框架能够让开发者集中精力做业务层的编码，提高开发效率。

18.3.1　开始开发

　　只需到 ThinkPHP 的官方网站 http://www.thinkphp.cn 便可下载使用，5.0.3 版本需在 PHP 5.4 及以上版本运行，完美支持 PHP 7。本书便以此版本为例讲解。

ThinkPHP 5 支持使用 Composer 安装，如果还没有安装 Composer，需先安装 Composer。在 Linux 和 Mac OS X 中可以运行如下命令：

```
curl -sS https://getcomposer.org/installer | php
mv composer.phar /usr/local/bin/composer
```

在 Windows 中，需要下载并运行 Composer-Setup.exe。

也可以到 www.github.com 下载使用，安装完 Git 客户端后执行命令下载。首先克隆下载应用项目仓库：

```
git clone https://github.com/top-think/think tp5
```

然后切换到 tp5 目录下克隆核心框架仓库：

```
git clone https://github.com/top-think/framework thinkphp
```

两个仓库克隆完成后就完成了 ThinkPHP 5.0 的 Git 方式下载。如果需要更新核心框架，只需要切换到 ThinkPHP 核心目录下，然后执行：

```
git pull https://github.com/top-think/framework
```

下载完成在浏览器输入地址：http://localhost/tp5/public/，看到如图 18-2 所示的效果便表示安装成功。

下载解压后得到的 ThinkPHP 目录如下：

```
project                    应用部署目录
├─application              应用目录（可设置）
│  ├─common                公共模块目录（可更改）
│  ├─index                 模块目录(可更改)
│  │  ├─config.php         模块配置文件
│  │  ├─common.php         模块函数文件
│  │  ├─controller         控制器目录
│  │  ├─model              模型目录
│  │  ├─view               视图目录
│  │  └─...                更多类库目录
│  ├─command.php           命令行工具配置文件
│  ├─common.php            应用公共（函数）文件
│  ├─config.php            应用（公共）配置文件
│  ├─database.php          数据库配置文件
│  ├─tags.php              应用行为扩展定义文件
│  └─route.php             路由配置文件
├─extend                   扩展类库目录（可定义）
├─public                   Web 部署目录（对外访问目录）
│  ├─static                静态资源存放目录（css、js、image）
│  ├─index.php             应用入口文件
```

图 18-2 ThinkPHP 安装

```
│   ├─router.php              快速测试文件
│   └─.htaccess               用于 apache 的重写
├─runtime                     应用的运行时目录（可写，可设置）
├─vendor                      第三方类库目录（Composer）
├─thinkphp                    框架系统目录
│   ├─lang                    语言包目录
│   ├─library                 框架核心类库目录
│   │   ├─think               Think 类库包目录
│   │   └─traits              系统 Traits 目录
│   ├─tpl                     系统模板目录
│   ├─.htaccess               用于 apache 的重写
│   ├─.travis.yml             CI 定义文件
│   ├─base.php                基础定义文件
│   ├─composer.json           composer 定义文件
│   ├─console.php             控制台入口文件
│   ├─convention.php          惯例配置文件
│   ├─helper.php              助手函数文件（可选）
│   ├─LICENSE.txt             授权说明文件
│   ├─phpunit.xml             单元测试配置文件
│   ├─README.md               README 文件
│   └─start.php               框架引导文件
├─build.php                   自动生成定义文件（参考）
├─composer.json               composer 定义文件
├─LICENSE.txt                 授权说明文件
├─README.md                   README 文件
├─think                       命令行入口文件
```

5.0 的部署建议是 public 目录作为 Web 目录访问内容，其他都是 Web 目录之外。ThinkPHP 采用模块化的设计架构，默认的应用目录下面只有一个 index 模块目录，如果要添加新的模块可以使用控制台命令来生成。

切换到命令行模式下，进入应用根目录并执行如下指令：

`php think build --module demo`

就会生成一个默认的 demo 模块，包括如下目录结构：

```
├─demo
│   ├─controller              控制器目录
│   ├─model                   模型目录
│   ├─view                    视图目录
│   ├─config.php              模块配置文件
│   └─common.php              模块公共文件
```

同时也会生成一个默认的 Index 控制器文件。ThinkPHP 的访问格式为：http://domainName/index.php/模块/控制器/操作。例如，访问 demo 模块 index 控制器 index 方法的完整路径为 http://localhost/public/index/demo/index/index。你也可以省略最后的两个 index，如果省略，就会默认寻找 index 控制器的 index 方法。

ThinkPHP 5 遵循 PSR-2 命名规范、PSR-4 自动加载规范，以及如下规范。

1. 目录和文件

- 目录不强制规范，驼峰及小写+下划线模式均支持。
- 类库、函数文件统一以.php 为后缀。
- 类的文件名均以命名空间定义，并且命名空间的路径和类库文件所在路径一致。
- 类文件采用驼峰法命名（首字母大写），其他文件采用小写+下划线命名。
- 类名和类文件名保持一致，统一采用驼峰法命名（首字母大写）。

2. 函数和类、属性命名

- 类的命名采用驼峰法（首字母大写），例如 User、UserType，默认不需要添加后缀，例如 UserController 应该直接命名为 User。
- 函数的命名使用小写字母和下划线（小写字母开头）的方式，例如 get_client_ip。
- 方法的命名使用驼峰法（首字母小写），例如 getUserName。
- 属性的命名使用驼峰法（首字母小写），例如 tableName、instance。
- 以双下划线"__"打头的函数或方法作为魔法方法，例如 __call 和 __autoload。

3. 常量和配置

- 常量以大写字母和下划线命名，例如 APP_PATH 和 THINK_PATH。
- 配置参数以小写字母和下划线命名，例如 url_route_on 和 url_convert。

4. 数据表和字段

数据表和字段采用小写加下划线的方式命名，并注意字段名不要以下划线开头，例如 think_user 表和 user_name 字段，不建议使用驼峰和中文作为数据表字段命名。

5. 应用类库命名空间规范

应用类库的根命名空间统一为 app（可以设置 app_namespace 配置参数更改）。例如，app\index\controller\Index 和 app\index\model\User。

18.3.2 入口文件与路由

ThinkPHP 采用单一入口模式进行项目部署和访问。入口文件主要完成定义框架路径、项目路径，定义系统相关常量和载入框架入口文件的功能。5.0 默认的应用入口文件位于 public/index.php，内容如下：

```
// 定义应用目录
define('APP_PATH', __DIR__ . '/../application/');
```

```
// 加载框架引导文件
require __DIR__ . '/../thinkphp/start.php';
```

ThinkPHP 采用 PATH_INFO 访问地址,其中 PATH_INFO 的分隔符是可以设置的。PATH_INFO 的形式如下:

```
http://serverName/index.php/module/action/id/1/
```

index.php 后的第一个参数会被解析成模块名称,第二个参数会被解析成操作,后面的参数是显式传递的,而且必须成对出现。

直接访问入口文件时,由于 URL 中没有模块、控制器和操作,系统会访问默认模块(index)下面的默认控制器(Index)的默认操作(index),因此下面的访问是等效的:

```
http://localhost/book/tp/public/
http://localhost/book/tp/public/index/index/index
```

访问 demo 模块 index 控制器的 test 方法时的 URL 如下:

```
http://localhost/book/tp/public/index/demo/index/test
```

默认情况下,URL 地址中的控制器和操作名是不区分大小写的。如果控制器是驼峰的,例如定义一个 HelloWorld 控制器(application/index/controller/HelloWorld.php):

```php
<?php
namespace app\index\controller;
class HelloWorld
{
    public function index($name = 'World')
    {
        return 'Hello,' . $name . '!';
    }
}
```

那么正确的 URL 访问地址(该地址可以使用 URL 方法生成)应该是 http://localhost/book/tp/public/index/hello_world/index,系统会自动定位到 HelloWorld 控制器类去操作。如果是 http://localhost/book/tp/public/index/HelloWorld/index 就会报错,并提示 Helloworld 控制器类不存在。如果希望严格区分大小写访问(或者要支持驼峰法进行控制器访问),可以在应用配置文件(application/config.php)中设置关闭 URL 自动转换(支持驼峰访问控制器)'url_convert' => false,此时便可使用 http://localhost/book/tp/public/index/HelloWorld/index 访问。

通过操作方法的参数绑定功能可以自动获取 URL 的参数,如 demo 模块 index 控制器的 test 方法:

```php
<?php
namespace app\demo\controller;

class Index
{
```

```php
public function test($data)
{
    echo 'test'.$data;
}
```

如果我们使用 http://localhost/book/tp/public/index/demo/index/test 访问就只会打印出 test。如果使用 http://localhost/book/tp/public/index/demo/index/test/data/123 访问将会打印出 test123。使用这种方式可以绑定多个参数传递。

18.4 ThinkPHP 控制器

在 ThinkPHP 中，控制器就是一个类，类中的方法可称为操作。控制器是应用程序处理用户交互的部分代码，通常负责从视图读取数据、控制用户输入，并向模型发送数据。

18.4.1 创建控制器

ThinkPHP V5.0 的控制器定义比较灵活，可以无须继承任何基础类，也可以继承官方封装的 \think\Controller 类或者其他的控制器类。

一个典型的控制器类定义如下：

```php
namespace app\index\controller;
class Index
{
    public function index()
    {
        return 'index';
    }
}
```

控制器类文件的实际位置是 application\index\controller\Index.php，控制器类可以无须继承任何类，命名空间默认以 app 为根命名空间。使用该方式定义的控制器类，如果要在控制器里面渲染模板，可以使用：

```php
namespace app\index\controller;
use think\View;
class Index
{
    public function index()
    {
        $view = new View();
        return $view->fetch('index');
    }
```

或者直接使用 view 助手函数渲染模板输出，例如：

```
namespace app\index\controller;
class Index
{
    public function index()
    {
        return view('index');
    }
}
```

对应的模板文件是 application/view/index/index.html，view()里的参数指定所要渲染的模板文件。

如果控制器类继承了\think\Controller 类，就可以定义控制器初始化方法_initialize，在该控制器的方法调用之前首先执行。例如：

```
<?php
namespace app\demo\controller;
use think\Controller;

class Index extends Controller
{
    public function _initialize()
    {
        echo 'init<br/>';
    }
    public function test($data)
    {
    echo 'test'.$data;

    return 'hello,world!';
    return view();
    }
}
```

访问 http://localhost/book/tp/public/index/demo/index/test/data/123 将会输出如下内容：

init
test123hello,world!

18.4.2 跳转和重定向

在应用开发中经常会遇到一些带有提示信息的跳转页面，例如操作成功或者操作错误页面，并且自动跳转到另外一个目标页面。系统的\think\Controller 类内置了两个跳转方法，即 success 和 error，用于页面跳转提示。使用方法很简单，例如：

```
namespace app\index\controller;
use think\Controller;
use app\index\model\User;
class Index extends Controller
{
    public function index()
    {
        $User = new User; //实例化 User 对象
        $result = $User->save($data);
        if($result){
            //设置成功后跳转页面的地址，默认的返回页面是$_SERVER['HTTP_REFERER']
            $this->success('新增成功', 'User/list');
        } else {
            //错误页面的默认跳转页面是返回前一页，通常不需要设置
            $this->error('新增失败');
        }
    }
}
```

跳转地址是可选的，success 方法的默认跳转地址是$_SERVER["HTTP_REFERER"]，error 方法的默认跳转地址是 javascript:history.back(-1);。默认的等待时间都是 3 秒。success 和 error 方法都可以对应模板，默认的设置是两个方法都对应模板：

```
THINK_PATH . 'tpl/dispatch_jump.tpl'
```

我们可以改变默认的模板：

```
//默认错误跳转对应的模板文件
'dispatch_error_tmpl' => APP_PATH . 'tpl/dispatch_jump.tpl',
//默认成功跳转对应的模板文件
'dispatch_success_tmpl' => APP_PATH . 'tpl/dispatch_jump.tpl',
```

\think\Controller 类的 redirect 方法可以实现页面的重定向功能。redirect 方法的参数用法和 Url::build 方法的用法一致（参考 URL 生成部分），例如：

```
//重定向到 News 模块的 Category 操作
$this->redirect('News/category', ['cate_id' => 2]);
```

上面的用法是跳转到 News 模块的 category 操作，重定向后会改变当前的 URL 地址。或者直接重定向到一个指定的外部 URL 地址，例如：

```
//重定向到指定的 URL 地址并且使用 302
$this->redirect('http://thinkphp.cn/blog/2',302);
```

18.5 使用数据库

ThinkPHP 提供了方便的数据库操作，简化了操作数据库的方式，通过简单的配置就可以连接数据库，通过一些方法使得开发者可以在不编写 SQL 语句的情况下实现对数据库的操作。

18.5.1 连接数据库

ThinkPHP 内置了抽象数据库访问层，把不同的数据库操作封装起来，我们只需要使用公共的 Db 类进行操作，而无须针对不同的数据库写不同的代码和底层实现，Db 类会自动调用相应的数据库驱动来处理。采用 PDO 方式，目前包含了 MySQL、SQLServer、PgSQL、Sqlite 等数据库的支持。如果应用需要使用数据库，必须配置数据库连接信息。数据库的配置文件有多种定义方式，常用的配置方式是在应用目录或者模块目录下的 database.php 中添加下面的配置参数：

```
return [
    // 数据库类型
    'type'          => 'mysql',
    // 数据库连接 DSN 配置
    'dsn'           => '',
    // 服务器地址
    'hostname'      => '127.0.0.1',
    // 数据库名
    'database'      => 'thinkphp',
    // 数据库用户名
    'username'      => 'root',
    // 数据库密码
    'password'      => '',
    // 数据库连接端口
    'hostport'      => '',
    // 数据库连接参数
    'params'        => [],
    // 数据库编码默认采用 utf8
    'charset'       => 'utf8',
    // 数据库表前缀
    'prefix'        => 'think_',
    // 数据库调试模式
    'debug'         => false,
    // 数据库部署方式：0 集中式（单一服务器），1 分布式（主从服务器）
    'deploy'        => 0,
    // 数据库读写是否分离，主从式有效
    'rw_separate'   => false,
    // 读写分离后，主服务器数量
```

```
    'master_num'    => 1,
    // 指定从服务器序号
    'slave_no'      => '',
    // 是否严格检查字段是否存在
    'fields_strict' => true,
];
```

每个模块可以设置独立的数据库连接参数,并且相同的配置参数可以无须重复设置。例如,我们可以在 admin 模块的 database.php 配置文件中定义:

```
return [
    // 服务器地址
    'hostname'  => '192.168.1.100',
    // 数据库名
    'database'  => 'admin',
];
```

表示 admin 模块的数据库地址改成 192.168.1.100,数据库名改成 admin,其他的连接参数和应用的 database.php 中的配置一样。

可以在调用 Db 类的时候动态定义连接信息,例如:

```
Db::connect([
    // 数据库类型
    'type'      => 'mysql',
    // 数据库连接DSN配置
    'dsn'       => '',
    // 服务器地址
    'hostname'  => '127.0.0.1',
    // 数据库名
    'database'  => 'thinkphp',
    // 数据库用户名
    'username'  => 'root',
    // 数据库密码
    'password'  => '',
    // 数据库连接端口
    'hostport'  => '',
    // 数据库连接参数
    'params'    => [],
    // 数据库编码默认采用utf8
    'charset'   => 'utf8',
    // 数据库表前缀
    'prefix'    => 'think_',
]);
```

或者使用字符串方式:

```
Db::connect('mysql://root:1234@127.0.0.1:3306/thinkphp#utf8');
```

字符串连接的定义格式为：

数据库类型://用户名:密码@数据库地址:数据库端口/数据库名#字符集

配置了数据库连接信息后，我们就可以直接使用数据库运行原生 SQL 操作了，支持 query （查询操作）和 execute（写入操作）方法，并且支持参数绑定。例如：

```
Db::query('select * from think_user where id=?',[8]);
Db::execute('insert into think_user (id, name) values (?, ?)',[8,'thinkphp']);
```

18.5.2 查询构造器

使用 ThinkPHP 内置的 Db 类可以实现多种形式的查询，满足查询数据的需求。例如，查询一个数据可使用 Db::table('think_user')->where('id',1)->find();，find 方法查询结果不存在就返回 null；查询数据集可使用 Db::table('think_user')->where('status',1)->select();，select 方法查询结果不存在就返回空数组。如果设置了数据表前缀参数，就可以使用 Db::name('user')->where('id',1)->find();和 Db::name('user')->where('status',1)->select();，在 find 和 select 方法之前可以使用所有的链式操作方法。默认情况下，find 和 select 方法返回的都是数组。

查询某一列的值可以用如下操作：

```
// 返回数组
Db::table('think_user')->where('status',1)->column('name');
// 指定索引
Db::table('think_user')->where('status',1)->column('name','id');
```

where 方法的用法是 ThinkPHP 查询语言的精髓，使用它可以完成包括普通查询、表达式查询、快捷查询、区间查询、组合查询在内的查询操作。where 方法的参数支持字符串和数组，虽然也可以使用对象，但是并不建议这样做。

新版的表达式查询采用全新的方式。查询表达式的使用格式为：

```
Db::table('think_user')
    ->where('id','>',1)
    ->where('name','thinkphp')
    ->select()
```

可以通过数组方式批量设置查询条件：

```
$map['name'] = 'thinkphp';
$map['status'] = 1;
// 把查询条件传入查询方法
Db::table('think_user')->where($map)->select();
```

最后生成的 SQL 语句是 SELECT * FROM think_user WHERE 'name'='thinkphp' AND status=1 。

也可以在数组条件中使用查询表达式：

```
$map['id']    = ['>',1];
$map['mail']  = ['like','%thinkphp@qq.com%'];
Db::table('think_user')->where($map)->select();
```

支持字符串条件直接查询和操作,例如:

```
Db::table('think_user')->where('type=1 AND status=1')->select();
```

最后生成的 SQL 语句是 SELECT * FROM think_user WHERE type=1 AND status=1。使用字符串条件的时候,建议配合预处理机制,以确保更加安全,例如:

```
Db::table('think_user')->where("id=:id and username=:name")->bind(['id'=>[1,\PDO::PARAM_INT],'name'=>'thinkphp'])->select();
```

ThinkPHP 提供的数据库操作支持链式操作,可以有效地提高数据存取的代码清晰度和开发效率,并且支持所有的 CURD 操作。

假如我们现在要查询一个 User 表的满足状态为 1 的前 10 条记录,并希望按照用户的创建时间排序,代码如下:

```
Db::table('think_user')
    ->where('status',1)
    ->order('create_time')
    ->limit(10)
    ->select();
```

这里的 where、order 和 limit 方法就被称为链式操作方法。除了 select 方法必须放到最后一个外(因为 select 方法并不是链式操作方法),链式操作的方法调用顺序没有先后。例如,下面的代码和上面的等效:

```
Db::table('think_user')
    ->order('create_time')
    ->limit(10)
    ->where('status',1)
    ->select();
```

不仅仅是查询方法可以使用连贯操作,所有的 CURD 方法都可以使用,例如:

```
Db::table('think_user')
    ->where('id',1)
    ->field('id,name,email')
    ->find();
Db::table('think_user')
    ->where('status',1)
    ->where('id',1)
    ->delete();
```

链式操作在完成查询后会自动清空链式操作的所有传值。简而言之,链式操作的结果不会带入后面的其他查询。

1. field 方法

field 方法属于模型的连贯操作方法之一,主要目的是标识要返回或者操作的字段,可以用于查询和写入操作。例如:

```
Db::table('think_user')->field('id,title,content')->select();
```

这里使用 field 方法指定了查询的结果集中包含 id、title、content 三个字段的值。执行的 SQL 相当于:

```
SELECT id,title,content FROM table
```

可以在 field 方法中直接使用函数,例如:

```
Db::table('think_user')->field('id,SUM(score)')->select();
```

执行的 SQL 相当于:

```
SELECT id,SUM(score) FROM table
```

除了 select 方法之外,所有的查询方法(包括 find 等)都可以使用 field 方法。field 方法的参数可以支持数组,例如:

```
Db::table('think_user')->field(['id','title','content'])->select();
```

最终执行的 SQL 和前面用字符串的方式是等效的。数组方式的定义可以为某些字段定义别名,例如:

```
Db::table('think_user')->field(['id','nickname'=>'name'])->select();
```

执行的 SQL 相当于:

```
SELECT id,nickname as name FROM table
```

对于一些更复杂的字段要求,数组的优势则更加明显,例如:

```
Db::table('think_user')->field(['id','concat(name,"-",id)'=>'truename','LEFT(title,7)'=>'sub_title'])->select();
```

执行的 SQL 相当于:

```
SELECT id,concat(name,'-',id) as truename,LEFT(title,7) as sub_title FROM table
```

2. order 方法

order 方法属于模型的连贯操作方法之一,用于对操作的结果排序。用法如下:

```
Db::table('think_user')->where('status=1')->order('id desc')->limit(5)->select();
```

注意:连贯操作方法没有顺序,可以在 select 方法调用之前随便改变调用顺序。order 方法支持对多个字段的排序,例如:

```
Db::table('think_user')->where('status=1')->order('id desc,status')->limit(5)->select();
```

如果没有指定 desc 或者 asc 排序规则,那么默认为 asc。如果字段和 MySQL 关键字有冲突,那么建议采用数组方式调用,例如:

```
Db::table('think_user')->where('status=1')->order(['order','id'=>'desc'])->limit(5)->select();
```

3. fetchSql 方法

fetchSql 用于直接返回 SQL 而不是执行查询，适用于任何 CURD 操作方法。例如：

```
$result = Db::table('think_user')->fetchSql(true)->find(1);
```

输出 result 结果为：

```
SELECT * FROM think_user where id = 1
```

4. union 方法

union 操作用于合并两个或多个 SELECT 语句的结果集。
使用示例：

```
Db::field('name')
    ->table('think_user_0')
    ->union('SELECT name FROM think_user_1')
    ->union('SELECT name FROM think_user_2')
    ->select();
```

支持 UNION ALL 操作，例如：

```
Db::field('name')
    ->table('think_user_0')
    ->union('SELECT name FROM think_user_1',true)
    ->union('SELECT name FROM think_user_2',true)
    ->select();
```

每个 union 方法相当于一个独立的 SELECT 语句。

5. limit 方法

limit 方法也是模型类的连贯操作方法之一，主要用于指定查询和操作的数量，特别是在分页查询的时候使用较多。ThinkPHP 的 limit 方法可以兼容所有的数据库驱动类。例如，获取满足要求的 10 个用户，进行如下调用即可：

```
Db::table('think_user')
    ->where('status=1')
    ->field('id,name')
    ->limit(10)
    ->select();
```

limit 方法也可以用于写操作，例如更新满足要求的 3 条数据：

```
Db::table('think_user')
->where('score=100')
->limit(3)
->update(['level'=>'A']);
```

文章分页查询是 limit 方法比较常用的场合，例如：

```
Db::table('think_article')->limit('10,25')->select();
```

表示查询文章中从第 10 行开始的 25 条数据（可能还取决于 where 条件和 order 排序的影响，这个暂且不提）。

你也可以像下面这样使用，作用是一样的：

```
Db::table('think_article')->limit(10,25)->select();
```

对于大数据表，尽量使用 limit 限制查询结果，否则会导致很大的内存开销和性能问题。

6. page 方法

page 方法也是模型的连贯操作方法之一，是完全为分页查询而诞生的一个人性化操作方法。

我们在前面已经了解了关于 limit 方法用于分页查询的情况，而 page 方法则是更人性化的进行分页查询的方法。例如，还是以文章列表分页为例，使用 limit 方法查询第一页和第二页（假设每页输出 10 条数据）的写法如下：

```
// 查询第一页数据
Db::table('think_article')->limit('0,10')->select();
// 查询第二页数据
Db::table('think_article')->limit('10,10')->select();
```

虽然利用扩展类库中的分页类 Page 可以自动计算出每个分页的 limit 参数，但是如果要自己写就比较费力了，若用 page 方法来写则简单多了，例如：

```
// 查询第一页数据
Db::table('think_article')->page('1,10')->select();
// 查询第二页数据
Db::table('think_article')->page('2,10')->select();
```

显而易见的是，使用 page 方法不需要计算每个分页数据的起始位置，page 方法内部会自动计算。和 limit 方法一样，page 方法也支持两个参数的写法，例如：

```
Db::table('think_article')->page(1,10)->select();
// 和下面的用法等效
Db::table('think_article')->page('1,10')->select();
```

page 方法还可以和 limit 方法配合使用，例如：

```
Db::table('think_article')->limit(25)->page(3)->select();
```

page 方法只有一个值传入的时候表示第几页，而 limit 方法则用于设置每页显示的数量，也就是说上面的写法等同于：

```
Db::table('think_article')->page('3,25')->select();
```

7. query 和 execute 方法

Db 类通过 query 和 execute 方法支持原生 SQL 操作。

query 方法用于执行 SQL 查询操作，如果数据非法或者查询错误就返回 false，否则返回查询结果数据集（同 select 方法）。例如：

```
Db::query("select * from think_user where status=1");
```

execute 用于更新和写入数据的 SQL 操作，如果数据非法或者查询错误就返回 false，否则返回影响的记录数。例如：

```
Db::execute("update think_user set name='thinkphp' where status=1");
```

18.5.3 增加/删除/更新数据

1. 增加数据

使用 Db 类的 insert 方法向数据库提交数据，例如：

```
$data = ['foo' => 'bar', 'bar' => 'foo'];
Db::table('think_user')->insert($data);
```

如果在 database.php 配置文件中配置了数据库前缀（prefix），就可以直接使用 Db 类的 name 方法提交数据：

```
Db::name('user')->insert($data);
```

insert 方法添加数据成功时返回添加成功的条数。insert 正常情况下返回 1。添加数据后如果需要返回新增数据的自增主键，可以使用 getLastInsID 方法：

```
Db::name('user')->insert($data);
$userId = Db::name('user')->getLastInsID();
```

或者直接使用 insertGetId 方法新增数据并返回主键值：

```
Db::name('user')->insertGetId($data);
```

添加多条数据直接向 Db 类的 insertAll 方法传入需要添加的数据即可：

```
$data = [
    ['foo' => 'bar', 'bar' => 'foo'],
    ['foo' => 'bar1', 'bar' => 'foo1'],
    ['foo' => 'bar2', 'bar' => 'foo2']
];
Db::name('user')->insertAll($data);
```

insertAll 方法添加数据成功时返回添加成功的条数。

2. 删除数据

删除数据的操作也非常简单：

```
// 根据主键删除
Db::table('think_user')->delete(1);
Db::table('think_user')->delete([1,2,3]);
```

```
// 条件删除
Db::table('think_user')->where('id',1)->delete();
Db::table('think_user')->where('id','<',10)->delete();
```

delete 方法返回影响数据的条数,没有删除就返回 0。

3. 更新数据

使用 update 方法可更新数据,例如:

```
Db::table('think_user')
    ->where('id', 1)
    ->update(['name' => 'thinkphp']);
```

如果数据中包含主键,可以直接使用:

```
Db::table('think_user')
    ->update(['name' => 'thinkphp','id'=>1]);
```

update 方法返回影响数据的条数,没有修改任何数据时返回 0。如果更新的数据需要使用 SQL 函数或者其他字段,可以使用下面的方式:

```
Db::table('think_user')
    ->where('id', 1)
    ->update([
        'login_time'  => ['exp','now()'],
        'login_times' => ['exp','login_times+1'],
    ]);
```

更新某个字段可以使用如下方式:

```
Db::table('think_user')
    ->where('id',1)
    ->setField('name', 'thinkphp');
```

setField 方法返回影响数据的条数,没有修改任何数据字段就返回 0。

setInc/setDec 可实现字段值的自增和自减,若不加第二个参数则默认值为 1,例如:

```
// score 字段加 1
Db::table('think_user')
    ->where('id', 1)
    ->setInc('score');
// score 字段加 5
Db::table('think_user')
    ->where('id', 1)
    ->setInc('score', 5);
// score 字段减 1
Db::table('think_user')
    ->where('id', 1)
```

```
        ->setDec('score');
// score 字段减 5
Db::table('think_user')
    ->where('id', 1)
    ->setDec('score', 5);
```

18.6 模　　型

模型是应用程序中用于处理应用程序数据逻辑的部分，通常模型对象负责在数据库中存取度读取数据。模型中定义了一些操作数据库的常用方法。

18.6.1 模型定义

ThinkPHP 5.0 的模型是一种对象-关系映射（Object/Relation Mapping，ORM）的封装，并且提供了简洁的 ActiveRecord 实现。一般来说，每个数据表会和一个"模型"对应。

ORM 的基本特性就是表映射到记录，记录映射到对象，字段映射到对象属性。模型是一种对象化的操作封装，而不是简单的 CURD 操作。简单的 CURD 操作直接使用前面提过的 Db 类即可。模型类和 Db 类的区别主要在于对象的封装，Db 类的查询默认返回的是数组（或者集合），而模型类返回的是当前的模型对象实例（或者集合）。模型是比 Db 类更高级的数据封装，支持模型关联、模型事件。

为了更好地理解，我们首先在数据库创建一个 think_user 表：

```
CREATE TABLE IF NOT EXISTS `think_user`(
    `id` int(8) unsigned NOT NULL AUTO_INCREMENT,
    `nickname` varchar(50) NOT NULL COMMENT '昵称',
    `email` varchar(255) NULL DEFAULT NULL COMMENT '邮箱',
    `birthday` int(11) UNSIGNED NOT NULL DEFAULT '0' COMMENT '生日',
    `status` tinyint(2) NOT NULL DEFAULT '0' COMMENT '状态',
    `create_time` int(11) UNSIGNED NOT NULL DEFAULT '0' COMMENT '注册时间',
    `update_time` int(11) UNSIGNED NOT NULL DEFAULT '0' COMMENT '更新时间',
    PRIMARY KEY (`id`)
) ENGINE=MyISAM    DEFAULT CHARSET=utf8 ;
return [
    // 数据库类型
    'type'         => 'mysql',
    // 服务器地址
    'hostname'     => '127.0.0.1',
    // 数据库名
    'database'     => 'demo',
    // 数据库用户名
    'username'     => 'root',
```

```
    // 数据库密码
    'password'      => '',
    // 数据库连接端口
    'hostport'      => '',
    // 数据库连接参数
    'params'        => [],
    // 数据库编码默认采用 utf8
    'charset'       => 'utf8',
    // 数据库表前缀
    'prefix'        => 'think_',
    // 数据库调试模式
    'debug'         => true,
];
```

我们为 think_user 表定义一个 User 模型（位于 application/index/model/User.php）：

```
namespace app\index\model;
use think\Model;
class User extends Model
{

}
```

大多情况下，我们无须为模型定义任何属性和方法即可完成基本操作。模型会自动对应一个数据表，规范是：

数据库前缀+当前的模型类名（不含命名空间）

因为模型类命名是驼峰法，所以获取实际的数据表时会自动转换为小写+下划线命名的数据表名称。如果模型命名不符合这一数据表对应规范，可以给当前模型定义单独的数据表。如果当前模型类需要使用不同的数据库连接，可以定义模型的 connection 属性，例如：

```
namespace app\index\model;

use think\Model;

class User extends Model
{
    // 设置单独的数据库连接
    protected $connection = [
        // 数据库类型
        'type'          => 'mysql',
        // 服务器地址
        'hostname'      => '127.0.0.1',
        // 数据库名
        'database'      => 'test',
        // 数据库用户名
```

```
            'username'      => 'root',
            // 数据库密码
            'password'      => '',
            // 数据库连接端口
            'hostport'      => '',
            // 数据库连接参数
            'params'        => [],
            // 数据库编码默认采用 utf8
            'charset'       => 'utf8',
            // 数据库表前缀
            'prefix'        => 'think_',
            // 数据库调试模式
            'debug'         => true,
    ];
}
```

一般来说，一个应用的模型都是公用的，不区分模块，所以不必在每个模块下面定义模型。

18.6.2 基本操作

完成基本的模型定义后，我们就可以进行基本的模型操作了。下面我们来领略下模型对象化操作的魅力，主要内容包含增加数据、查询数据、更新数据和删除数据。

1. 增加数据

创建一个 User 控制器并增加 add 操作方法：

```
<?php
namespace app\index\controller;
use app\index\model\User as UserModel;
class User
{
    // 新增用户数据
    public function add()
    {
        $user              = new UserModel;
        $user->nickname = 'test';
        $user->email       = 'thinkphp@qq.com';
        $user->birthday = strtotime('1977-03-05');
        if ($user->save()) {
            return '用户[ ' . $user->nickname . ':' . $user->id . ' ]新增成功';
        } else {
            return $user->getError();
        }
    }
}
```

接下来我们访问 http://localhost/book/tp/public/index/demo/user/add。如果看到输出"用户[test:1]新增成功"就表示用户模型写入成功了。默认情况下，实例化模型类后第一次执行的 save 操作都是执行的数据库 insert 操作，如果需要实例化执行 save 就执行数据库的 update 操作，请确保在 save 方法之前调用 isUpdate 方法：

```php
// 强制执行数据更新操作
$user->isUpdate()->save();
```

也可以使用数组的形式新增数据：

```php
public function add()
{
    $user['nickname'] = 'test';
    $user['email']    = 'test@qq.com';
    $user['birthday'] = strtotime('2015-04-02');
    if ($result = UserModel::create($user)) {
        return '用户[ ' . $result->nickname . ':' . $result->id . ' ]新增成功';
    } else {
        return '新增出错';
    }
}
```

也可以直接进行数据的批量新增，给控制器添加如下 addList 操作方法：

```php
// 批量新增用户数据
public function addList()
{
    $user = new UserModel;
    $list = [
        ['nickname' => '张三', 'email' => 'zhanghsan@qq.com', 'birthday' => strtotime('1988-01-15')],
        ['nickname' => '李四', 'email' => 'lisi@qq.com', 'birthday' => strtotime('1990-09-19')],
    ];
    if ($user->saveAll($list)) {
        return '用户批量新增成功';
    } else {
        return $user->getError();
    }
}
```

这样即可实现批量新增数据。

接下来添加 User 模型的查询功能，给 User 控制器增加如下 read 操作方法：

```php
// 读取用户数据
public function read($id='')
{
    $user = UserModel::get($id);
```

```
    echo $user->nickname . '<br/>';
    echo $user->email . '<br/>';
    echo date('Y/m/d', $user->birthday) . '<br/>';
}
```

2. 查询数据

模型的 get 方法用于获取数据表的数据并返回当前的模型对象实例，通常只需要传入主键作为参数，如果没有传入任何值，就表示获取第一条数据。模型的 get 方法和 Db 类的 find 方法返回结果的区别在于，Db 类默认返回的只是数组（注意这里说的是默认，其实仍然可以设置为对象），而模型的 get 方法查询返回的一定是当前的模型对象实例。

如果不是根据主键查询，可以传入数组作为查询条件，例如：

```
// 根据 nickname 读取用户数据
public function read()
{
    $user = UserModel::get(['nickname'=>'test']);
    echo $user->nickname . '<br/>';
    echo $user->email . '<br/>';
    echo date('Y/m/d', $user->birthday) . '<br/>';
}
```

更复杂的查询还可以使用闭包和查询构建器来完成，例如：

```
// 根据 nickname 读取用户数据
public function read()
{
    $user = UserModel::get(function($query){
        $query->where('nickname', '流年')->where('id', '>', 10)->order('id','desc');
    });
    echo $user->nickname . '<br/>';
    echo $user->email . '<br/>';
    echo date('Y/m/d', $user->birthday) . '<br/>';
}
```

如果要查询多个数据，可以使用模型的 all 方法。我们可以在控制器中添加 index 操作方法，用于获取用户列表：

```
// 获取用户数据列表
public function index()
{
    $list = UserModel::all();
    foreach ($list as $user) {
        echo $user->nickname . '<br/>';
        echo $user->email . '<br/>';
        echo date('Y/m/d', $user->birthday) . '<br/>';
```

```
        echo '---------------------------------<br/>';
    }
}
```

3. 更新数据

我们可以对查询出来的数据进行更新操作，下面添加一个 update 操作方法：

```
// 更新用户数据
public function update($id)
{
    $user              = UserModel::get($id);
    $user->nickname = '刘晨';
    $user->email     = 'liu21st@gmail.com';
    $user->save();
    return '更新用户成功';
}
```

4. 删除数据

我们给 User 控制器添加 delete 方法，用于删除用户。

```
// 删除用户数据
public function delete($id)
{
    $user = UserModel::get($id);
    if ($user) {
        $user->delete();
        return '删除用户成功';
    } else {
        return '删除的用户不存在';
    }
}
```

同样我们也可以直接使用 destroy 方法删除模型数据，例如把上面的 delete 方法改成如下形式：

```
// 删除用户数据
public function delete($id)
{
    $result = UserModel::destroy($id);
    if ($result) {
        return '删除用户成功';
    } else {
        return '删除的用户不存在';
    }
}
```

18.7 模 板

模板定义了一组数据的显示方式,控制器可以给模板赋值,模板将其显示到视图界面。通过一些特定的模板标签可以灵活控制视图中的数据展现。

18.7.1 模板赋值与变量输出

前面只是在控制器方法里面直接输出,而没有使用视图模板功能,现在就来了解一下如何把变量赋值到模板并渲染输出。

ThinkPHP 使用 assign 方法对模板数据进行赋值。例如,修改 User 控制器的 index 方法:

```php
<?php
namespace app\index\controller;
use app\index\model\User as UserModel;
use think\Controller;
class User extends Controller
{
    // 获取用户数据列表并输出
    public function index()
    {
        $list = UserModel::all();
        $this->assign('list', $list);
        $this->assign('count', count($list));
        return $this->fetch();
    }
}
```

与视图类有关的有 4 个方法:

- assign 模板变量赋值。
- fetch 渲染模板文件。
- display 渲染内容。
- engine 初始化模板引擎。

其中,assign 和 fetch 是最常用的两个方法。

assign 方法可以把任何类型的变量赋值给模板,关键在于如何输出——不同的变量类型需要采用不同的标签输出。fetch 方法默认渲染输出的模板文件应该是当前控制器和操作对应的模板,在本例中也就是:

```
application/index/view/user/index.html
```

绑定数据到模板输出有 3 种方式。

（1）使用 assign 方法，例如：

```php
namespace index\app\controller;
class Index extends \think\Controller
{
    public function index()
    {
        // 模板变量赋值
        $this->assign('name','ThinkPHP');
        $this->assign('email','thinkphp@qq.com');
        // 或者批量赋值
        $this->assign([
            'name'  => 'ThinkPHP',
            'email' => 'thinkphp@qq.com'
        ]);
        // 模板输出
        return $this->fetch('index');
    }
}
```

（2）也可以使用传入参数的方法。fetch 和 display 都可以传入模板变量，例如：

```php
namespace app\index\controller;
class Index extends \think\Controller
{
    public function index()
    {
        return $this->fetch('index', [
            'name'  => 'ThinkPHP',
            'email' => 'thinkphp@qq.com'
        ]);
    }
}
```

或

```php
class Index extends \think\Controller
{
    public function index()
    {
        $content = '{$name}-{$email}';
        return $this->display($content, [
            'name'  => 'ThinkPHP',
            'email' => 'thinkphp@qq.com'
        ]);
    }
}
```

（3）还可以使用对象赋值绑定到模板输出，例如：

```
class Index extends \think\Controller
{
    public function index()
    {
        $view = $this->view;
        $view->name      = 'ThinkPHP';
        $view->email     = 'thinkphp@qq.com';
        // 模板输出
        return $view->fetch('index');
    }
}
```

在模板中输出变量的方法很简单。例如，在控制器中给模板变量赋值：

```
$view = new View();
$view->name = 'thinkphp';
return $view->fetch();
```

然后就可以在模板中使用：

```
Hello,{$name}！
```

模板标签的变量输出根据变量类型有所区别。刚才我们输出的是字符串变量，如果是数组变量：

```
$data['name'] = 'ThinkPHP';
$data['email'] = 'thinkphp@qq.com';
$view->assign('data',$data);
```

那么在模板中我们可以用下面的方式输出：

```
Name： {$data.name}
Email： {$data.email}
```

或者用下面的方式也是有效的：

```
Name： {$data['name']}
Email： {$data['email']}
```

如果 data 变量是一个对象（并且包含有 name 和 email 两个属性），那么可以用下面的方式输出：

```
Name： {$data:name}
Email： {$data:email}
```

或者

Name: {$data->name}
Email: {$data->email}

18.7.2 使用函数和运算符

我们往往需要对模板输出变量使用函数，可以使用{$data.name|md5}，编译后的结果是：

`<?php echo (md5($data['name'])); ?>`

如果函数有多个参数需要调用，则使用：

`{$create_time|date="y-m-d",###}`

表示 date 函数传入两个参数，每个参数用逗号分割，这里第一个参数是 y-m-d，第二个参数是前面要输出的 create_time 变量，因为该变量是第二个参数，因此需要用###标识变量位置，编译后的结果是：

`<?php echo (date("y-m-d",$create_time)); ?>`

如果前面输出的变量在后面定义的函数的第一个参数，则可以直接使用：

`{$data.name|substr=0,3}`

表示输出：

`<?php echo (substr($data['name'],0,3)); ?>`

虽然也可以使用：

`{$data.name|substr=###,0,3}`

但是完全没有这个必要。
还可以支持多个函数过滤，多个函数之间用"|"分割即可，例如：

`{$name|md5|strtoupper|substr=0,3}`

编译后的结果是：

`<?php echo (substr(strtoupper(md5($name)),0,3)); ?>`

函数会按照从左到右的顺序依次调用。
如果觉得这样写起来比较麻烦，也可以直接写为：

`{:substr(strtoupper(md5($name)),0,3)}`

变量输出使用的函数可以支持内置的 PHP 函数或者用户自定义函数，甚至是静态方法。
也可以对模板输出使用运算符，包括对"+""-""*""/"和"%"的支持，如表 18-1 所示。

表18-1 模板中的运算符

运算符	使用示例	运算符	使用示例
+	{$a+$b}	%	{$a%$b}
-	{$a-$b}	--	{$a--} 或 {--$a}
*	{$a*$b}	++	$a++} 或 {++$a}
/	{$a/$b}		

18.7.3 模板标签

变量输出使用普通标签就足够了，但是要完成其他的控制、循环和判断功能，还需要借助模板引擎的标签库功能。系统内置标签库的所有标签无须引入标签库即可直接使用。本小节介绍一些常用标签。

1. volist 标签

volist 标签通常用于查询数据集（select 方法）的结果输出。通常模型的 select 方法返回的结果是一个二维数组，可以直接使用 volist 标签进行输出。在控制器中首先对模板赋值：

```
$list = User::all();
$this->assign('list',$list);
```

循环输出用户的编号和姓名，在模板中定义如下：

```
{volist name="list" id="vo"}
{$vo.id}:{$vo.name}<br/>
{/volist}
```

volist 标签的 name 属性表示模板赋值的变量名称，因此不可随意在模板文件中改变。id 表示当前的循环变量，可以随意指定，但要确保不和 name 属性冲突，例如：

```
{volist name="list" id="data"}
{$data.id}:{$data.name}<br/>
{/volist}
```

支持输出查询结果中的部分数据，例如输出第 5～15 条记录：

```
{volist name="list" id="vo" offset="5" length='10'}
{$vo.name}
{/volist}
```

输出偶数记录：

```
{volist name="list" id="vo" mod="2" }
{eq name="mod" value="1"}{$vo.name}{/eq}
{/volist}
```

mod 属性还用于控制一定记录的换行，例如：

```
{volist name="list" id="vo" mod="5" }
{$vo.name}
{eq name="mod" value="4"}<br/>{/eq}
{/volist}
```

输出循环变量：

```
{volist name="list" id="vo" key="k" }
{$k}.{$vo.name}
{/volist}
```

如果没有指定 key 属性，默认使用循环变量 i，例如：

```
{volist name="list" id="vo"  }
{$i}.{$vo.name}
{/volist}
```

如果要输出数组的索引，可以直接使用 key 变量。和循环变量不同的是，这个 key 是由数据本身决定而不是循环控制的，例如：

```
{volist name="list" id="vo"  }
{$key}.{$vo.name}
{/volist}
```

2. foreach 标签

foreach 标签类似于 volist 标签，只是更加简单，没有太多额外的属性，最简单的用法是：

```
{foreach $list as $vo}
    {$vo.id}:{$vo.name}
{/foreach}
```

该用法解析后是最简洁的。也可以使用下面的用法：

```
{foreach name="list" item="vo"}
    {$vo.id}:{$vo.name}
{/foreach}
```

name 表示数据源，item 表示循环变量。可以输出索引，例如：

```
{foreach name="list" item="vo" }
    {$key}|{$vo}
{/foreach}
```

也可以定义索引的变量名：

```
{foreach name="list" item="vo" key="k" }
    {$k}|{$vo}
{/foreach}
```

3. switch 标签

switch 标签用来进行条件判断，用法如下：

```
{switch name="变量" }
    {case value="值 1" break="0 或 1"}输出内容 1{/case}
    {case value="值 2"}输出内容 2{/case}
    {default /}默认情况
{/switch}
```

例如：

```
{switch name="User.level"}
    {case value="1"}value1{/case}
    {case value="2"}value2{/case}
    {default /}default
{/switch}
```

其中，name 属性可以使用函数以及系统变量，例如：

```
{switch name="Think.get.userId|abs"}
    {case value="1"}admin{/case}
    {default /}default
{/switch}
```

case 的 value 属性可以支持多个条件的判断，使用"|"进行分割，例如：

```
{switch name="Think.get.type"}
    {case value="gif|png|jpg"}图像格式{/case}
    {default /}其他格式
{/switch}
```

表示如果$_GET["type"]是 gif、png 或者 jpg 就判断为图像格式。

4. if 标签

if 标签在模板中非常常用，用法如下：

```
{if condition="($name == 1) OR ($name > 100) "} value1
{elseif condition="$name eq 2"/}value2
{else /} value3
{/if}
```

除此之外，我们还可以在 condition 属性里面使用 PHP 代码，例如：

```
{if condition="strtoupper($user['name']) neq 'THINKPHP'"}ThinkPHP
{else /} other Framework
{/if}
```

condition 属性可以支持点语法和对象语法，例如自动判断 user 变量是数组还是对象：

```
{if condition="$user.name neq 'ThinkPHP'"}ThinkPHP
{else /} other Framework
{/if}
```

5. PHP 标签

PHP 代码可以和标签在模板文件中混合使用，可以在模板文件里面书写任意 PHP 语句代码，包括{php}echo 'Hello,world!';{/php}和<?php echo 'Hello,world!'; ?>两种方式。ThinkPHP 官方建议使用 PHP 标签而非原生 PHP 代码。注意，PHP 标签或者 PHP 代码里面就不能再使用标签（包括普通标签和 XML 标签）了。因此下面的几种方式都是无效的：

```
{php}{eq name='name'value='value'}value{/eq}{/php}
```

在 php 标签里面不能再使用 PHP 本身不支持的代码。

另外，模板引擎支持标签的多层嵌套功能，可以对标签库的标签指定嵌套。

在系统内置的标签中，volist、switch、if、elseif、else、foreach、compare（包括所有的比较标签）、(not) present、(not) empty、(not) defined 等标签都可以嵌套使用，例如：

```
{volist name="list" id="vo"}
    {volist name="vo['sub']" id="sub"}
        {$sub.name}
    {/volist}
{/volist}
```

上面的标签可以用于输出双重循环。

第19章 PHP 设计模式

设计模式（design pattern）是一套被反复使用、多数人知晓的、经过分类编目的、代码设计经验的总结。使用设计模式是为了可重用代码、让代码更容易被他人理解、保证代码可靠性。设计模式是软件开发人员在软件开发过程中面临的一般问题的解决方案。本章介绍几个在 PHP 中常用的设计模式。

19.1　什么是设计模式

设计模式是软件工程的基石，如同大厦的一块块砖石一样。项目中合理地运用设计模式可以完美地解决很多问题，每种模式在现实中都有相应的原理来与之对应，每种模式都描述了一个在我们周围不断重复发生的问题，以及该问题的核心解决方案，这也是设计模式能被广泛应用的原因。

1994 年，由 Erich Gamma、Richard Helm、Ralph Johnson 和 John Vlissides 4 人合著出版了一本名为 *Design Patterns - Elements of Reusable Object-Oriented Software*（设计模式——可复用的面向对象软件元素）的书，该书首次提到了软件开发中设计模式的概念。

4 位作者合称 GOF（Gang of Four）。他们所提出的设计模式主要是基于以下的面向对象设计原则：

（1）对接口编程，而不是对实现编程。
（2）优先使用对象组合，而不是继承。

设计模式提供了一个标准的术语系统，且具体到特定的情景。例如，单例设计模式意味着使用单个对象，这样所有熟悉单例设计模式的开发人员都能使用单个对象，并且可以通过这种方式告诉对方，程序使用的是单例模式。

根据设计模式的参考书《设计模式——可复用的面向对象软件元素》中所提到的，总共有 23 种设计模式。这些模式可以分为 3 大类：创建型模式（Creational Patterns）、结构型模式（Structural Patterns）、行为型模式（Behavioral Patterns）。除此之外，还有一种 J2EE 设计模式。设计模式的分类如表 19-1 所示。

表19-1　设计模式分类

模　式	描　述	分类包含
创建型模式	这些设计模式提供了一种在创建对象的同时隐藏创建逻辑的方式，而不是使用新的运算符直接实例化对象。这使得程序在判断针对某个给定实例需要创建哪些对象时更加灵活	工厂模式（Factory Pattern） 抽象工厂模式（Abstract Factory Pattern） 单例模式（Singleton Pattern） 建造者模式（Builder Pattern） 原型模式（Prototype Pattern）
结构型模式	这些设计模式关注类和对象的组合。继承的概念被用来组合接口和定义组合对象获得新功能的方式	适配器模式（Adapter Pattern） 桥接模式（Bridge Pattern） 过滤器模式（Filter、Criteria Pattern） 组合模式（Composite Pattern） 装饰器模式（Decorator Pattern） 外观模式（Facade Pattern） 享元模式（Flyweight Pattern） 代理模式（Proxy Pattern）

(续表)

模 式	描 述	分类包含
行为型模式	这些设计模式特别关注对象之间的通信	责任链模式（Chain of Responsibility Pattern） 命令模式（Command Pattern） 解释器模式（Interpreter Pattern） 迭代器模式（Iterator Pattern） 中介者模式（Mediator Pattern） 备忘录模式（Memento Pattern） 观察者模式（Observer Pattern） 状态模式（State Pattern） 空对象模式（Null Object Pattern） 策略模式（Strategy Pattern） 模板模式（Template Pattern） 访问者模式（Visitor Pattern）
J2EE 模式	这些设计模式特别关注表示层，是由 Sun Java Center 鉴定的	MVC 模式（MVC Pattern） 业务代表模式（Business Delegate Pattern） 组合实体模式（Composite Entity Pattern） 数据访问对象模式（Data Access Object Pattern） 前端控制器模式（Front Controller Pattern） 拦截过滤器模式（Intercepting Filter Pattern） 服务定位器模式（Service Locator Pattern） 传输对象模式（Transfer Object Pattern）

设计模式一般遵循以下 6 个原则：

（1）开闭原则（Open Close Principle）

开闭原则的意思是：对扩展开放，对修改关闭。在程序需要进行拓展的时候，不能去修改原有的代码，实现一个热插拔的效果。简言之，是为了使程序的扩展性好，易于维护和升级。想要达到这样的效果，我们需要使用接口和抽象类，后面的具体设计中我们会提到这一点。

（2）里氏代换原则（Liskov Substitution Principle）

里氏代换原则是面向对象设计的基本原则之一。 里氏代换原则中说，任何基类可以出现的地方，子类一定可以出现。LSP 是继承复用的基石，只有当派生类可以替换掉基类，且软件单位的功能不受到影响时，基类才能真正被复用，而派生类也能够在基类的基础上增加新的行为。里氏代换原则是对开闭原则的补充。实现开闭原则的关键步骤就是抽象化，而基类与子类的继承关系就是抽象化的具体实现，所以里氏代换原则是对实现抽象化的具体步骤的规范。

（3）依赖倒转原则（Dependence Inversion Principle）

这个原则是开闭原则的基础，具体内容是：针对接口编程，依赖于抽象，而不依赖于具体。

（4）接口隔离原则（Interface Segregation Principle）

这个原则的意思是：使用多个隔离的接口，比使用单个接口要好。它还有另外一个意思是：降低类之间的耦合度。由此可见，其实设计模式就是从大型软件架构出发、便于升级和维护的软件设计思想，强调降低依赖、降低耦合。

（5）迪米特法则，又称最少知道原则（Demeter Principle）

最少知道原则是指：一个实体应当尽量少地与其他实体之间发生相互作用，使得系统功能模块相对独立。

（6）合成复用原则（Composite Reuse Principle）

合成复用原则是指：尽量使用合成/聚合的方式，而不是使用继承。

19.2 工厂模式

工厂模式属于创建型模式，提供了一种创建对象的方式。工厂模式是先定义一个创建对象的接口，让其子类自己决定实例化哪一个工厂类。使用工厂模式的扩展性高，如果想增加一个产品，只要扩展一个工厂类就可以了，其屏蔽了产品的具体实现，调用者只需关心产品的接口。工厂模式的精髓就是可以根据不同的参数生成不同的类实例。

比如我们定义一个类来实现两个数的加、减、乘、除，代码如下：

```php
<?php
    class Calc{
        /**
         * 计算结果
         *
         * @param int|float $num1
         * @param int|float $num2
         * @param string $operator
         * @return int|float
         */
        public function calculate($num1,$num2,$operator){
            try {
                $result=0;
                switch ($operator){
                    case '+':
                        $result= $num1+$num2;
                        break;
                    case '-':
                        $result= $num1-$num2;
                        break;
                    case '*':
                        $result= $num1*$num2;
                        break;
                    case '/':
                        if ($num2==0) {
                            throw new Exception("除数不能为 0");
```

```php
                        $result= $num1/$num2;
                        break;
                }
                return $result;
            }catch (Exception $e){
                echo "您输入有误:".$e->getMessage();
            }
        }
    }
    $test=new Calc();
//  echo $test->calculate(2,3,'+');//打印:5
    echo $test->calculate(5,0,'/');//打印:您输入有误:除数不能为0
?>
```

当需要类再实现一个可以"求余"的运算时,便可在 switch 语句块中添加一个分支语句,代码需要做如下改动:

```php
<?php
    class Calc{
        public function calculate($num1,$num2,$operator){
            try {
                $result=0;
                switch ($operator){
                    //......省略......
                    case '%':
                        $result= $num1%$num2;
                        break;
                    //......省略......
                }
            }catch (Exception $e){
                echo "您输入有误:".$e->getMessage();
            }
        }
    }
?>
```

用以上方法实现给计算器添加新的功能运算有以下几个缺点:

(1)需要改动原有的代码块,可能会在为了"添加新功能"而改动原有代码的时候不小心将原有的代码改错了。

(2)如果要添加的功能很多,比如"乘方""开方""对数""三角函数""统计",或者添加一些程序员专用的计算功能,比如 And、Or、Not、Xor,这样就需要在 switch 语句中添加 N 个分支语句。想象一下,一个计算功能的函数如果有二三十个 case 分支语句,代码将超过一屏，不仅令代码的可读性大大降低，关键是为了添加小功能得不偿失，令程序的执行效率大大降低。

为了解决以上问题，我们可以采用工厂模式，思路是定义"加减乘除"4个类，这4个类中都有 getValue()方法，然后定义一个可以创建"加减乘除"的类，称之为工厂类，该工厂类中有一个工厂方法，我们根据可传入到工厂方法的不同参数（可以是"加减乘除"的数学符号）使用这个工厂类的工厂方法创建"加减乘除"类，然后调用其对应的 getValue() 方法获得返回结果。

工厂模式代码如下：

```php
<?php
//定义接口
interface Calc{
    public function getValue($num1,$num2);
}

//创建实现接口的实体类
class Add implements Calc{
    public function getValue($num1,$num2) {
        return $num1 + $num2;
    }
}

class Sub implements Calc{
    public function getValue($num1,$num2) {
        return $num1 - $num2;
    }
}

class Mul implements Calc{
    public function getValue($num1,$num2) {
        return $num1 * $num2;
    }
}

class Div implements Calc{
    public function getValue($num1,$num2) {
        try {
            if($num2 == 0) {
                throw new Exception('除数不能为 0');
            } else {
                return $num1/$num2;
            }
        } catch (Exception $e) {
            echo "错误信息：" . $e->getMessage();
        }
    }
```

```php
        }
    }

    //创建一个工厂，生成基于给定信息的实体类的对象
    class Factory{
        public static function createObj($operate) {
            switch ($operate) {
                case '+':
                    return new Add();
                    break;
                case '-':
                    return new Sub();
                    break;
                case '*':
                    return new Mul();
                    break;
                case '/':
                    return new Div();
                    break;
            }
        }
    }
    $test = Factory::createObj('-');
    echo $test->getValue(1,4);
?>
```

这样我们就实现了根据用户输入的操作符实例化相应的对象，进而可完成接下来相应的操作。在软件开发中，PHP 可能要链接 MySQL，也可能链接 SQLServer 或者其他数据库，这样我们就可以定义一个工厂类，动态产生不同的数据库链接对象。再比如设计一个连接服务器的框架，需要 3 个协议，即 POP3、IMAP、HTTP，可以把这 3 个作为产品类，共同实现一个接口。工厂模式的使用场景很多，需要读者在实际开发中尝试应用。

19.3 单例模式

单例模式涉及一个单一的类，该类负责创建自己的对象，同时确保只有单个对象被创建。单例模式主要解决一个全局使用的类被频繁创建与销毁的问题，由于只创建了一个类的实例，因此减少了内存开销、节省了系统资源。PHP 中单例模式经常被用在数据库应用中。

单例模式的应用代码如下：

```php
<?php
/**
 * 设计模式的单例模式
 * $_instance 必须声明为静态的私有变量
 * 构造函数必须声明为私有，防止外部程序 new 类从而失去单例模式的意义
 * getInstance()方法必须设置为公有的，必须调用此方法以返回实例的一个引用
 * ::操作符只能访问静态变量和静态函数
 * new 对象都会消耗内存
 * 使用单例模式生成一个对象后，该对象可以被其他众多对象所使用
 */
class man
{
    //保存实例在此属性中
    private static $_instance;

    //构造函数声明为 private，防止直接创建对象
    private function __construct()
    {
        echo '我被实例化了！';
    }

    //单例方法
    public static function get_instance()
    {
        //var_dump(isset(self::$_instance));

        if(!isset(self::$_instance))
        {
            self::$_instance=new self();
        }
        return self::$_instance;
    }

    //阻止用户复制对象实例
    private function __clone()
    {
        trigger_error('Clone is not allow' ,E_USER_ERROR);
    }

    function test()
    {
        echo("test");
    }
}
```

```php
// 这个写法会出错，因为构造方法被声明为 private
//$test = new man();

// 下面将得到 Example 类的单例对象
$test = man::get_instance();
$test = man::get_instance();
$test->test();

// 复制对象将导致一个 E_USER_ERROR
//$test_clone = clone $test;
?>
```

执行以上程序的输出结果为：

我被实例化了！test

19.4 观察者模式

当对象间存在一对多关系时，可以使用观察者模式（Observer Pattern）。比如，当一个对象被修改时，会自动通知它的依赖对象。观察者模式属于行为型模式。

观察者模式为您提供了避免组件之间紧密耦合的另一种方法。一个对象通过添加一个方法（该方法允许另一个对象（观察者）注册自己）使本身变得可观察。当可观察的对象更改时，它会将消息发送到已注册的观察者。这些观察者使用该信息执行的操作与可观察的对象无关。结果是对象可以相互对话，而不必了解原因。我们通常在主体中定义一个数组，用于存储观察者对象。

下面的代码演示当添加一个用户时如何实现消息推送。

```php
<?php
//观察者
interface IObserver
{
    function onChanged( $sender, $args );
}

//定义可以被观察的对象接口
interface IObservable
{
    function addObserver( $observer );
}

class UserList implements IObservable
{
    //数组存放观察者对象
    private $_observers = array();

    public function addCustomer( $name )
```

```php
    {
        foreach( $this->_observers as $obs )
            $obs->onChanged( $this, $name ); // 通知观察者
    }
    public function addObserver( $observer )
    {
        $this->_observers []= $observer;
    }
}
class UserListLogger implements IObserver
{
    //观察者执行操作
    public function onChanged( $sender, $args )
    {
        echo( "'$args' added to user list\n" );
    }
}
//添加第一个观察者
$ul1 = new UserList();
$ul1->addObserver( new UserListLogger() );
$ul1->addCustomer( "Jack" );
//添加第二个观察者
$ul2 = new UserList();
$ul2->addObserver( new UserListLogger() );
$ul2->addCustomer("Tom");
?>
```

执行以上代码，在浏览器中的打印结果为：

`'Jack' added to user list 'Tom' added to user list`

在一个抽象模型中，一个对象需要通知其他对象又不能假定其他对象是谁时，经常使用观察者模式。比如要实现用户注册后发送邮件通知管理员和用户自己填写的邮箱的功能，我们可以将发送邮件给管理员和用户自己都写在这个实现用户注册的类里，但是为了实现松散耦合，我们可以将这个发送邮件的功能单独拿出来写到另外一个类中（使用观察者实现），这样即使在以后更改了用户注册逻辑也不会影响到发送邮件的功能实现。再比如当用户下单购买一件商品时，我们需要将购买记录写入文本日志、数据库日志，还要发送短信、送抵兑换券积分等，我们可以在主体类中实现下单购买的流程并定义一个观察者接口，当用户下单后通知各个观察者对象执行自己的业务逻辑。

19.5 策略模式

在策略模式（Strategy Pattern）中，一个类的行为或算法可以在运行时更改。这种类型的设计模式属于行为型模式。其实现原理是定义一系列的算法，将它们一个个封装起来，并且可以互相替换，这样避免了使用 if...else 语句所带来的复杂度和维护成本。如果一个系统里有许多的类，而这些类之间的区别仅在于它们行为的不同，系统也需要动态地选择几种算法中的一种，这时使用策略模式是一种很好的解决方案。

下面的示例演示两个数之间的"加减乘除"运算。在工厂模式中，我们使用工厂模式实现了这种计算，根据传入的参数而分别生成不同的类实例。这里的示例使用策略模式来实现这种数学运算，代码如下：

```php
<?php
//定义接口
interface Calc{
    public function getValue($num1,$num2);
}
//4 个类表示 4 种可供选择的策略
class AddStrategy implements Calc {
    public function getValue($m,$n){
        echo $m + $n;
    }
}

class SubStrategy implements Calc {
    public function getValue($m,$n){
        echo $m - $n;
    }
}

class MulStratygy implements Calc {
    public function getValue($m,$n){
        echo $m * $n;
    }
}

class DivStrategy implements Calc {
    public function getValue($m,$n){
        try {
            if($n == 0) {
                throw new Exception("除数不能为 0");
```

```php
            } else {
                echo $m/$n;
            }
        } catch (Exception $e) {
            echo "错误信息: " . $e->getMessage();
        }
    }
}

class CalcContext{
    private $_strategy = null;
    public function __construct(Calc $select){
        $this->_strategy = $select;
    }
    //设置使用的策略类
    public function setCalc(Calc $select){
        return $this->_strategy = $select;
    }
    public function calcResult($m,$n){
        $this->_strategy->getValue($m,$n);
    }
}
$result = new CalcContext(new AddStrategy());
$result->calcResult(10,2);
// 切换不同策略
$result->setCalc(new DivStrategy());
$result->calcResult(10,2);
?>
```

执行以上程序，在浏览器中的输出结果为：

```
12 5
```

我们使用策略模式和工厂模式都可以实现这种功能，区别是：工厂模式关注对象的创建、提供创建对象的接口，是创建型的设计模式，接受指令，创建出符合要求的实例；策略模式是行为型的设计模式，接受已经创建好的实例，实现不同的行为。

第20章 基于前端架构打造服务端

前端技术的发展非常迅速,特别是近年来各种框架如雨后春笋般不断出现,这些前端框架在数据绑定、模板渲染等方面做得非常优秀。专职的前端架构师能够应用好这些前端框架,基于 PHP 的服务端就可以专注于数据的后端处理,提供好接口服务,完成数据库存储等方面的工作。

20.1 构建一个 API 的世界

随着移动互联网的发展、多终端的出现，为了降低服务端的工作量和以后的维护量，我们希望开发一套可适用于多个终端的接口。面向接口编程要求我们将定义和实现分离，尽可能编写粒度更细的接口，降低各个接口之间的依赖度，这些接口通过一定的组合能够对外提供一套系统服务。

20.1.1 简述 API 接口

随着技术的发展，网络上的数据传输都会以 API 的形式展现，json 和 XML 是最常用的两种数据传输格式。传统的网站，以 ThinkPHP 为例搭建的网站，都是 MVC 分离，通过一定的程序将 view 层面拿出来，由前端开发人员写了静态页面，交由后台开发者整合成一个网站。这种模式在只需要一个 PC 站的情况下是一个很不错的选择，结构清晰，一般也不会出现什么问题。

但是问题来了，当你需要的不仅仅只是一个 PC 站，还需要有更多的如微信端网站、App 之类的时候，此时如果还采用原来的架构，那么你就需要至少写 3 套程序分别适应 3 个终端。很多情况下，你的 App 网站和手机站的功能实现和逻辑是相通的，这样写出来的 3 套程序就会带来很大的冗余，有很多重复的逻辑代码在里面。当你变动需求的时候，需要 3 套程序都跟着变动，也不利于后期的维护升级。

这时我们应该采用一种全新的架构，以另外一种思路去建设这样 3 个终端。应该写一个统一的 Server 端程序，你可以使用 Java、Python 或着 PHP 写，它的功能就是实现对数据库的操作，对数据库进行增、删、改、查，客户端（这里我们把 APP 网站和手机站点统称为客户端，当然也可能会有其他的终端）通过传递一定的参数调用不同的接口，完成交互。Server 端程序可以使用流行的 restful 规范，可以抽象出一个基类，App 和 PC 需要的数据一样的话可以使用同一接口。需要用到不同的接口时，先在 Server 端封装一个基类，然后分别继承这个基类写两个接口，分别适用于 App 和 PC。总体来说，要实现高内聚、低耦合，即业务逻辑在方法内部实现，对外提供完好的客户端需要的数据，各个方法之间依赖度低，有利于维护整合。能抽象出来的就单独拿出来，能封装的就封装，在开发中遵循 don't repeat yourself 的法则。

这时对于网站前端来说，可能要求就不只是简单地写 HTML 和 CSS 了，更多的需要用到 Ajax 进行数据的请求。这时前端也就需要考虑应该用什么来写了，你可以使用流行的 AnjularJS，这是一个非常流行并被前端开发人员强烈推荐的前端框架，遵循 AMD 规范，具体内容读者可以到官方网站 https://angularjs.org/查看有关资料。

20.1.2 API 接口签名验证

客户端在向服务端请求数据的时候，服务端需要对请求进行验证，确保请求来源是合法的，否则会导致网站数据泄漏。服务端和客户端实现签名验证的方式并不是固定的，可由服务端和客户端开发人员共同协商制定，只要保证服务端能够正确地验证请求是来自特定客户端即可。

一般是客户端和服务端使用相同的签名实现算法，客户端在向服务端发起请求时携带参与签名计算的参数和计算后的签名字符串（一般称作 signature），服务端接收到这些参数后，按照相同的算法加密这些参数，生成自己的签名字符串，将这个 signature 和接收到的 signature 进行比较，若相等则验证通过。

在这里我们规定一种签名算法，客户端发起请求时需携带 signature（加密签名）、timestamp（时间戳）、randstr（随机字符串）、data（消息内容，多个请求参数间用 & 连接，如 uid=1111&name=chenxiaolong；）4 个参数。加密/校验流程如下：

- 将 randstr、timestamp、data 组成数组。
- 对数组进行字典排序。
- 循环数组的值组成一个字符串，对字符串进行 sha1 加密，生成 signature 签名。

一个访问接口 URL 的组成示例如下：

http://www.xxx.com?timestamp=1479651758&randstr=&uid=1111&name=chenxiaolong&sign=efd0330d616ce0e720ff591349339ea36a7e8110

其中，sign 参数由客户端根据上面的加密流程生成。服务端的解密流程如下：

（1）将接收到的 randstr、timestamp、data（在本例中为 uid=1111&name=chenxiaolong）组成数组。

（2）对数组进行字典排序。

（3）循环数组的值组成一个字符串，对字符串进行 sha1 加密，生成 signature 签名。将这个 signature 和接收的参数 sign 的值进行比较，若相等则验证通过。

服务端验证代码如下：

```
$arr=array(
'uid'=>$_GET['uid'],
'name'=>$_GET['name'],
'randstr'=>$_GET['randstr'],
'timestamp'=>$_GET['timestamp']);
  foreach ($arr as $k => $v) {
           $str .= $v;
      }
$sig = $_GET['sign'];
$sign = sha1($str);
if ($sign == $sig) {
           return true;
      } else {
           return false;
      }
```

20.2 传输消息的加解密

互联网是一个开放的空间，我们的信息在网络上传播可能会被劫持和篡改，确保信息的安全性就要对传输的信息进行加密。详细的加密有 3 种形式，即单向散列加密、对称加密和非对称加密，开发者在编程中可根据需要采取加密方式。

20.2.1 单向散列加密

单向加密是对不同输入长度的信息进行散列计算，得到固定长度的散列计算值。输入信息的任何微小变化都会导致散列的很大不同，并且这种计算是不可逆的，即无法根据散列值获得明文信息。这种单向散列加密可用于用户密码的保存，即不将用户输入的密码直接保存到数据库，而是对密码进行单向散列加密，将密文存入数据库，用户登录时进行密码验证，同样对输入密码进行散列加密与数据库中密码的密文进行对比，若一致则验证成功。

虽然不能通过算法从散列密文解出明文，但是由于人们设置的密码具有一定的模式（比如使用生日或名字作为密码），因此通过彩虹表（密码和对应的密文关系表）等手段都可以进行猜测式的破解。为了增加单向散列被破解的难度，还可以给散列算法加盐值（salt），salt 相当于加密时的密钥，增加破解时的难度。常用的单向散列算法有 MD5、SHA 等。

20.2.2 对称加密

对称加密是指加密和解密使用的是同一个密钥。对称加密类似接口签名验证，将明文和密钥按照一定的算法进行加密，同样使用密钥和一定的算法对密文进行解密获得明文。PHP 中提供了一个 MCRYPT 扩展，可用于对称加密。

在讲解使用 MCRYPT 加解密前需要明确以下几个概念。

- 算法名称：MCRYPT 扩展所支持的密码算法，详细列表可参见 mcrypt.c 文件。mcrypt 支持的算法见文末。
- 算法模式：MCRYPT_MODE_modename 常量中的一个，或"ecb"、"cbc"、"cfb"、"ofb"、"nofb" 和 "stream"字符串中的一个。
- 算法模块：使用 mcrypt_module_open()打开的指定算法和模式对应的模块，是一个资源类型。
- 初始向量：加密时需要用到的一个参数，使用 mcrypt_create_iv()从随机源创建。
- 初始向量大小：由 mcrypt_get_iv_size()返回的指定算法/模式组合的初始向量大小。mcrypt_create_iv()根据初始向量大小创建初始向量。

mcrypt 加密需要以下几个步骤。

01 使用 mcrypt_module_open()打开指定算法和模式的对应模块。

02 mcrypt_get_iv_size()获得指定算法和模式的初始向量长度，或 mcrypt_enc_get_iv_size($td)获取打开模块的初始向量长度。

03 根据初始向量长度创建初始向量 mcrypt_create_iv()。

04 初始化加密所需的缓冲区 mcrypt_generic_init()。
05 加密数据 mcrypt_generic()。
06 结束加密，执行清理工作 mcrypt_generic_deinit()。

mcrypt 解密需要以下几个步骤。

01 初始化解密模块 mcrypt_generic_init()。
02 解密数据 mcrypt_decrypt()。
03 结束解密，执行清理工作 mcrypt_generic_deinit()。
04 关闭开始时打开的模块 mcrypt_module_close。

整个加解密的过程类似于创建图片的过程。创建图片的过程是创建画布资源、创建颜色、填充、销毁图片，和这里加解密的 4 个步骤很相似。

下面再来看一下上面提到的几个函数的用法。

（1）mcrypt_module_open——打开算法和模式对应的模块

resource mcrypt_module_open (string $algorithm , string $algorithm_directory , string $mode , string $mode_directory)

该函数返回资源类型，参数说明如表 20-1 所示。

表20-1　参数说明

参　数	说　　明
algorithm	MCRYPT_ciphername 常量中的一个，或者是字符串值的算法名称，见下文
algorithm_directory	algorithm_directory 参数指示加密模块的位置。如果提供此参数，就使用你指定的值。如果将此参数设置为空字符串（""），将使用 php.ini 中的 mcrypt.algorithms_dir。如果不指定此参数，就使用 libmcrypt 的编译路径（通常是 /usr/local/lib/libmcrypt）
mode	MCRYPT_MODE_modename 常量中的一个，或"ecb"、"cbc"、"cfb"、"ofb"、"nofb"和"stream"字符串中的一个
mode_directory	algorithm_directory 参数指示加密模式的位置。如果提供此参数，就使用你指定的值。如果将此参数设置为空字符串（""），将使用 php.ini 中的 mcrypt.modes_dir 。如果不指定此参数，就使用 libmcrypt 的编译路径 （通常是 /usr/local/lib/libmcrypt）

（2）mcrypt_get_iv_size——返回指定算法/模式组合的初始向量大小

int mcrypt_get_iv_size (string $cipher , string $mode)

该函数返回初始向量大小，可使用 mcrypt_enc_get_iv_size($td)代替，$td 可以由 mcrypt_module_open()返回的资源作为参数。参数说明如表 20-2 所示。

表20-2 参数说明

参数	说明
cipher	MCRYPT_ciphername 常量中的一个,或者是字符串值的算法名称
mode	MCRYPT_MODE_modename 常量中的一个,或"ecb"、"cbc"、"cfb"、"ofb"、"nofb" 和 "stream" 字符串中的一个

(3) mcrypt_create_iv——从随机源创建初始向量

string mcrypt_create_iv (int $size [, int $source = MCRYPT_DEV_URANDOM])

该函数返回初始向量。参数说明如表 20-3 所示。

表20-3 参数说明

参数	说明
size	初始向量大小,可由 mcrypt_get_iv_size 或 mcrypt_enc_get_iv_size 获得
source	初始向量数据来源,可选值有 MCRYPT_RAND(系统随机数生成器)、MCRYPT_DEV_RANDOM(从/dev/random 文件读取数据)和 MCRYPT_DEV_URANDOM(从/dev/urandom 文件读取数据)。在 Windows 平台,PHP 5.3.0 之前的版本中仅支持 MCRYPT_RAND

(4) mcrypt_generic_init——初始化加密所需的缓冲区

int mcrypt_generic_init (resource $td , string $key , string $iv)

如果发生错误,将会返回负数:-3 表示密钥长度有误,-4 表示内存分配失败,其他值表示未知错误,同时会显示对应的警告信息。如果传入参数不正确,就返回 false。参数说明如表 20-4 所示。

表20-4 参数说明

参数	说明
td	加密描述符,由 mcrypt_module_open 获得的资源类型
key	调用 mcrypt_enc_get_key_size()函数获得的密钥最大长度,小于最大长度的数值都被视为非法参数
iv	通常情况下,向量大小等于算法的分组大小,但是应该通过 mcrypt_enc_get_iv_size()函数来获得这个值。在 ECB 模式下,初始向量会被忽略,在 CFB、CBC、STREAM、nOFB 和 OFB 模式下,必须提供初始向量。初始向量要求是随机的,并且是唯一的(不需要是安全的)。加密和解密必须使用相同的初始向量。如果你不想使用初始向量,就将其设置为全 0 值,但是不建议这么做

(5) mcrypt_generic——加密数据

string mcrypt_generic (resource $td , string $data)

该函数返回加密后的数据,参数说明如表 20-5 所示。

表20-5 参数说明

参　数	说　明
td	加密描述符。由 mcrypt_module_open 获得的资源类型
data	要加密的数据

（6）mdecrypt_generic——解密数据

string mdecrypt_generic (resource $td , string $data)

该函数返回解密后的字符串。注意，由于存在数据补齐的情况，返回字符串的长度可能和明文的长度不相等。参数 td 为加密描述符，是由 mcrypt_module_open 获得的资源类型，data 是需要解密的密文。

（7）mcrypt_generic_deinit——对加密模块进行清理工作

bool mcrypt_generic_deinit (resource $td)

返回布尔值，参数 td 是加密描述符，是由 mcrypt_module_open 获得的资源类型。

本函数终止由加密描述符（td）指定的加密模块，会清理缓冲区，但是并不关闭模块。要想关闭加密模块，就需要自行调用 mcrypt_module_close() 函数。（PHP 会在脚本末尾为你关闭已打开的加密模块。）

（8）mcrypt_module_close——关闭加密模块

bool mcrypt_module_close (resource $td)

返回布尔值，参数是 td 为加密描述符，是由 mcrypt_module_open 获得的资源类型。

下面的代码示例说明加解密的过程。

```php
<?php
class McryptModel{
    protected $td = '';
    protected $iv = '';
    protected $key = '';
    private static $instance = NULL;

    private function __construct($cipher,$mode,$key) {
        $this->cipher = $cipher;
        $this->mode = $mode;
        $this->key = $key;
    }

    public static function getInstance($cipher=MCRYPT_RIJNDAEL_128,$mode=MCRYPT_MODE_CBC,$key='H5gOs1ZshKZ6WikN') {
        if (self::$instance == NULL) {
            self::$instance = new self($cipher,$mode,$key);
```

```php
        }
        return self::$instance;
    }

    function encrypt($str) {
        $td = mcrypt_module_open($this->cipher,'',$this->mode,'');//打开算法模块
        $this->td = $td;
        $iv_size = mcrypt_enc_get_iv_size($td);// 获取向量大小
        $iv = mcrypt_create_iv($iv_size,MCRYPT_RAND);//初始化向量
        $this->iv = $iv;
        $num = mcrypt_generic_init($td,$this->key,$iv);//初始化加密空间
        //var_dump($num);
        $encypt = mcrypt_generic($td,$str);//执行加密
        mcrypt_generic_deinit($td); // 结束加密，执行清理工作
        return base64_encode($encypt);//base64 编码成字符串适合数据传输
    }

    function decyrpt($str) {
        $str = base64_decode($str);
        $td = $this->td;
        mcrypt_generic_init($td,$this->key,$this->iv);
        $decrypt = mdecrypt_generic($td,$str);
        mcrypt_generic_deinit($td);
        mcrypt_module_close($td);//关闭算法模块
        return $decrypt;
    }
}

$m = McryptModel::getInstance();
echo $s = $m->encrypt('hello'); // 输出 4cnqrVkCjcr5unW0ySUdWg==
echo $m->decyrpt($e);   // 输出 hello
?>
```

mcrypt 加解密属于对称加密，算法是公开的，安全性来自对秘钥的保密。用户可选择不同的算法名称和算法模式。常用的算法是 MCRYPT_RIJNDAEL_128、MCRYPT_DES、rijndael-256 等，常用的模式是 cbc、ecb。

PHP 中支持的算法如下：

```
MCRYPT_3DES
MCRYPT_ARCFOUR_IV（仅 libmcrypt > 2.4.x 可用）
MCRYPT_ARCFOUR（仅 libmcrypt > 2.4.x 可用）
MCRYPT_BLOWFISH
MCRYPT_CAST_128
```

MCRYPT_CAST_256

MCRYPT_CRYPT

MCRYPT_DES

MCRYPT_DES_COMPAT（仅 libmcrypt 2.2.x 可用）

MCRYPT_ENIGMA（仅 libmcrypt ＞ 2.4.x 可用，MCRYPT_CRYPT 的别名）

MCRYPT_GOST

MCRYPT_IDEA（非免费算法）

MCRYPT_LOKI97（仅 libmcrypt ＞ 2.4.x 可用）

MCRYPT_MARS（仅 libmcrypt ＞ 2.4.x 可用，非免费算法）

MCRYPT_PANAMA（仅 libmcrypt ＞ 2.4.x 可用）

MCRYPT_RIJNDAEL_128（仅 libmcrypt ＞ 2.4.x 可用）

MCRYPT_RIJNDAEL_192（仅 libmcrypt ＞ 2.4.x 可用）

MCRYPT_RIJNDAEL_256（仅 libmcrypt ＞ 2.4.x 可用）

MCRYPT_RC2

MCRYPT_RC4（仅 libmcrypt 2.2.x 可用）

MCRYPT_RC6（仅 libmcrypt ＞ 2.4.x 可用）

MCRYPT_RC6_128（仅 libmcrypt 2.2.x 可用）

MCRYPT_RC6_192（仅 libmcrypt 2.2.x 可用）

MCRYPT_RC6_256（仅 libmcrypt 2.2.x 可用）

MCRYPT_SAFER64

MCRYPT_SAFER128

MCRYPT_SAFERPLUS（仅 libmcrypt ＞ 2.4.x 可用）

MCRYPT_SERPENT（仅 libmcrypt ＞ 2.4.x 可用）

MCRYPT_SERPENT_128（仅 libmcrypt 2.2.x 可用）

MCRYPT_SERPENT_192（仅 libmcrypt 2.2.x 可用）

MCRYPT_SERPENT_256（仅 libmcrypt 2.2.x 可用）

MCRYPT_SKIPJACK（仅 libmcrypt ＞ 2.4.x 可用）

MCRYPT_TEAN（仅 libmcrypt 2.2.x 可用）

MCRYPT_THREEWAY

MCRYPT_TRIPLEDES（仅 libmcrypt ＞ 2.4.x 可用）

MCRYPT_TWOFISH（mcrypt 2.x 之前的版本或者 2.4.x 之后版本可用）

MCRYPT_TWOFISH128（TWOFISHxxx 在新的 2.x 版本可用，但在 2.4.x 版本不可用）

MCRYPT_TWOFISH192

MCRYPT_TWOFISH256

MCRYPT_WAKE（仅 libmcrypt ＞ 2.4.x 可用）

MCRYPT_XTEA（仅 libmcrypt ＞ 2.4.x 可用）

20.2.3 非对称加密

与对称加密不同的是，非对称加密和解密使用的是不同的密钥，其中一个对外公开作为公钥，另一个只有所有者拥有，称为私钥。用私钥加密的信息只有公钥才能解开，或者反之用公钥加密的信息只有私钥才能解开。常用的非对称加密有 RSA 算法，RSA 算法基于一个十分简单的数论事实：将两个大质数相乘十分容易，但是想要对其乘积进行因式分解却极其困难，因此可以将乘积公开作为加密密钥。PHP 中提供基于 RSA 算法的 openssl 扩展可实现对数据的非对称加密。

在 RSA 加解密之前,需要先生成一对公私钥,可使用 Linux 自带的 RSA 密钥生成工具 openssl 获取一对公私钥,也可使用 PHP openssl 扩展函数生成一对公私钥。使用 Linux 生成一对公私钥执行以下命令即可:

```
bash-3.2# openssl genrsa -out rsa_private_key.pem 1024
bash-3.2# openssl pkcs8 -topk8 -inform PEM -in rsa_private_key.pem -outform PEM -nocrypt -out private_key.pem
bash-3.2# openssl rsa -in rsa_private_key.pem -pubout -out rsa_public_key.pem
```

第一条命令生成原始 RSA 私钥文件 rsa_private_key.pem,第二条命令将原始 RSA 私钥转换为 pkcs8 格式,第三条生成 RSA 公钥 rsa_public_key.pem。

从上面看出通过私钥能生成对应的公钥,因此我们将私钥 private_key.pem 用在服务器端,公钥发放给 android ios 桌面程序等客户端。

笔者生成的一对公私钥如下:

```
-----BEGIN PUBLIC KEY-----
MIGfMA0GCSqGSIb3DQEBAQUAA4GNADCBiQKBgQC+gDNj4Ag6MvL+yfrHdX4qeQFa
J1epFQXBmOsSWBKoXF5haWM6d5gtETO8FRC6RcwpEKZyy7iSyZ70m4EtGMNQvoOT
gHvIceb5GHGBqqMawTjI71P69DYBjWZoLGt/IX3YJixub8nfTG5KW720LXtT/dXn
PAN9jy20h+TfcXvDgwIDAQAB
-----END PUBLIC KEY-----

-----BEGIN RSA PRIVATE KEY-----
MIICXAIBAAKBgQC+gDNj4Ag6MvL+yfrHdX4qeQFaJ1epFQXBmOsSWBKoXF5haWM6
d5gtETO8FRC6RcwpEKZyy7iSyZ70m4EtGMNQvoOTgHvIceb5GHGBqqMawTjI71P6
9DYBjWZoLGt/IX3YJixub8nfTG5KW720LXtT/dXnPAN9jy20h+TfcXvDgwIDAQAB
AoGAEkfZJp9sCrGy8dJOF2/l8It2HsGhvt7+k2pqPHNpLvDWOcDUPdsWJlT9QvI+
jbF++v3XCzMTfjqM32pAxiQXMfEDcF26wkZtB8E+QVtV0rR9I1OP0wTtfw1tWkd5
cEgfoIrEhaADrxDtLOSDJfDKTKB72H98Lu3iV2iF6igFnQECQQDfLv6eFbH1wmn1
yGq3mR5z1f2yGdSngcgcC53qW8gl6GjjXlyzepz3o+wQ2fk1sLQ+xVGRy7UQHszl
PIDIVaaBAkEA2oL4kQW8jtB+b086ItINyw08x8jCf6Wcmw/SUytdNAGFy8csifwD
FweY9mxH0Cy/ynF3NA+2LQZO0Bz2/DLQAwJAI1lCIq+0/APK3I7duC6cUCR4hhjp
QY6grzB31oKq9LYWxsxPSm4FJoPkA9dCTWqrYbXG8ZyeFOuL8FLg4toOAQJBAIjE
iUhcStUo8rpA4KaCy1dYhb6WjgbPZeI4WPDtp3yxp0kQ9XO4ZUa43qj+xUQrfi/8
LRxM6T3tQM9KEd1xAHkCQGR8bklYgPvgT6Aep/Nq7NZq24N3NC7FY8YxZ85rKpTl
Tnm0UJ8WBNg43uztQ4MJ1IFSwVEOlUVm5VYvV+IIunM=
-----END RSA PRIVATE KEY-----
```

使用 PHP 生成公私钥的代码如下:

```
$config = array(
    "digest_alg" => "sha512",
    "private_key_bits" => 4096,
    "private_key_type" => OPENSSL_KEYTYPE_RSA,
```

```php
);
// 创建公私钥
$res = openssl_pkey_new($config);
// 获得私钥 $privKey
openssl_pkey_export($res, $privKey);
// 获得公钥 $pubKey
$pubKey = openssl_pkey_get_details($res);
$pubKey = $pubKey["key"];
$data = 'hello';
// 私钥加密
openssl_private_encrypt($data, $encrypted ,$privKey);
// 公钥解密
openssl_public_decrypt($encrypted, $decrypted, $pubKey);
echo $decrypted;
```

使用非对称加解密的示例代码如下：

```php
<?php
$private_key_path = 'rsa_private_key.pem';
$public_key_path = 'rsa_public_key.pem';
$private_key = file_get_contents($private_key_path);
$public_key = file_get_contents($public_key_path);
//这个函数可用来判断私钥是否是可用的,可用返回资源 id (Resource id),不可用返回 false
$pi_key =   openssl_pkey_get_private($private_key);
//这个函数可用来判断公钥是否是可用的,同上
$pu_key = openssl_pkey_get_public($public_key);
$data = "hello";//原始数据
$encrypted = "";
$decrypted = "";

//私钥加密,也可使用 openssl_public_encrypt 公钥加密,然后使用 openssl_private_decrypt 解密,
  加密后数据在$encrypted
openssl_private_encrypt($data,$encrypted,$pi_key);
//加密后的内容通常含有特殊字符,需要编码转换下,在网络间通过 URL 传输时要注意 base64 编码
  是否是 URL 安全的
$encrypted = base64_encode($encrypted);
//私钥加密的内容通过公钥可解密出来,公钥加密的可用私钥解密,不能混淆
openssl_public_decrypt(base64_decode($encrypted),$decrypted,$pu_key);
echo $decrypted; // hello

//私钥加密
openssl_private_encrypt($data,$encrypted,$pi_key);
$encrypted = base64_encode($encrypted);
```

```
//公钥解密
openssl_public_decrypt(base64_decode($encrypted),$decrypted,$pu_key);
echo $decrypted; //hello
?>
```

非对称加密的缺点是加密和解密花费时间长、速度慢，只适合对少量数据进行加密。如果既想有很快的加密速度又想保证数据比对称加密更加安全，可使用混合加密，即对数据进行对称加密、对密钥做非对称加密，因为一般秘钥的长度会小于数据的长度。解密的时候先用非对称加密得到密钥，再用密钥解开密文得到明文。

RSA 是目前最有影响力的公钥加密算法，能够抵抗到目前为止已知的绝大多数密码攻击，已被 ISO 推荐为公钥数据加密标准。

今天只有短的 RSA 钥匙才可能被强力方式解破。到 2008 年为止，世界上还没有任何可靠的攻击 RSA 算法的方式。只要钥匙的长度足够长，用 RSA 加密的信息实际上是不能被解破的，但在分布式计算和量子计算机理论日趋成熟的今天，RSA 加密安全性受到了挑战。

20.3 使用 Ajax 进行交互

把网页看作客户端，服务端以提供接口的形式向客户端提供数据的增、删、改、查服务。在网页开发中，经常使用 Ajax 技术实现客户端和服务端的数据交互。

20.3.1 Ajax 的介绍

AJAX 是一种在无须重新加载整个网页的情况下能够更新部分网页的技术。AJAX 通过在后台与服务器进行少量数据交换可以使网页实现异步更新。这意味着可以在不重新加载整个网页的情况下对网页的某部分进行更新。现代浏览器都内置了可以创建 Ajax 的对象 XMLHttpRequest（Internet Explorer（IE 5 和 IE 6）使用 ActiveX 对象），这样使得我们可以很方便地创建一个 Ajax 对象，通过浏览器发起请求来与服务端交互。

你可以使用 new XMLHttpRequest()创建一个对象，如果是老版本的 Internet Explorer（IE 5 和 IE 6）使用 ActiveX 对象（new ActiveXObject）即可。示例如下：

```
var xmlhttp;
if (window.XMLHttpRequest)
{
    //  IE 7+、Firefox、Chrome、Opera、Safari 浏览器执行代码
    xmlhttp=new XMLHttpRequest();
}
else
{
    // IE 6、IE 5 浏览器执行代码
    xmlhttp=new ActiveXObject("Microsoft.XMLHTTP");
}
```

创建完毕，可使用 XMLHttpRequest 对象的 open()和 send()方法向服务器发送请求。示例如下：

```
xmlhttp.open("GET","ajax_info.txt",true);
xmlhttp.send();
```

open()函数的标准语法是 open(method,url,async)，其规定了请求的类型 method（GET 或 POST 方法）、URL 和是否异步处理（true 异步，false 同步）。send()包含一个参数，仅用于使用 POST 方法向服务端发送数据。使用 POST 可向服务器发送较大量的数据，并且 POST 方式比 GET 更稳定可靠，但 GET 方式比 POST 简单快捷。开发者可根据使用场景选择请求类型。

Ajax 指的是异步 JavaScript 和 XML（Asynchronous JavaScript and XML）。

XMLHttpRequest 对象如果要用于 Ajax，那么其 open()方法的 async 参数就必须设置为 true。对于 Web 开发人员来说，发送异步请求是一个巨大的进步。很多在服务器执行的任务都相当费时。Ajax 出现之前，这可能会引起应用程序挂起或停止。通过 Ajax、JavaScript 无须等待服务器的响应，而是等待服务器响应时执行其他脚本，当响应就绪后对响应再进行处理。当使用 async=true 后，可以规定在响应结束后执行 onreadystatechange 事件中的函数。responseText 存储从服务端取到的数据，如下面的例子所示：

```html
<!DOCTYPE html>
<html>
<head>
<meta charset="utf-8">
<script>
function loadXMLDoc()
{
    var xmlhttp;
    if (window.XMLHttpRequest)
    {
        //  IE 7+、Firefox、Chrome、Opera, Safari 浏览器执行代码
        xmlhttp=new XMLHttpRequest();
    }
    else
    {
        // IE 6、IE 5 浏览器执行代码
        xmlhttp=new ActiveXObject("Microsoft.XMLHTTP");
    }
    xmlhttp.onreadystatechange=function()
    {
        if (xmlhttp.readyState==4 && xmlhttp.status==200)
        {
            document.getElementById("myDiv").innerHTML=xmlhttp.responseText;
        }
    }
```

```
        xmlhttp.open("GET","hello.txt",true);
        xmlhttp.send();
}
</script>
</head>
<body>

<div id="myDiv"><h2>使用 AJAX 修改该文本内容</h2></div>
<button type="button" onclick="loadXMLDoc()">修改内容</button>

</body>
</html>
```

当单击按钮修改内容时便会通过 Ajax 发起请求取到 hello.txt 里的内容在页面显示。

当请求被发送到服务器时，我们需要执行一些基于响应的任务。每当 readyState 改变时就会触发 onreadystatechange 事件，用户可自定义这个事件的回调函数。readyState 存有 XMLHttpRequest 从 0 到 4 发生变化的状态。0 表示请求未初始化，1 表示服务器连接已经建立，2 表示请求已经接收，3 代表请求正在处理中，4 表示请求已完成。status 表示响应完成（readState 为 4）时此次响应的结果状态，200 表示请求成功，404 表示请求失败。将上面例子的代码更改为下面这样：

```
<!DOCTYPE html>
<html>
<head>
<meta charset="utf-8">
<script>
function loadXMLDoc()
{
    var xmlhttp;
    if (window.XMLHttpRequest)
    {
        //  IE 7+、Firefox、Chrome、Opera、Safari 浏览器执行代码
        xmlhttp=new XMLHttpRequest();
    }
    else
    {
        // IE 6、IE 5 浏览器执行代码
        xmlhttp=new ActiveXObject("Microsoft.XMLHTTP");
    }
    xmlhttp.onreadystatechange=function()
    {
        if (xmlhttp.readyState==4)
        {
```

```
                    alert('请求已完成');
                    if(xmlhttp.status==200) {
                        document.getElementById("myDiv").innerHTML=xmlhttp.responseText;
                        alert('成功地完成任务');
                    } else if(xmlhttp.status==404) {
                        alert('服务器上未找到该文件');
                    }
                } else if(xmlhttp.readyState==0){
                    alert('请求未初始化');
                } else if(xmlhttp.readyState==1){
                    alert('服务器连接已建立');
                } else if(xmlhttp.readyState==2){
                    alert('请求已接收');
                } else if(xmlhttp.readyState==3){
                    alert('请求处理中');
                }

            }
            xmlhttp.open("GET","hello.txt",true);
            xmlhttp.send();
        }
    </script>
</head>
<body>

<div id="myDiv"><h2>使用 AJAX 修改该文本内容</h2></div>
<button type="button" onclick="loadXMLDoc()">修改内容</button>

</body>
</html>
```

再次单击修改内容的按钮时会接连弹出关于 Ajax 请求的几个状态提示。

如果需使用 async=false，就将 open()方法中的第三个参数改为 false，这时 JavaScript 会等到服务器响应就绪才继续执行。如果服务器繁忙或缓慢，应用程序会挂起或停止。

当使用 async=false 时，不需要编写 onreadystatechange 函数，把代码放到 send()语句后面即可。

20.3.2 Ajax 的使用

在实际项目中使用 Ajax 与服务端交互，首先要约定传输数据使用的格式和规范，其中 json 数据格式是使用最为广泛的传输类型。一般的传输数据规范至少包含 3 个字段,即消息状态码(一般设置字段为 status 或 code)、提示信息（msg）、消息体（data），当然字段的含义可由开发者根据需要自行设定。

一个 Ajax 请求服务端的示例代码如下：

```html
<!DOCTYPE html>
<html>
<head>
<meta charset="utf-8">
<script>
function loadXMLDoc()
{
    var xmlhttp;
    if (window.XMLHttpRequest)
    {
        //  IE 7+、Firefox、Chrome、Opera、Safari 浏览器执行代码
        xmlhttp=new XMLHttpRequest();
    }
    else
    {
        // IE 6、IE 5 浏览器执行代码
        xmlhttp=new ActiveXObject("Microsoft.XMLHTTP");
    }
    xmlhttp.onreadystatechange=function()
    {
        if (xmlhttp.readyState==4)
        {
            // 将 json 字符串转化成 json 对象
            var data = eval('(' + xmlhttp.responseText + ')');
            if(xmlhttp.status==200) {
                if(data.status == 0) {
                    document.getElementById("name").value = data['data'].name;
                    document.getElementById("age").value = data['data'].age;
                    document.getElementById("company").value = data['data'].company;
                } else {
                    alert(data.msg);
                }
            } else if(xmlhttp.status==404) {
                alert('服务器上未找到该文件');
            }
        }
    }
    xmlhttp.open("GET","info.php",true);
    xmlhttp.send();
}
```

```
</script>
</head>
<body>
姓名：<input id='name'><br/>
年龄：<input id='age'><br/>
公司：<input id='company'><br/>
<button type="button" onclick="loadXMLDoc()">查询</button>

</body>
</html>
```

执行上面的程序将会向 info.php 发起请求。info.php 里的代码如下：

```
<?php
$success = array('status'=>0,'msg'=>'success','data'=>array('name'=>'chenxiaolong','age'=>'22','company'=>'360 company'));
echo json_encode($success);

//$error = array('status'=>1,'msg'=>'nothing','data'=>'');
//echo json_encode($error);
?>
```

我们定义 status 为 0 时表示数据正确，为 1 或其他状态时表示异常。客户端通过判断此字段的值来分别做出响应，data 字段定义消息的具体内容。读者可将以上代码在电脑上编写一下，查看运行效果。

20.4 前端模板和框架

MustacheJs 是比较流行的前端模板，和 ThinkPHP 的模板类似。我们同样可对 MustacheJs 的模板赋值、使用循环、进行条件判断等，简化了 DOM 操作。AngularJS 是一个前端 MVC 框架，支持模块化、自动化双向数据绑定、语义化标签、依赖注入等，使用 AngularJS 可以帮助我们快速地构建应用。

20.4.1 MustacheJs 介绍

前端使用 Ajax 向服务端取得数据，取到数据之后需要显示在页面,可通过 JavaScript 的 DOM 操作将所得数据写入对应的页面位置，就像在前面的例子中通过 Ajax 请求得到数据后在表单里显示对应的用户信息。这种的数据量比较少，可以通过 JavaScrip 直接操作，但是当数据量增大时，我们会遇到不仅要在前端页面写入从后端取得的数据，还要将这些数据与 HTML 进行组合以达到一定的显示样式。显然，这时将会出现在 JavaScrip 中加入很多 HTML 的情况，使得可维护性变得很低，如果需要更改显示的样式就需要在 JavaScrip 代码中找到那部分 HTML 再进行更改，这样随着交互越来越多，更改就越来越麻烦。

当需要用 JavaScrip 操作 DOM 向页面写入数据的时候，写入的内容越多就越显得麻烦。为了给读者有个深刻的体验，我们来看下面的一个例子（在上面例子的基础上做简单修改），在这个例子中我们使用了 jQuery。

```
<!DOCTYPE html>
<html>
<head>
<meta charset="utf-8">
<script type="text/javascript" src="https://ext.se.360.cn/js/jquery-1.8.3.min.js"></script>
<script>
$(function(){
    $("#load").click(function(){
        $.get('info.php',function(data) {
            var obj = JSON.parse(data);
            console.log(obj);
            var info = obj.data;
            if(obj.status == 0) {
                var html = "姓名： <input id='name' value='" + info.name + "' style='color:red;'><br/>\
                            年龄： <input id='age' value='" + info.age + "' style='color:blue'><br/>\
                            公司： <input id='company' value='" + info.company + "'\
                                    style='color:green'><br/>";
                $("#info").append(html);
            }
        })
    });

});
</script>
</head>
<body>

<div id='info'>

</div>

<button type="button" id='load'>查询</button>

</body>
</html>
```

这个例子也非常简单，就是当我们单击页面上的查询按钮时，Ajax 向 info.php 文件请求到数据，将取到的数据拼接 HTML 写入 div 中（代码中 var html 语句中反斜杠是 JavaScrip 中的字符串换行）。我们在需要写在页面的表单上加入了 style 样式，如果需要加入的样式有很多，且写入的 HTML 不只是上述 HTML 这么简单，就不得不在 JavaScrip 中加入更多的 HTML 和 CSS 代码，显然这是不太合理的。如果我们能把这部分 HTML 写成一个模板，那将会大大简化在 JavaScrip 中夹杂 HTML 的情况。

这时 mustacheJs 就派上用场了。我们来看一下在引入 mustacheJs 模板的情况下会是怎样的，代码如下：

```html
<!DOCTYPE html>
<html>
<head>
<meta charset="utf-8">
<script type="text/javascript" src="https://ext.se.360.cn/js/jquery-1.8.3.min.js"></script>
<script type="text/javascript" src="http://cdn.bootcss.com/mustache.js/2.3.0/mustache.min.js"></script>
<script>
$(function(){
    $("#load").click(function(){
        $.get('info.php',function(data) {
            var obj = JSON.parse(data);
            console.log(obj);
            var info = obj.data;
            if(obj.status == 0) {
                $.get('a.tpl', function(template) {     // 载入模板
                    var rendered = Mustache.render(template, obj.data);
                    $('#info').html(rendered);
                });
            }
        })
    });

});
</script>
</head>
<body>

<div id='info'>

</div>

<button type="button" id='load'>查询</button>

</body>
</html>
```

以上代码引入了 mustacheJs，注意要使用它时需首先引入 jQuery，当程序从 info.php 拿到

数据后,通过 Ajax 载入模板 a.tpl,在模板里便是我们需要写入页面的 HTML,并且为其动态赋予了从 info.php 取到的数据。a.tpl 的代码如下:

```
姓名: <input id='name' value={{name}} style='color:red;'><br/>
年龄: <input id='age' value={{age}} style='color:blue'><br/>
公司: <input id='company' value={{company}} style='color:green'><br/>
```

这样我们就将 JavaScrip 代码和 HTML 分开了,维护起来更加方便。如果这时需要改动写入的样式或增加写入的元素,只需要在模板里修改即可。var rendered = Mustache.render(template, obj.data)的意思是使用 Mustache 对象的 render 方法渲染模板,obj.data 便是需要传递给模板的数据,在模板里使用{{}}双大括号的形式来引用变量。除此之外,如果我们从后台获得了许多组这样的用户信息,还可以在模板里使用循环来显示所有的用户信息。我们将 info.php 里的代码改成如下形式:

```
<?php
$data = array(array('name'=>'chenxiaolong','age'=>'22','company'=>'360 company'),
              array('name'=>'chendalong','age'=>'44','company'=>'ali company'),
              array('name'=>'chenlaolong','age'=>'88','company'=>'baidu company'),
              );
$success = array('status'=>0,'msg'=>'success','data'=>$data);
echo json_encode($success);
?>
```

这里增加了两组返回的用户信息,这时我们只需将模板渲染部分改成 var rendered= Mustache.render(template, obj)即可。注意这里直接将 obj 传给了模板,然后模板改成如下样式:

```
{{#data}}
姓名: <input id='name' value={{name}} style='color:red;'><br/>
年龄: <input id='age' value={{age}} style='color:blue'><br/>
公司: <input id='company' value={{company}} style='color:green'><br/>
{{/data}}
```

这样就实现了将用户数据循环显示出来的功能,是不是非常简单呢?除此之外,mustacheJs 还有许多其他的功能,由于篇幅有限,这里只做了简单介绍,感兴趣的读者可到 mustacheJs 官方网站 http://mustache.github.io/查看详细内容。

20.4.2 AngularJS 介绍

本小节介绍一种前端常用的开发框架 AngularJS。它具有丰富的模板功能,这样就可以不引入 mustacheJs 等模板了。AngularJS 是一个功能完善的前端 MV*框架,除了模板功能之外,还具备数据双向绑定、路由、模块化、服务、过滤器、依赖注入等功能。

我们把上一小节的例子使用 AngularJS 重写,info.php 中的代码依然不变。这次我们不需要使用 a.tpl 模板了,将 HTML 代码改成如下形式时需要引入 AngularJS:

```html
<html>
<head>
<meta charset="utf-8">
<script src="http://cdn.static.runoob.com/libs/angular.js/1.4.6/angular.min.js"></script>
</head>
<body>

<div ng-app="myApp" ng-controller="siteCtrl">
  <div ng-repeat="x in names">
     姓名： <input id='name' value={{x.name}} style='color:red;'><br/>
     年龄： <input id='age' value={{x.age}} style='color:blue'><br/>
     公司： <input id='company' value={{x.company}} style='color:green'><br/>
  </div>
</div>

<script>
var app = angular.module('myApp', []);
app.controller('siteCtrl', function($scope, $http) {
    $http.get("info.php").success(function (response) {$scope.names = response.data;});
});
</script>

</body>
</html>
```

这样是不是更简单了？这只是在一个例子中体现了 AngularJS 的简洁性，如果对于更加复杂的网站采用这种架构就会比以前大大减少工作量。在 AngularJS 构建的网页中，我们经常会见到 ng-*这种形式的标签，例子中 ng-app 指令告诉 AngularJS，<div>元素是 AngularJS 应用程序的"所有者"。ng-controller 指令定义了应用程序控制器。控制器是 JavaScript 对象，由标准的 JavaScript 对象的构造函数创建。本例中 siteCtrl 函数是一个 JavaScript 函数。AngularJS 使用$scope 对象来调用控制器。在 AngularJS 中，$scope 是一个应用对象（属于应用变量和函数）。控制器的$scope（相当于作用域、控制范围）用来保存 AngularJS Model（模型）的对象。AngularJS $http 是一个用于读取 Web 服务器上数据的服务，是封装后的 Ajax。

AngularJS 提供了比 jQuery 和 MustacheJS 更丰富的功能，常用来作为前端开发中的框架选项，这里只简单地用了一个例子来演示 AngularJS 的使用，更多关于 AngularJS 的内容可到官方网站 https://angularjs.org/查看。

第21章 实战：O2O平台网站开发

O2O是当今创业的热门领域，O2O的全称是online to offline，即将线下的商务机会和互联网结合起来，利用互联网传播消除信息壁垒。消费者可在线上完成交易，在线下享受实际服务。O2O和传统的B2C不一样：B2C侧重于购物，消费者在家里或办公室等待商品送货上门；O2O更侧重于服务性的消费，包括餐饮、电影、美容、旅游、健身和一些企业服务等。相比于B2C，O2O更需要重视线下服务的质量。本章就来讲解一个O2O网站——小白财税网站的开发过程。

21.1 需求分析

小白财税网站是一个提供网上财税申报的服务平台，用户可在网站进行注册登录，根据自己的需求购买相应的财税服务。当用户下单时，网站管理人员可收到相应的短信通知。支持用户在线支付，用户可在个人中心查看订单。由此看来，这样的一个网站主要分为3个模块，即用户模块、下单模块和支付模块。

21.2 网站概览

21.2.1 网站功能

经分析，可画出网站的功能结构，如图21-1所示。

图21-1 网站功能结构

有了这样一个简单的功能结构的拆分图，就可以作为我们编码过程中的参考依据，分模块地逐个完成网站的功能。

21.2.2 网站预览

小白财税网站由多个页面组成，下面先来看一下主要页面，对网站有一个整体的认识。

首页体现了网站的功能，包括商家所能提供的服务，如图21-2所示。

图21-2 网站首页

在注册页面，用户需提供用户名、密码、手机号等信息进行注册，注册的时候会向用户手机发送验证码，然后用户根据手机收到的验证码填写到网站，确保用户填写的是真实有效的手机号码，如图21-3所示。

图21-3　注册页面

下单页面是用户根据自己需要购买实际服务的页面，当用户完成下单操作后，系统会向管理员手机发送下单通知短信。下单页面如图21-4所示。

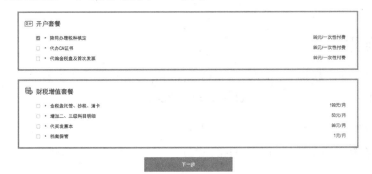

图21-4　下单页面

用户可在支付页面完成订单的支付，网站支持微信和支付宝支付，支付使用的是ping++封装的支付sdk。支付页面如图21-5所示。

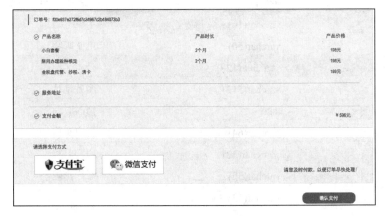

图21-5　支付页面

在个人中心，用户可修改头像、手机号码和账户密码等个人资料，个人中心如图21-6所示。

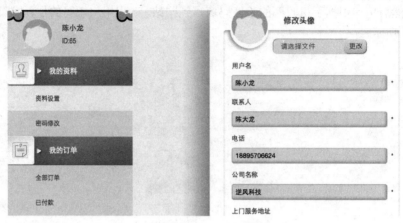

图21-6 个人中心

21.3 数据库设计

21.3.1 数据库建表

本网站使用MySQL数据库，根据我们的分析可知，需要创建用户表（user）、订单表（order）、订单详情表（orderinfo）和商品表（product）共4张表。

1. 用户表（user）

用户表用于存储用户信息，如用户的账户密码、邮箱手机号、头像地址等基本信息。用户表结构如表21-1所示。

表21-1 用户表

字 段	类 型	说 明
id	int(11)	用户唯一id，自增长
phone	varchar(16)	手机号码
email	varchar(50)	电子邮箱
enterprise_name	varchar(128)	公司名称
service_address	varchar(512)	服务地址
modify_time	date	修改时间
user_image	varchar(64)	用户头像
username	varchar(32)	用户名称
password	varchar(32)	账户密码
linkman	varchar(32)	联系人
gender	varchar(5)	用户性别

即可以使用 MySQL 图形化管理工具创建表，也可以使用 SQL 语句创建。创建 user 表的 SQL 语句如下：

```sql
CREATE TABLE 'user' (
  `id` int(11) NOT NULL AUTO_INCREMENT,
  `phone` varchar(16) DEFAULT NULL,
  `email` varchar(50) DEFAULT NULL COMMENT '用户邮箱',
  `enterprise_name` varchar(128) DEFAULT NULL,
  `service_address` varchar(512) DEFAULT NULL,
  `modify_time` date NOT NULL,
  `user_image` varchar(64) NOT NULL,
  `username` varchar(32) NOT NULL,
  `password` varchar(32) NOT NULL,
  `linkman` varchar(32) NOT NULL,
  `gender` varchar(5) DEFAULT NULL COMMENT '1 男，2 女，0 未知保密',
  PRIMARY KEY (`id`),
  UNIQUE KEY `phone` (`phone`)
) ENGINE=MyISAM AUTO_INCREMENT=78 DEFAULT CHARSET=utf8 COMMENT='企业及个人信息表'
```

2. 订单表（order）

订单表用来存储用户的订单信息，包括用户的下单时间、订单状态、用户 id 等信息。订单表说明如表 21-2 所示。

表21-2 订单表

字 段	类 型	说 明
id	int(11)	订单唯一 id，自增长
status	int(11)	订单状态
price	double	订单价格
user_id	int(11)	用户 id
type	int(11)	订单类型
create_time	varchar(32)	下单时间
pay_time	varchar(20)	支付时间
code	varchar(64)	订单号
old_code	varchar(50)	支付失败时存的订单号
pay_or_not	int(8)	是否已经支付
chargeId	varchar(64)	支付回传 chargeId
starttime	varchar(32)	产品使用开始时间
endtime	varchar(32)	产品使用结束时间
pay_method	varchar(5)	支付方式
salesman	varchar(10)	该项订单所属业务员

创建订单表的 SQL 语句如下：

```sql
CREATE TABLE 'order' (
    `id` int(11) NOT NULL AUTO_INCREMENT,
    `status` int(11) NOT NULL,
    `price` double NOT NULL,
    `user_id` int(11) NOT NULL,
    `type` int(11) NOT NULL,
    `create_time` varchar(32) NOT NULL,
    `pay_time` varchar(20) DEFAULT NULL COMMENT '支付时间',
    `code` varchar(64) NOT NULL,
    `old_code` varchar(50) DEFAULT NULL,
    `pay_or_not` int(8) NOT NULL DEFAULT '0' COMMENT '0 删除，1 为支付，2 为未付，3 为退款',
    `chargeId` varchar(64) NOT NULL,
    `starttime` varchar(32) NOT NULL,
    `endtime` varchar(32) NOT NULL,
    `pay_method` varchar(5) DEFAULT NULL COMMENT '支付方式，1 网页支付宝，2app 支付宝，3 微信公众号，4app 微信，5 网页微信扫码支付',
    `salesman` varchar(10) DEFAULT NULL COMMENT '所属业务员',
    PRIMARY KEY (`id`)
) ENGINE=MyISAM AUTO_INCREMENT=469 DEFAULT CHARSET=utf8 COMMENT='订单信息表'
```

3. 订单详情表（orderinfo）

订单详情表存储这个订单的详细信息，一个订单里可能会有多个商品，所以订单详情表里存着订单的商品信息和订单号之间的关系，而订单表里又存储着订单号和用户 id 的对应关系，通过这种关联，我们就能知道用户购买的具体商品是什么了。订单表说明如表 21-3 所示。

表21-3 订单详情表

字 段	类 型	说 明
id	int(11)	自增长 id
order_code	varchar(32)	订单号
product_id	int(11)	产品 id
product_title	varchar(255)	产品标题
starttime	varchar(32)	产品有效开始时间
endtime	varchar(32)	产品有效截止时间
num	varchar(5)	产品购买数量（单位为月）
user_id	varchar(5)	用户 id
is_delete	varchar(255)	订单是否已删除

创建订单详情表的 SQL 语句如下：

```sql
CREATE TABLE 'orderinfo' (
  `id` int(11) NOT NULL AUTO_INCREMENT,
  `order_code` varchar(32) NOT NULL,
  `product_id` int(11) NOT NULL,
  `product_title` varchar(255) DEFAULT NULL COMMENT '产品名称',
  `starttime` varchar(32) DEFAULT '',
  `endtime` varchar(32) DEFAULT '',
  `num` varchar(5) DEFAULT NULL COMMENT '月份总共几个月',
  `user_id` varchar(5) DEFAULT NULL,
  `is_delete` varchar(255) DEFAULT NULL COMMENT '0 删除，1 存在',
  PRIMARY KEY (`id`)
) ENGINE=InnoDB AUTO_INCREMENT=426 DEFAULT CHARSET=utf8
```

4. 商品表（product）

商品表存放商品特性。本财税网站售卖的是服务类商品，和一般的商品有所不同。商品表说明如表 21-4 所示。

表21-4 商品表

字 段	类 型	说 明
Id	int(11)	自增长 id
title	varchar(50)	商品标题
type	varchar(255)	商品类型
content	varchar(255)	商品描述
price	int(4)	价格
flatcost	varchar(200)	工本费
is_sale	varchar(2)	是否在售
product_img	varchar(32)	商品图片
header_icon	varchar(50)	商品 icon

创建商品表的 SQL 语句如下：

```sql
CREATE TABLE 'products' (
  `Id` int(11) NOT NULL AUTO_INCREMENT,
  `title` varchar(50) DEFAULT NULL,
  `type` varchar(255) DEFAULT NULL COMMENT '1 一次性开户服务 2 基准服务 3 增值服务',
  `content` varchar(255) DEFAULT NULL COMMENT '套餐包含内容',
  `price` int(4) DEFAULT NULL,
  `flatcost` varchar(200) DEFAULT NULL COMMENT '工本费',
  `is_sale` varchar(2) DEFAULT NULL COMMENT '是否在售',
```

```
    `product_img` varchar(32) DEFAULT NULL COMMENT '产品详情介绍图片',
    `header_icon` varchar(50) DEFAULT NULL COMMENT '产品ICON',
    PRIMARY KEY (`Id`)
) ENGINE=MyISAM AUTO_INCREMENT=12 DEFAULT CHARSET=utf8
```

21.3.2 连接数据库

在 ThinkPHP 框架的 ThinkPHP/Conf/convention.php 里填写数据库的连接配置。如下是和数据库配置有关的代码:

```
/* 数据库设置 */
    'DB_TYPE'            => 'mysql',         // 数据库类型
    'DB_HOST'            => '127.0.0.1',     // 服务器地址
    'DB_NAME'            => 'lahu_weixin',   // 数据库名
    'DB_USER'            => 'root',          // 用户名
    'DB_PWD'             => '8731787',       // 密码
    'DB_PORT'            => '3306',          // 端口
    'DB_PREFIX'          => '',              // 数据库表前缀
    'DB_PARAMS'          => array(),         // 数据库连接参数
    'DB_DEBUG'           => TRUE,            // 数据库调试模式,开启后可以记录SQL日志
    'DB_FIELDS_CACHE'    => true,            // 启用字段缓存
    'DB_CHARSET'         => 'utf8',          // 数据库编码默认采用utf8
    'DB_DEPLOY_TYPE'     => 0,               // 数据库部署方式:0 集中式(单一服务器),
                                             // 1 分布式(主从服务器)
    'DB_RW_SEPARATE'     => false,           // 数据库读写是否分离,主从式有效
    'DB_MASTER_NUM'      => 1,               // 读写分离后,主服务器数量
    'DB_SLAVE_NO'        => '',              // 指定从服务器序号
```

21.4 使用 ThinkPHP 搭建项目框架

21.4.1 应用目录

我们是在 ThinkPHP 框架里的 Application 目录下编写自己的业务代码的,在此目录下创建一个 Home 目录,这个 Home 目录也是我们的一个应用模块。Home 目录结构如下:

```
├── Common─────────────────────────────────────公共文件
│   └── index.html
├── Conf
│   ├── config.php─────────────────────────配置文件
│   └── index.html
├── Controller─────────────────────────────────控制器目录
│   ├── CouponController.class.php─────────优惠券有关控制器
│   ├── IndexController.class.php──────────首页控制器
```

```
│   ├─ OrderController.class.php─────────订单控制器
│   ├─ PayController.class.php──────────支付控制器
│   ├─ UserController.class.php─────────用户控制器
│   ├─ UtilController.class.php─────────公用控制器
│   └─ index.html
├─ Model─────────────────────────模型目录
│   └─ index.html
├─ View──────────────────────────模板目录
│   ├─ Index
│   │   ├─ aboutUs.html──────────────模板文件
│   │   ├─ index.html
│   │   └─ joinus.html
│   ├─ Order
│   │   ├─ allOrder.html
│   │   ├─ detail.html
│   │   ├─ footer.html
│   │   ├─ moreDetail.html
│   │   ├─ nav.html
│   │   ├─ noPayOrder.html
│   │   ├─ orderOk.html
│   │   └─ payOrder.html
│   ├─ Pay
│   │   ├─ pay.html
│   │   ├─ payOK.html
│   │   └─ wxzf.html
│   └─ User
│       ├─ findPassword.html
│       ├─ footer.html
│       ├─ login.html
│       ├─ nav.html
│       ├─ personCenter_password.html
│       ├─ personCenter_userInfo.html
│       ├─ register.html
│       └─ weixinLogin.html
└─ index.html
```

大多情况下，我们应该主要关注的是控制器目录和模板目录，因为我们的大部分代码都是需要在这里编写的。

21.4.2 引入 PHPMailer 类库

此项目中，用户修改邮箱时，我们需要向用户发送一封邮件来确认用户填写了正确的邮箱，功能类似用户注册时向用户发送手机验证码，道理是一样的。PHP 中的开源类库 PHPMailer 可以实现发邮件的功能，只需要简单地配置下参数就可以使用其提供的方法。可到 github 上下载 PHPMailer 的源码，下载地址为 https://github.com/PHPMailer/PHPMailer。

在框架的 ThinkPHP/Library 目录下新建 phpmailer 目录，将下载得到的代码直接放入此目录下，注意根据 ThinkPHP 自动加载类库的规则，我们需要将下载得到的 PHPMailerAutoload.php 文件重命名为 PHPMailerAutoload.class.php。

PHPMailer 的使用非常简单，我们在控制器里编写如下方法便可实现向用户发送邮件的功能：

```php
public function sendMail()
    {
        import("phpmail.PHPMailerAutoload");
        $email = I('post.email');       //用户填写的邮箱账号
        $password = I('post.password');
        $emailCode = I('post.emailCode');    // 此 emailCode 存在 Session 里，功能类似手机验证码
        session('email',$email);
        session('password',$password);
        $mail = new \PHPMailer();
        $mail->isSMTP();                                      // Set mailer to use SMTP
        $mail->Host = 'smtp.mxhichina.com';   // Specify main and backup SMTP servers
        $mail->SMTPAuth = true;                               // Enable SMTP authentication
        $mail->Username = 'chenxiaolong@laaho.com';   // SMTP username
        $mail->Password = 'Laaho.com';                        // SMTP password
        $mail->SMTPSecure = 'tls';      // Enable TLS encryption, `ssl` also accepted
        $mail->Port = 587;                                    // TCP port to connect to
        $mail->setFrom('chenxiaolong@laaho.com', '小白财税');
        $mail->addAddress($email, 'Joe User');     // Add a recipient
        $mail->addAddress($email);                 // Name is optional
        $mail->addReplyTo('chenxiaolong@laaho.com', '小白财税');
        // $mail->addCC('cc@example.com');
        // $mail->addBCC('bcc@example.com');
        //$mail->addAttachment('/var/tmp/file.tar.gz');         // Add attachments
        //$mail->addAttachment('/tmp/image.jpg', 'new.jpg');    // Optional name
        $mail->isHTML(true);                                  // Set email format to HTML
        $mail->Subject = '验证邮箱，完成绑定';
        $mail->Body    = "欢迎加入小白财税 单击链接绑定邮箱账号
                 http://www.laaho.com/lahu_web/index.php/Home/User/validateEmail/code/" . $emailCode;
        $mail->AltBody = 'This is the body in plain text for non-HTML mail clients';
        if(!$mail->send()) {
            //    echo 'Message could not be sent.';
            //    echo 'Mailer Error: ' . $mail->ErrorInfo;
            echo 1;
        } else {
            echo 0;
            //  echo 'Message has been sent';
        }
    }
```

当用户单击提交修改邮箱的时候，通过此程序向用户填写的邮箱账户发送一封带有内容为一个 URL 地址并带有 code 参数的邮件，用户登录邮箱，单击链接完成验证。验证码邮箱部分的代码如下：

```
public function validateEmail()
{
        $emailCode = I('get.code');
        if ($emailCode == session('emailCode')) {
                session('emailCode',null);
                $userInfo['email'] = session('email');
                // $userInfo['email'] = '212';
                $userInfo['unionid'] = session('unionid');
                $userInfo['password'] = session('password');
                $oUser = M('user');
                if($oUser->add($userInfo)) {
                        $selectInfo = $oUser->where("email='" . $userInfo['email'] . "'")->find();
                        session('user',$selectInfo);
                        $this->success('注册成功',U('Index/index'),3);
                }

        } else {
                $this->error('链接已失效',U('Index/index'),3);
        }
}
```

用户单击 URL 链接，获取 URL 链接中的 code 参数，和之前存在 Session 里的参数对比，如果相同就证明邮箱验证码成功，更新用户信息，否则说明邮箱验证码失败。

21.4.3　引入 Ping++支付模块

一个完整的 O2O 网站必然是需要支持在线支付的，目前最受欢迎、使用最广泛的支付方式是微信支付和支付宝支付。微信和支付宝都有提供有关支付的 sdk，但是对于一套系统需要同时接入两个支付的情况下，用第三方封装好的支付 sdk 能更迅速。Ping++是集合了微信支付、支付宝支付、银联支付和京东支付等多种支付渠道的 sdk，开发者只需要通过简单的配置就可以在自己的系统上实现支付功能，大大降低了开发上的时间成本。Ping++ 的官方网站是 https://www.pingxx.com/，读者可到网站下载使用。

与在 ThinkPHP 里引入 PHPMailer 相似，我们将下载得到的 Ping++的 sdk 也放到框架的 ThinkPHP/Library 目录，在此目录下新建 Pingpp 目录存放我们的支付 sdk。我们在支付控制器里编写如下代码实现支付功能：

```
public function payMon()
{
        $input_data = json_decode(file_get_contents('php://input'), true);
        if (empty($input_data['channel']) || empty($input_data['amount'])) {
```

```php
        echo 'channel or amount is empty';
        exit();
}
$channel = strtolower($input_data['channel']);
$amount = $input_data['amount'];
//$subject = $input_data['type'];
$code = $input_data['code'];
// $orderNo = md5(uniqid(mt_rand(), true));
$orderNo = $code;
$oOrder = M('order');
$paymethod = ( $channel == 'alipay_pc_direct') ? 1 : 5;
$orderData = $oOrder->where("code='" . $code . "'")->find();
$oOrder->where("code='" . $code . "'")->setField('create_time',time());
if ($orderData['pay_method'] != $paymethod) {
    $oOrder->where("code='" . $code . "'")->setField('pay_method',$paymethod);
}
// $extra 在使用某些渠道的时候需要填入相应的参数，其他渠道则是 array()。具体见以下代码
// 或者官方网站中的文档。其他渠道既可以传空值，也可以不传。
$extra = array();
switch ($channel) {
    case 'alipay_pc_direct':
        $extra = array(
            'success_url' => 'http://www.laaho.com/lahu_web/index.php/Home/Pay/payOK'
        );
        break;
    case 'upacp_pc':
        $extra = array(
        //支付完成时的回调函数，用来通知更改订单状态
            'result_url' => 'http://www.laaho.com/lahu_web/index.php/Home/Pay/payOK'
        );
        break;
    case 'wx_pub_qr':
        $extra = array(
            'product_id' => $orderNo
        );
        break;
}
    // Ping++的使用方式，setApiKey 方法里参数是在 Ping++官方网站填写支付信息后得到的密钥，
    // 关于支付的配置可到 Ping++官方网站管理后台查看
\Pingpp\Pingpp::setApiKey('sk_live_9mLC0Sjnr1yH1W9O4Oa588iP');
$money = C('TEST') ? 1 : $amount*100;
//因为可以创建多个支付应用，这里选择支付给哪个应用
$id = C('TEST') ? 'app_DKKGaDyr18eDHC8a' : 'app_4irzjDnzHyD0HS8O';
```

```php
try {
    $ch = \Pingpp\Charge::create(array(
        'subject' => "小白财税",
        'body' => '小白财税',
        'amount' => $money,
        'order_no' => $orderNo,
        'currency' => 'cny',
        'extra' => $extra,
        'channel' => $channel,
        'client_ip' => get_client_ip(),
        'app' => array(
            'id' => $id
        )
    ));
    echo $ch;
} catch (\Pingpp\Error\Base $e) {
    header('Status: ' . $e->getHttpStatus());
    echo ($e->getHttpBody());
}
```

通过调用此方法可发起一个支付请求,支付完成后 Ping++会向用户填写的回调 URL 发送一个通知,开发者可在回调 URL 里完成支付成功后的业务逻辑,如修改订单状态、填写支付完成时间等。回调 URL 的方法代码如下:

```php
public function payOK()
{
    $length = session("orderLenth");
    $code = session("orderCode");
    $order = new OrderController();
    $couponCode = session("couponCode");
    //调用改变订单状态的方法
    $order->changeOrderOnPay($length, $code);
    session("orderLenth", null);
    session("orderCode", null);
    $this->display("payOk");
}
```

21.5 项目代码编写

21.5.1 注册登录

用户在视图页面表单填写个人信息，提交给控制器。控制器完成用户信息的入库操作。整个流程的业务逻辑其实很简单，还可以在用户填写表单的页面增加一些验证，比如规范用户输入的手机号码、账户名称和密码。在前面已经展示过注册登录的页面效果了，其中注册页面的部分视图页面代码如下：

```html
<form class="register2" action="__URL__/userRegister">

    <!-- 隐藏域 -->
  <input type="hidden" name="lieOrRegister" id="lieOrRegister"/>
  <div class="zhuce">
    <span class="block zhuce_child mb20px">
      <input type="text" placeholder="请输入用户名" id="name" name="userName">
      <input type="text" placeholder="请输入公司全称" id="enterprise_name"
         name="enterprise_name">
      <input type="password" placeholder="请输入密码" id="paswd" class="border_btom"
         name="password">
        <input type="password" placeholder="请重复输入密码" id="paswd2" class="border_btom">
        <input type="text" placeholder="请输入手机号" id="tel" class="border_top" name="phone">
    </span>

    <span class="block yzmbox clearfix">
      <input type="text" placeholder="请输入验证码" id="yzm" name="confirm">
        <span class="msgs">获取短信验证码</span>
    </span>

    <span class="block gosubmit">
      <input type="submit" value="注册" onClick="return check()" />
    </span>
    <span class="block mt20px ml50px mr60px txtright">我已注册现在就
             <a href="__URL__/login" class="blue">登录</a></span>
  </div>

</form>
```

以上代码就是需要用户填写的表单，用来判断用户填写信息的正确性，在用户输入完信息后可用 JS 对输入内容进行判断，验证用户的手机号码是否正确、是否已被注册或提交的信息是否符合特定规范等。页面代码中的 ThinkPHP 模板标签释义可参见第 18 章有关的内容。

以下是关于用户提交表单 JavaScrip 验证的代码：

```javascript
<script type="text/javascript">
var getDocId=function(id){return document.getElementById(id);}

var telFlag=false;
$("#tel").blur(function(){
        if($("#tel").attr("value")){
                var url = '../Util/checkPhone';
                $.post(url, {
                        "phone" : $("#tel").attr("value")
                }, function(data) {
                        if(data=="ok"){
                                $("#lieOrRegister").attr("value","lie");
                                $("#alertPhone").html("");
                                telFlag=true;
                        }else if(data=="yes"){
                                telFlag=false;
                                $("#alertPhone").html("此号码已被绑定！");
                        }else{
                                telFlag=true;
                                $("#alertPhone").html("");
                                $("#lieOrRegister").attr("value","register");
                        }
                });
        }
})

var nameFlag = false;
  $("#name").blur(function(){
        if($("#name").attr("value")){
            var url = '../Util/checkName';
            $.post(url, {
                    "name" : $("#name").attr("value")
            }, function(data) {
                    if(data=="ok"){
                            nameFlag = false;
                            $("#alertName").html("用户名已存在！");
                    }else{
                            nameFlag=true;
                            $("#alertName").html("");
                    }
            });}
```

```javascript
})

    var flag = false;
$(".msgs").click (function() {
        getCode();
})
var captcha_img = $('#codeImg');
        captcha_img.click(function(){
                var time=Math.round(Math.random()*999)+3000;
                captcha_img.attr("src", "../Util/productCode?time="+time);
        });

function check(){

        /*用户名验证*/
            var name = getDocId("name").value;
            if(name==""){
                    //getDocId("reminder").innerHTML='请正确输入用户名！';
                    alert("姓名不能为空");
                    return false;
                    }

        /*密码验证*/
            var paswd = getDocId("paswd").value;
            var paswd2 = getDocId("paswd2").value;
            if(paswd==""){
                    //getDocId("reminder").innerHTML='密码不能为空！';
                    alert("密码不能为空")
                    return false;
                    }
            if(paswd.length<6 || paswd.length>16){
                    //getDocId("reminder").innerHTML='密码必须在 6~16 之间！';
                    alert("密码必须在 6-16 之间")
                    return false;
                    }
            if(paswd !=paswd2){
                    //getDocId("reminder").innerHTML='两次输入的密码不一致！';
                    alert("两次输入的密码不一致")
                    return false;
                    }

                /*手机号验证*/
                    var tel = getDocId("tel").value;
```

```
        if(tel.length!=11){
                //getDocId("reminder").innerHTML='请输入正确的手机号！';
                alert("请输入正确的手机号");
                return false;
                }

/*验证码*/
    var ym = getDocId("yzm").value;
    if(ym==''){
            //getDocId("reminder").innerHTML='请正确输入用户名！';
            alert("验证码不能为空");
            return false;
            }


        if(!nameFlag){
                alert("用户名已存在！");
                return false;
            }


        if(!telFlag){
                alert("此电话已被绑定！");
                return false;
            }
    }


/*倒计时*/
function getCode(){
    //获取短信验证码
        var validCode=true;
        var time=30;
        var code=$(this);
        if (validCode) {
            var url = '../Util/sendVerifyCode';
            $.post(url, {
                    "phone" : $("#tel").attr("value")
                    }, function(data) {
                    alert(data);
            });

            validCode=false;
            code.addClass("msgs1");
            var t=setInterval(function() {
```

```
                    time--;
                    code.html(time+"秒");
                    if (time==0) {
                        clearInterval(t);
                        code.html("重新获取");
                        validCode=true;
                        code.removeClass("msgs1");
                    }
                },1000)
            }
        }
</script>
```

判断用户填写的手机号或账户名是否已被注册，需要使用 Ajax 向服务器发起请求查询数据库中的用户表来确定。其中，向用户手机发送验证码需要 JavaScrip 请求 PHP 接口，在 PHP 接口中通过短信通道实现向用户发送短信的功能。

有关 PHP 向手机发送验证码短信的代码如下：

```
// 发送手机验证码
    public function sendVerifyCode()
    {
        $phone = I("post.phone");
        // 验证 phone 格式
        if (preg_match("/^1[0-9]{10}$/", $phone)) {

            $content = rand(1000, 9999);
            session("confirm", $content);
            session("phone", $phone);
            $this->sendSMS($phone, array(
                $content,
                10
            ), 11559);
            // echo 0;
        } else {
            echo ("您的手机号码格式不正确！");
        }
    }

// 发送短信
function sendSMS($to, $datas, $tempId)
{
    // 主账号，对应官方网站开发者主账号下的 ACCOUNT SID
    $accountSid = '8a48b5514a9e4570014a9f056aa300ec';
```

```php
// 主账号令牌，对应官方网站开发者主账号下的 AUTH TOKEN
$accountToken = '0fe4efa3c2c54a0eb91dbac340aa49cf';
// 应用 Id，在官方网站应用列表中单击应用，对应应用详情中的 APP ID
// 在开发调试的时候，可以使用官方网站自动为您分配的测试 Demo 的 APP ID
$appId = '8a48b5514a9e4570014a9f1ac45b0115';
// 开发环境
// $appId = '8a48b5514fd49643014ff3872f5e4e32';
// 请求地址
// 沙盒环境（用于应用开发调试）：sandboxapp.cloopen.com
// 生产环境（用户应用上线使用）：app.cloopen.com
$serverIP = 'sandboxapp.cloopen.com';
// 请求端口，生产环境和沙盒环境一致
$serverPort = '8883';
// REST 版本号，在官方网站文档 REST 介绍中获得。
$softVersion = '2013-12-26';

// 初始化 REST SDK
$rest = new \Org\Util\REST($serverIP, $serverPort, $softVersion);
$rest->setAccount($accountSid, $accountToken);
$rest->setAppId($appId);

$result = $rest->sendTemplateSMS($to, $datas, $tempId);
if ($result == NULL) {
    echo "result error!";
    // break;
}
if ($result->statusCode != 0) {
    echo "error code :" . $result->statusCode . "<br>";
    echo "error msg :" . $result->statusMsg . "<br>";
    // TODO 添加错误处理逻辑
} else {

    if ($tempId=="11559"){
        echo "短信已发送至   $to  请注意查收！ ";
    }

    // TODO 添加成功处理逻辑
}
```

这段发送手机验证码短信的代码是在控制器里的，如果我们需要在多处使用发送短信的功能，可以将此方法写到一个公用的控制器类里。向用户发送的验证码内容一般采用 4 个或 6 个数字的形式，将发送的内容存在 Session 里，在下一步验证用户填写的验证码时会用到。可以向相关短信服务商购买短信服务,他们会给你提供发送短信所需的一些配置信息和短信发送 sdk。

用户填写完信息,单击注册按钮,接下来由实现注册的控制器完成用户信息入库。这部分代码如下:

```php
// 用户注册
public function userRegister()
{
    $phone = I("get.phone");
    $confirm = I("get.confirm");
    $userName = I("get.userName");
    $password = I("get.password");
    $lieOrRegister = I("get.lieOrRegister");
    $enterprise_name = I('get.enterprise_name');
    if (! $phone) {
        $this->error("号码不能为空!", "register");
    }
    if (! $confirm) {
        $this->error("短信验证码不能为空!", "register");
    }

    if ($phone != session("phone")) {
        $this->error("手机号码与接收验证码的手机号不一致!", "register");
    }

    if ($confirm == session("confirm")) {
        $data["username"] = $userName;
        $data["password"] = $password;
        $data['enterprise_name'] = $enterprise_name;
        if ($lieOrRegister == "lie") {
            $condition["phone"] = $phone;
            $this->lieUser($data, $condition);
        } else {
            $data["phone"] = $phone;
            $this->addUser($data);
        }

        $User = M("User");

        $userCondition['username'] = $userName;

        $result = $User->where($userCondition)->select();

        session("confirm",null);
```

```
            session("phone",null);
            session("user", $result[0]);
            session("code", md5(uniqid(mt_rand(), true)));

            $this->display("Index/index");
        } else {
            $this->error("短信验证码错误!", "register");
        }
    }
}
```

在这一步,再一次判断用户填写的信息是否正确,主要是为了防止一些用户绕过前端的验证码逻辑,另外也验证了用户填写的手机验证码是否正确,都通过验证码后再将用户的信息插入用户表中。

21.5.2 下单购买

下单页面主要是为用户展示可购买的商品详情,用户点选需要的商品,提交订单,再将订单信息存储到数据库。

下单页面的前端展示页面如下:

```
<!-- /header -->
    <!-- 财税基本套餐 -->
    <div class="details2 white clearfix">

            <if condition="$type eq 'low'">
                <span class="jbcost">99</span>
            <p class="condition">月收入低于 6 万小规模企业</p>
            <else/>
                <span class="jbcost" style="padding-right:95px">499</span>
                <p class="condition">月收入>6 万及一般纳税人</p>
            </if>

            <span class="block xqtxt">
            <em>1）专业财税师免费咨询</em>
                <em>2）上门收取记账资料</em>
                <em>3）每月提示抄税、清卡</em>
                <em>4）财务、税务系统初始设置</em>
                <em>5）代理记账、申报</em>
                <br />
                <em>6）企业工商年度公示</em>
                <em>7）企业所得税汇算清缴</em>
                <em>8）图形化财税管理报表</em>
                <em>9）专项财务分析报表</em>
            </span>
```

```
        </div>
        <!-- /财税基本套餐 -->


        <!-- 开户套餐 -->
        <if condition="$need_or_not eq yes">
            <if condition="$oneProductList">

                <div class="kh_meal mt20px mb30px pad20">
                    <h5><i class="iconfont pr10px f30px">&#xe611;</i>开户套餐</h5>
                    <ul class="slideChecktxt-js">

                        <volist name="oneProductList" id="oneProduct">

                            <label class="left pl40px checkbx-js" onclick="getBox()">
                                <input type="checkbox" class="hidden" name="address" />
                                <i class="iconfont blue">&#xe614;</i>
                                <i class="iconfont blue hidden">&#xe613;</i>
                                <input type="hidden" value="{$oneProduct.id}" />
                            </label>
                            <li class="clearfix" onclick="showArrow(this)">
                                <span class="checktxt relative attr_iconjs">
                                    <i class="iconfont f24px">&#xe616;</i>
                                    <i class="iconfont f24px hidden">&#xe617;</i>
                                    {$oneProduct.title}
                                </span>
                                <span class="pr20px lh35px right"><em>{$oneProduct.price}</em>元/
                                一次性付费</span>
                            </li>
                            <p class="checkbx_txt hidden">{$oneProduct.content}</p>


                        </volist>
                    </ul>
                </div>
            </if>
        </if>
        <!-- /开户套餐 -->

        <!-- 财税增值套餐 -->

        <if condition="$addProductList">

        <div class="kh_meal mt20px mb30px pad20">
```

```html
            <h5><i class="iconfont pr10px f30px">&#xe612;</i>财税增值套餐</h5>
            <ul class="slideChecktxt-js">
                <volist name="addProductList" id="addProduct">
                    <label class="left pl40px checkbx-js" onclick="getBox()">
                        <input type="checkbox" class="hidden" name="address" />
                        <i class="iconfont blue">&#xe614;</i>
                        <i class="iconfont blue hidden">&#xe613;</i>
                        <input type="hidden" value="{$addProduct.id}" />
                    </label>
                    <li class="clearfix" onclick="showArrow()">
                        <span class="checktxt relative attr_iconjs">
                            <i class="iconfont f24px">&#xe616;</i>
                            <i class="iconfont f24px hidden">&#xe617;</i>
                            {$addProduct.title}
                        </span>
                        <span class="pr20px lh35px right"><em>{$addProduct.price}</em>元/月</span>
                    </li>
                    <p class="checkbx_txt hidden">{$addProduct.content}</p>
                </volist>
            </ul>
        </div>
    </if>
    <!-- /财税增值套餐 -->

        <p class="textcenter mt20px mb30px nextbtn">
            <input type="button" value="下一步" onclick="submitOrder()">
        </p>
```

当用户单击下一步时，触发一个 onclick 事件。JavaScript 将用户勾选的商品 id 组合到一块传给后端代码，此处的 JavaScript 代码如下：

```javascript
function submitOrder(){
    var linkman = document.getElementById("linkman").value;
    if(!linkman){
        if(confirm("您的个人信息不完善，您可以单击确定立即前往补充信息，或者单击取消，完成订单后补充。")){
            location.href="__URL__/../user/personCenter";
            return false;
        }
    }
```

```javascript
var productId = "";
var objArr = document.getElementsByName("address");
for(var i=0;i< objArr.length;i++){
    if(objArr[i].checked){
        var labObject = objArr[i].parentNode;
        var elem_child = labObject.children;
        if(productId){
            productId=productId+",";
        }
        var productId = productId + elem_child[3].value;
    }
}
var type = document.getElementById("type").value;
if(productId){
    location.href="__URL__/../order/submitOrder/code/"+"{$_SESSION['code']}"+"/productId/"
        +productId+"/type/"+type;
}else{
    location.href="__URL__/../order/submitOrder/code/"+"{$_SESSION['code']}"+"/type/"+type;
}
```

后端 PHP 代码接收到商品 id 后，到商品表里查询此项商品的信息并生成订单号，取出存在 Session 里的用户登录信息，合并一起存到订单表（order）和订单详情表（orderinfo）里。

后端 PHP 完成订单入库的代码如下：

```php
/**
 * 提交订单
 */
function submitOrder()
{
    if (! session("user")) {
        $this->display("User/login");
        exit();
    }

    if (session("code") != I("get.code")) {
        $this->showOrder();
        exit();
    }

    /**
     * 保存 order 数据
     */
    $order = M("order");
```

```php
$orderCondition['code'] = md5(uniqid(mt_rand(), true));
$a = session("user");
$orderCondition['user_id'] = $a["id"];
$orderCondition['pay_or_not'] = 2;
$orderCondition['status'] = 0;
$orderCondition['price'] = 0;
$orderCondition['type'] = 0;
$orderCondition['chargeId'] = 0;
$orderCondition['starttime'] = 0;
$orderCondition['endtime'] = 0;
$orderCondition['is_delete'] = 1;
$orderCondition['create_time'] = strtotime(date("Y-m-d h:i:s", time()));

//将订单信息存入订单表
$ordreAddResult = $this->saveOrder($orderCondition);
$orderList = $this->selectOrder($orderCondition);
$orderCode = $orderList[0]['code'];
/**
 * 保存 orderinfo 数据
 */

$orderInfoCondition["order_code"] = $orderCode;
$orderInfoCondition['is_delete'] = 1;
$type = I("get.type");
if ($type) {
    if ($type == "low") {
        $product_id = 1;
    } else
        if ($type == "high") {
            $product_id = 2;
        }
    $orderInfoCondition["product_id"] = $product_id;
    $this->saveOrderInfo($orderInfoCondition);
}

$productId = I("get.productId");
if ($productId) {
    $productIdArr = explode(",", $productId);
    for ($i = 0; $i < count($productIdArr); $i ++) {
        $orderInfoCondition["product_id"] = $productIdArr[$i];
        $this->saveOrderInfo($orderInfoCondition);
    }
}
```

```php
        $Util = new UtilController();
        //向管理员发送下单通知
        $Util->sendNotifyToAdmin($orderCondition, $a["phone"],$a);

        session("code", md5(uniqid(mt_rand(), true)));
        $this->display("Order/orderOk");
    }

    private function saveOrderInfo($condition)
    {
        $orderInfo = M("orderinfo");
        $result = $orderInfo->add($condition);
        if (! $result) {
            $this->error("下单失败");
            exit();
        }
    }

    private function saveOrder($condition)
    {
        $order = M("order");
        $result = $order->add($condition);
        if (! $result) {
            $this->error("下单失败");
            exit();
        }
    }

    private function selectOrder($condition)
    {
        $order = M("order");
        $result = $order->where($condition)->select();
        if (! $result) {
            $this->error("下单失败");
            exit();
        }
        return $result;
    }
```

在这一步完成用户订单入库和向管理员发送下单短信通知的功能。

21.5.3 用户中心

用户中心主要展示用户个人信息和用户购买的订单信息,用户可在此处修改个人资料和订单信息。订单分为未支付订单和已支付订单,订单的这种状态是通过在数据库里设置一个字段来判断的,我们在设计订单表的时候有一个 pay_or_not 字段就是用来记录此信息的。当用户查看不同状态的订单时,根据这个字段进行筛选查询就可以了。

用户订单部分模板代码如下:

```
<div class="mycenterbox clearfix">
    <!-- nav left -->
    <div class="mycenter_left left">
        <ul class="myNav">
            <div class="mycenter_header">
                <dl class="txbox clearfix">
                    <dt>
                        <if condition="$user[user_image]">
                            <img src="__PUBLIC__/user/{$user.user_image}"
                                width="70" height="70" alt="">
                            <else />
                            <img src="__PUBLIC__/second/img/tx.jpg" width="70" height="70"
                                alt="">
                        </if>
                    </dt>
                    <dd class="fb">{$user.username}</dd>
                    <dd>ID:{$user.id}</dd>
                </dl>
            </div>
            <p class="myData">我的资料</p>
                <li class="my_current"><a href="__URL__/personCenter">资料设置</a></li>
                <li><a href="__URL__/personCenterPassword">密码修改</a></li>
            <p class="my_order">我的订单</p>
                <li><a href="../Order/showOrder">全部订单</a></li>
                <li><a href="../Order/showOrder?pay=1">已付款</a></li>
                <li><a href="../Order/showOrder?pay=2">待付款</a></li>
        </ul>
    </div><!-- /nav left -->
    <!-- show cont -->
    <div class="mycenter_right left">
        <form class="attr_ziliao" action="__URL__/updateUser" enctype="multipart/form-data"
            method="post">
            <input type="hidden" name="code" value="{$_SESSION['code']}" >

            <span class="block attr_img">
```

```
                    <if condition="$user[user_image]">
                        <img src="__PUBLIC__/user/{$user.user_image}" width="89" height="89">
                    <else />
                        <img src="__PUBLIC__/second/img/tx.jpg" width="89" height="89">
                    </if>
                </span>
                <span class="block shangchuan_btn"><img src="__PUBLIC__/second/img/shangchuan.jpg"></span>
                <input type="file" class="hidden file_js" name="photo">
                <div class="attrzl_txt">
                    <span>用户名</span>
                    <input type="text" name="username" id="username" value={$user.username}><em>*</em>
                    <span>联系人</span>
                    <input type="text" name="linkman" id="linkman" value={$user.linkman}><em>*</em>
                    <span>电话</span>
                    <input type="text" name="phone" id="phone" value={$user.phone}><em>*</em>
                    <span>公司名称</span>
                    <input type="text" name="enterprise_name" id="enterprise_name"
                        value={$user.enterprise_name}><em>*</em>
                    <span>上门服务地址</span>
                    <input type="text" name="service_address" value={$user.service_address}>
                    <p class="textcenter attrzl_submit"><input type="submit" value="确认修改" onClick="return check()"></p>
                </div>
            </form>
        </div>
</div><!-- /mycenterbox -->
```

用户订单的信息都在数据库里,我们通过 PHP 查询到用户订单信息,赋值给模板标签在前端页面显示。其中控制显示用户订单的部分 PHP 代码如下:

```
public function showOrder()
{
    if (! session("user")) {
        $this->display("User/login");
    } else {
        $a = session("user");
        $user_id = $a[id];
        $pay = I("get.pay");
        if ($pay) {
            $orderCondition["pay_or_not"] = $pay;
        }

        $Order = M("Order");
```

```php
$orderCondition["user_id"] = $user_id;
$count = $Order->where($orderCondition)->count();
$Page = new \Think\Page($count, 2);
$show = $Page->show();
$list = $Order->where($orderCondition)
    ->order('id desc')
    ->limit($Page->firstRow . ',' . $Page->listRows)
    ->select();
for ($i = 0; $i < count($list); $i ++) {
    $orderInfoCondition["order_code"] = $list[$i]["code"];
    $orderInfoCondition['is_delete'] = 1;
    // wlog($orderInfoCondition);
    $orderInfo = $this->selectOrderInfo($orderInfoCondition, $list[$i]["pay_or_not"]);
    $list[$i]["orderInfo"] = $orderInfo;
    if ($list[$i]["price"] == 0) {
        for ($j = 0; $j < count($orderInfo); $j ++) {
            $list[$i]["price"] = $list[$i]["price"] + $orderInfo[$j]["price"];
        }
    }
}

$this->assign('page', $show);
$this->assign("order", $list);
$this->assign("user", session("user"));
session("code", md5(uniqid(mt_rand(), true)));

$coupon = new CouponController();
$couponList = $coupon->showCoupon();
$this->assign('couponList', $couponList);

if ($pay == 1) {
    $condition["user_id"] = $user_id;
    $countAll = $Order->where($condition)->count();
    if ($countAll > $count) {
        $this->assign("haveNotPay", $countAll . "yes" . $count);
    }
    $this->display("payOrder");
} elseif ($pay == 2) {
    $this->display("noPayOrder");
} else {
    $condition["user_id"] = $user_id;
    $condition["pay_or_not"] = 1;
    $countPay = $Order->where($condition)->count();
```

```
            if ($countPay < $count) {
                $this->assign("haveNotPay", "yes");
            }
            $this->display("allOrder");
        }
    }
```

用来显示用户订单页面的代码也比较简单，通过模板标签获得控制器赋给前端页面的数据，在页面显示出用户订单信息即可。

订单部分页面代码如下：

```
<ul class="clearfix pt20px pb20px f14px">
    <volist name="order.orderInfo" id="orderInfo">
        <li class="noPay1">
            {$orderInfo.title}
        </li>
        <li class="noPay2">
            <if condition="($orderInfo.type eq 2) or
                            ($orderInfo.type eq 3)">
                <input type="button" value="-" onclick=
                        "reduce('{$orderInfo.type}')">
                <input type="text" value="1" name="length" readonly=
                        "readonly" id="J_length">
                <input type="button" value="+" onclick=
                        "add('{$orderInfo.type}')">
                <else/>
                <input type="hidden" value="0" name="length">
            </if>
        </li>
        <li class="noPay3">
            <b name="onePrice" class="J_oneprice">
                {$orderInfo.price}
            </b>
        </li>
        <li class="noPay4">
            <b name="calcute" class="calcute">
                {$orderInfo.price}
            </b>元</li>
        <li class="noPay5 red">未支付</li>
        <if condition="$orderInfo.type eq 2">
            <li class="noPay6 red"><a href="__URL__/deleteOrder/code/
```

```
                    {$_SESSION['code']}/order_code/{$order.code}">删除</a></li>
                <else/>
                    <li class="noPay6 red"><a url="__URL__/deleteOrderInfo/code/
                    {$_SESSION['code']}/id/{$orderInfo['id']}" class="deleteorderinfo"
                    href="javascript:void(0)">删除</a></li>
            </if>

        </volist>

    </ul>

    <input type="text" id="order_code" value="{$order.code}" hidden>
    <p class="go_zhifu bgE5"><button  id="J_pay">立即支付</button></p>
```

至此，我们已经讲解完了小白财税的网站开发流程。通过这一章的学习，读者应该掌握使用 ThinkPHP 开发一般性 O2O 网站的技能。

第22章 实战：开发一个App后台

本章我们讲解一个App后台开发实例，主要包括处理json数据和接口开发。接口开发中讲述了一个手机端卡券管理系统的开发，卡券管理系统包括管理员登录、发放卡券、核销卡券、展示卡券列表和记录用户操作等功能。手机客户端通过和PHP接口代码的交互实现这种管理功能。

22.1　App 开发概述

随着智能手机的普及，人们上网的入口由 PC 端逐渐转移到手机端，移动互联网用户已经超过 PC 端用户，许多互联网公司和传统企业都以开发手机 App 应用为切入点，争取在用户的手机端占得一席之地。移动端主要分为安卓（Android）系统和苹果（iOS）系统两大阵营，安卓系统上的应用软件以 Java 语言为基础进行开发，苹果系统上的应用软件可以使用 Objective-C 或 Swift 语言开发。当然随着 HTML 5 和 Hybrid 混合模式移动应用开发技术的发展，开发者可以开发一种介于 Web App、NativeApp 这两者之间的 App，兼具"Native App 良好用户交互体验的优势"和"Web App 跨平台开发的优势"，并且这种开发模式极大地降低了开发成本，只需要开发出一套代码便可在多个平台同时使用。

22.1.1　混合式 App 开发框架

目前混合式开发已经逐渐成熟，混合式 App 开发只需要开发者会使用 CSS 和 JavaScrip 前端代码就可以实现手机 App 应用的开发，而不需要再去学习安卓或苹果开发，降低了 App 开发的门槛。混合式开发做出的手机应用无论在性能还是易用性方面都很接近原生 App 应用。在这一时期涌现出许多混合式开发的框架，这些框架一般都提供通用的开发组件和集成开发环境，更加简化了移动应用开发技术。下面介绍几个流行的混合式开发框架。

1. PhoneGap

PhoneGap 是一个免费且开源的开发环境，是一个用基于 HTML、CSS 和 JavaScript，创建移动跨平台应用程序的快速开发平台。开发者可以开发出在 Android、Palm、黑莓、iPhone、iTouch 及 iPad 等设备上运行的 App。其使用的是 HTML 和 JavaScript 等标准的 Web 开发语言。开发者使用 PhoneGap 进行开发，可调用加速计、GPS/定位、照相机、声音等功能。

PhoneGap 的官方网站地址是 http://phonegap.com。

2. APICloud

APICloud 是一款"云端一体"的移动开发平台，信仰"云端一体"的理念，重新定义了移动应用开发。APICloud 为开发者从"云"和"端"两个方向提供 API，简化移动应用开发技术，让移动应用的开发周期从一个月缩短到 7 天。APICloud 由"云 API"和"端 API"两部分组成，可以帮助开发者快速实现移动应用的开发、测试、发布、管理和运营的全生命周期管理。

APICloud 使得开发者基于 JavaScript 便可开发出 iOS 与 Android 跨平台 App，它提供了丰富的 App 模块组件，通过简单的拼装组合便可具有一定的功能。集成的 IDE 开发环境支持调试功能，可以边开发边调试。

APICloud 的官方网站地址是 http://www.apicloud.com。

3. AppCan

AppCan 是基于 HTML 5 技术的 Hybird 跨平台移动应用开发工具。开发者利用 HTML 5+CSS 3+JavaScript 技术，通过 AppCan IDE 集成开发系统、云端打包器等快速开发出 Android、iOS、WP 平台上的移动应用。AppCan 的平台由以下几部分构成。

（1）IDE 工具　基于 Eclipse 定制的移动集成开发环境。
（2）应用引擎　支持 HTML 5 应用运行的支撑平台。
（3）插件 API　扩展方式，原生能力，通过标准化接口调用。
（4）JS SDK　对底层的接口进行高级封装的开发库。
（5）开放服务　标准接口，无限扩展的互联网能力。
（6）UI 框架　界面外观，包括布局、颜色、风格等。

AppCan 将 App 底层复杂的原生功能封装在引擎、插件中，开发者仅需调用接口、打包编译，就可以获得原生功能，灵活的插件扩展机制可以让开发者自由地定制各种功能。

AppCan 的官方网站地址是 http://www.appcan.cn。

4. Weex

2016 年 4 月 21 日，阿里巴巴在 Qcon 大会上宣布跨平台移动开发工具 Weex 开放内测邀请。Weex 能够完美兼顾性能与动态性，让移动开发者通过简捷的前端语法写出 Native 级别的性能体验，并支持 iOS、安卓、YunOS 及 Web 等多端部署。对于移动开发者来说，Weex 主要解决了频繁发版和多端研发两大痛点，同时解决了前端语言性能差和显示效果受限的问题。开发者只需要在自己的 APP 中嵌入 Weex 的 SDK，就可以通过撰写 HTML/CSS/JavaScript 来开发 Native 级别的 Weex 界面。Weex 界面的生成码其实就是一段很小的 JS，可以像发布网页一样轻松部署在服务端，然后在 APP 中请求执行。相比于其他开发框架，Weex 更加轻量，体积小巧。它的 Native 组件和 API 都可以横向扩展，方便根据业务灵活定制。Weex 渲染层具备优异的性能表现，能够跨平台实现一致的布局效果和实现。对于前端开发来说，Weex 能够实现组件化开发、自动化数据绑定等功能。

Weex 的官方网站地址是 http://alibaba.github.io/weex/index.html。

5. WeX5

WeX5 遵循 Apache 开源协议，完全开源免费，提供上百个组件框架——可视化的组件框架。开发者可自定义向导和模板，并且提供了许多 bootstrap 资源，支持引入第三方 UI 组件，能够对接即时通信推送支付等各类插件。WeX5 提供了丰富的应用模板，开发者可根据需要方便地生成各类应用。

WeX5 的官方网站地址是 http://www.wex5.com。

22.1.2　PHP 在 App 开发中的应用

PHP 作为服务端的开发语言在 App 开发中扮演着连接客户端和数据库的角色，客户端通过调用由 PHP 开发的接口完成对数据库的操作，在 PHP 代码中实现用户业务逻辑部分。客户端需要传递一些参数给服务端 PHP，这些参数的格式由客户端开发人员和服务端开发人员共同协商制定，两者遵循同一套标准，使得双方之间传递的数据能够被正确解析。在实际开发中 json 格式的数据被广泛用于客户端和服务端数据的交互，几乎每种语言都支持 json 数据的解析，在 PHP 中使用 json_encode()和 json_decode()便可，非常便捷。

在 PHP 为 app 开发接口中需要注意以下几点：

（1）数据传输建议使用 json。json 具有很强的跨平台性，大多编程语言都支持 json 解析。json 正在逐步取代 XML，成为网络数据的通用格式。

（2）为了保证接口安全，一定要加入鉴权体系，确保请求 PHP 接口的是合法来源。另外，对于传输的数据也可以使用加密技术（可参考第 20 章关于 API 接口签名和信息加密的内容）。

（3）对于线上的 API，尽量使用 error_reporting(0)关闭错误提示，或者把错误提示写入日志中，方便日后排查。这样做的目的，一方面可以保护接口安全，防止输出不该打印的错误信息，另一方面保证输出的是正确的数据格式，防止输出错误信息被客户端错误解析而出现的接口调用异常。

（4）开发 API 和 Web 有一定的区别，如果接口返回的格式不规范，被客户端拿到解析，就可能会导致客户端闪退崩溃等情况的出现，所以在接口上线之前一定要充分测试。

（5）尽可能保证 PHP 写出的代码的性能，手机应用比 Web 应用对响应速度的要求更高，因为用户手机性能的巨大差异，手机应用在从服务端取到数据后要进行数据重组、页面渲染等会比 Web 应用消耗更多的时间。

22.2 App 开发中的 json 数据

客户端和服务端之间选定 json 作为数据传输格式，之后便要约定 json 中各字段的含义，一般在 json 数据中至少定义 3 个字段，分别为返回状态码、返回状态描述和数据内容。比如一个定义返回用户信息的 json 数据如下：

{"code":0,"msg":"success","data":{"name":"chenxiaolong","age":"22","gender":"male"}}

其中，code 值为 0 表示客户端此次请求接口成功，msg 字段说明此次请求的状态，与返回状态码 code 对应，data 中是客户端想要取到的具体内容，里面包含服务端返回的用户信息。在 data 字段，开发者可根据不同的接口需要定义不同的字段格式。

此接口的简单代码示例如下：

```
function getUserInfo() {
    $uid = $_REQUEST['uid'];
    $user = new User();
    if($data = $user->findByUid($uid) != false) {
        $this->output($data);
    } else {
        $this->output('',1,'invalid uid');
    }
}
```

客户端通过调用 getUserInfo 接口并传入用户的 uid 参数，PHP 接收该参数到 MySQL 数据库用户表里，根据此 uid 查询用户相关信息。其中，User 是一个封装的用户表模型，提供根据用户 uid 查询用户信息的 findByUid 方法，如果查询到用户信息就输出用户信息，否则返回错误信息到客户端，此处返回的错误状态码定义为 1，表示不合法的 uid，即在用户表里没有查询到该 uid 对应的数据记录。

接口用到了一个公用 output 方法，此方法是输出 json 数据的具体实现，示例代码如下：

```
function output(,$data='',$code=0,$msg='success') {
    $out = array('code'=$code,'msg'=>$msg,'data'=>$data);
    echo json_encode($out);
}
```

注意，向客户端返回数据时使用的是 echo 输出，而不是 return。

22.3 接口开发

这一节我们讲述一个手机端卡券管理系统的开发。卡券管理系统包括管理员登录、发放卡券、核销卡券、展示卡券列表和记录用户操作等功能。手机客户端通过和 PHP 接口代码的交互实现这种管理功能。通过本节的学习，读者应掌握 PHP 开发手机 App 接口的一般方法。

22.3.1 定义路由与封装基类方法

路由文件是访问接口方法的入口，只有通过这个入口访问接口才是合法的，限制了用户唯一访问来源，这样保证了接口的安全性。路由文件代码如下：

```
define('AUTHOR',TRUE);
require_once 'class/base.class.php';
require_once 'class/admin.class.php';
require_once 'class/record.class.php';
require_once 'class/coupon.class.php';

$action = $_POST['action'];        // admin/addAdmin
$class = substr($action,0,stripos($action,'/'));
$module = new $class();
$control = substr($action,(stripos($action,'/')+1));
if(isset($_POST['data'])) {
    $data = $_POST['data'];
    $module->$control($data);
} else {
    $module->$control();
}
```

其中，在入口文件中定义 define('AUTHOR',TRUE)，这样在其他文件中判断是否定义了常量

AUTHOR 便可知此次访问是否是通过路由入口而来的。实现接口功能的代码在引入的几个类文件中。通过获取接口参数 action 的值来路由到不同类文件的具体方法，定义接口中参数 data 为传输的数据主体，定义访问接口的请求方式是 post。保存此文件名为 router.php。

基类主要是提取出公用的方法，基类方法中主要包括接口返回函数、生成数据库实例函数和日志记录函数，其他的类可以继承自基类而拥有这些方法。定义基类的代码如下：

```php
defined('AUTHOR') or die('非法访问'); //判断访问来源
class base
{
    public   $_db;
    private static $_instance;
    public function __construct()
    {
        $dsn = "mysql:host=localhost;dbname=coupon";
        $this->db = new PDO($dsn, 'root', '8731787');
        $this->db->query("SET NAMES utf8");
    }

    public static function getInstance()
    {
        if(!(self::$_instance instanceof self)){
            self::$_instance = new self;
        }
        return self::$_instance;
    }

    public function log($data) {
        $file = fopen('log.txt','a+');
        $time = date('Y-m-d H:i:s',time());
        fwrite($file,var_export($data,true));
        fwrite($file,"\t \n");
        fwrite($file,$time);
        fwrite($file,"\n");
        fclose($file);
    }
    public function res($data='ok',$status=0)
    {
        $arr = array('status' => $status, 'data' => $data);
        //print_r($arr);
        echo json_encode($arr);
        exit();
    }
}
```

此基类中 getInstance()方法使用单例模式获取数据库链接实例，log()是日志记录函数，res()函数是返回给客户端的统一方法。

22.3.2 实现接口功能代码

在这个手机卡券管理系统中，实现卡券的生成、展示列表删除和发放核销主要功能。卡券管理类继承自基类。与卡券管理有关的部分代码如下：

```php
<?php
require_once 'base.class.php';
class coupon extends base{
    /*
     * 1 折扣券，2 代金券，3 兑换券，4 通用券
     * $info = array(discount=>2,description=>,instruction=>),$info=array(money=>98),$info=array
     *         (exchangeGift=>牛奶)
     */
    public function createCouponTerm($data)
    {
        $data['start_time'] = strtotime($data['start_time']);
        $data['end_time'] = strtotime($data['end_time']);
        $title = $data['title'];
        $coupon = array(1=>'折扣券',2=>'代金券',3=>'兑换券',4=>'通用券');
        $data['type_name'] = $coupon[$data['type_id']];
        $data['create_time'] = time();
        // unset($data['title']);
        $preSql = '';
        foreach($data as $k => $v) {
            $preSql .= $k . "='" . $v . "',";
        }
        $preSql = mb_substr($preSql,0,-2,'utf8');
        $sql = "INSERT INTO couponinfo SET " . $preSql;
        if($this->db->exec($sql) != false && $this->createCode($data['type_id'],$title,$data['num'])) {
            $this->res();
        } else {
            $this->res('卡券创建失败',1);
        }
    }

    public function createCode($typeId,$title,$num)
    {
        $query = $this->db->query("SELECT * FROM couponinfo WHERE type_id='" . $typeId . "'");
        $row = $query->fetch();
        $this->log($row['type_name']);
```

```php
        for($i=0;$i<$num;$i++) {
            $code = 'ABCDEFGHIJKLMNOPQRSTUVWXYZ1224567890';
            $codeArr[$i] = substr(str_shuffle($code),0,4);
            $sql = "INSERT INTO coupon SET code='" . $codeArr[$i] . "', type_id='" . $typeId . "',
                type_name='" . $row['type_name'] . "', status='1', title='" . $title . "'";
            if(!$this->db->exec($sql)){
                return false;
                exit();
            }
        }
        return true;

    }

    //删除具体卡券
    public function deleteCoupon($code)
    {
        $select = "SELECT * FROM coupon WHERE code='" . $code . "'";
        $fetch = $this->db->query($select);
        $fetch->setFetchMode(PDO::FETCH_ASSOC);
        $row = $fetch->fetch();
        if($row['status'] == 1) {
            $preSql = "num=num-1";
        } else {
            $preSql = "use_num=use_num-1";
        }
        $delsql = "UPDATE couponinfo SET " . $preSql . " WHERE type_id='" . $row['type_id'] . "'";
        if(!$this->db->exec($delsql)){
            $this->res('删除卡券失败',1);
        }
        $res = $this->db->exec("DELETE FROM coupon WHERE code='" . $code . "'");
        if($res) {
            $this->res();
        } else {
            $this->res('删除卡券失败',1);
        }
    }

    /*
     * 卡券列表
     */

    public function couponList($typeId)
```

```php
    {
        $sql = "SELECT * FROM coupon WHERE type_id='" . $typeId . "' limit 10";
        session_start();
        $_SESSION['last'] = 10;
        $this->log($_SESSION['last']);
        if(!isset($_SESSION['last'])){
            $_SESSION['last'] = 0;
        }
        // $this->log($sql);
        $fetch = $this->db->query($sql);
        $fetch->setFetchMode(PDO::FETCH_ASSOC);
        if($data = $fetch->fetchAll()) {
            // $data['validatetime'] = date('Y.m.d',$data['start_time']) . "-" . date('Y.m.d',$data['end_time']);
            $status = array(1=>'未发放',2=>'已发放',3=>'已核销');
            foreach($data as $k => $v) {
                $data[$k]['statuscode'] = $data[$k]['status'];
                $data[$k]['status'] = $status[$data[$k]['status']];
            }
            $this->res($data);
        } else {
            $this->res('没有数据',1);
        }

    }

    public function loadMore($typeId)
    {
        session_start();
        $sql = "SELECT * FROM coupon WHERE type_id='" . $typeId . "'";
        $fetch = $this->db->query($sql);
        $fetch->setFetchMode(PDO::FETCH_ASSOC);
        $alldata = $fetch->fetchAll();
        $perpage = 10;
        $num = ceil(count($alldata)/$perpage);
        $_SESSION['sum'] = $num;
        $pagesql = "SELECT * FROM coupon WHERE type_id='" .$typeId . "' limit " .
                    $_SESSION['last'] . ",". $perpage;
        $pagedata = $this->db->query($pagesql);
        $pagedata->setFetchMode(PDO::FETCH_ASSOC);
        $pagedata = $pagedata->fetchAll();
        if($pagedata){
            $_SESSION['last'] = $_SESSION['last'] + $perpage;
            $status = array(1=>'未发放',2=>'已发放',3=>'已核销');
```

```php
            foreach($pagedata as $k => $v) {
                $pagedata[$k]['statuscode'] = $pagedata[$k]['status'];
                $pagedata[$k]['status'] = $status[$pagedata[$k]['status']];
            }
            $this->res($pagedata);
        } else {
            $this->res('没有更多',1);
        }

}

public function deleteCouponInfo($id)
{
    $select = "SELECT * FROM couponinfo WHERE Id='" . $id . "'";
    $res = $this->db->query($select);
    $res->setFetchMode(PDO::FETCH_ASSOC);
    $fetch = $res->fetch();
    $delCoupon = "DELETE FROM coupon WHERE type_id='" . $fetch['type_id'] . "'";
    $sql = "DELETE FROM couponinfo WHERE Id='" . $id . "'";
    if( $this->db->exec($delCoupon) && $this->db->exec($sql) ) {
        $this->res();
    }else{
        $this->res('删除卡券失败',1);
    }
}
}
```

卡券管理类中实现了卡券的增、删、改、查。客户端 App 通过传递参数调用不同的方法来实现对卡券的管理。